中国专利深加工数据的评测及应用

中国专利技术开发公司　组织编写

知识产权出版社
全国百佳图书出版单位
—北京—

图书在版编目（CIP）数据

中国专利深加工数据的评测及应用 / 中国专利技术开发公司组织编写. —北京：知识产权出版社，2019.10

ISBN 978-7-5130-6404-0

Ⅰ. ①中…　Ⅱ. ①中…　Ⅲ. ①专利 – 研究 – 中国　Ⅳ. ① G306.72

中国版本图书馆 CIP 数据核字（2019）第 171168 号

内容提要

本书在调研国内外专利数据库及数据评测方法的基础上，从专利检索和专利分析用户的角度出发，对中国专利深加工数据进行了详细评测，比较了深加工前后中国专利数据之间的差异，详细分析了这些差异对专利检索、专利分析、浏览专利文献时间等的影响，同时给出定量的评测结果，以期能够使中国专利深加工工作更加规范化、系统化，保障深加工数据质量。此外，本书根据深加工数据的评测结果，对深加工数据的具体应用展开探讨，从深加工数据的检索、筛选、分析等方面，系统地展示深加工数据的应用。本书可作为专利管理人员、专利运营师、专利代理师、专利分析师等从事专利相关工作人员的参考用书。

责任编辑：许　波　　　　　　**责任印制：孙婷婷**

中国专利深加工数据的评测及应用
ZHONGGUO ZHUANLI SHEN JIAGONG SHUJU DE PINGCE JI YINGYONG

中国专利技术开发公司　　组织编写

出版发行：知识产权出版社 有限责任公司	网　址：http://www.ipph.cn
电　话：010-82004826	http://www.laichushu.com
社　址：北京市海淀区气象路 50 号院	邮　编：100081
责编电话：010-82000860 转 8380	责编邮箱：xubo@cnipr.com
发行电话：010-82000860 转 8101	发行传真：010-82000893
印　刷：北京九州迅驰传媒文化有限公司	经　销：各大网上书店、新华书店及相关专业书店
开　本：710mm×1000mm　1/16	印　张：19.5
版　次：2019 年 10 月第 1 版	印　次：2019 年 10 月第 1 次印刷
字　数：348 千字	定　价：78.00 元

ISBN 978-7-5130-6404-0

本书编委会

主　　编：张东亮　　张　　曦

副主编：王　　淼　秦　　璐

编　　委：聂　　红　刘海燕　马晓梅　李汉聪

　　　　　张红梅　何浩亮

　　当今世界，知识产权在促进经济发展、科技进步及文化繁荣等方面发挥出越来越重要的作用。大力实施知识产权强国战略，全面提升知识产权创造保护运用水平，成为了我国不断增强经济创新力和竞争力的基础和保障。专利文献由于蕴含着丰富和宝贵的技术、法律和商业信息，它的有效传播、开发和利用方式，成为了知识产权领域的研究热点。

　　原始专利文献因其撰写风格和水平存在差异、术语使用和著录信息不规范等问题，大量有价值的信息隐藏在专利文献中未被充分体现。尽管目前包括中国国家知识产权局在内的各国专利局大多在互联网上免费提供专利信息，但使用者仍面临检索、分析和阅读上的困难。以科睿唯安旗下的德温特世界专利索引（Derwent World Patent Index，DWPI）为代表的深度标引的二次文献数据，由于对原始专利文献之有序、集中和浓缩化的作用，大大缓解了海量文献数量应用的压力，可使用户在进行专利信息检索时达到事半功倍的效果。

　　为使中国专利数据得到有效应用，中国国家知识产权局于 2006 年启动了中国专利文献数据深加工项目，开始打造有中国特色、具有竞争力的二次中国专利文献数据，中国专利技术开发公司受国家知识产权局委托，从事中国专利数据深加工工作。截至 2019 年 3 月 15 日，中国专利深加工数据达到了近 760 万件，节能环保产业、新能源产业、新一代信息技术产业、生物产业、高端装备制造业、新材料产业和新能源汽车产业等七大战略性新兴产业的深加工数据已经实现现档同步加工。

　　为检验数百万件中国专利深加工数据的数据质量和应用效果，使深加工数据更好地服务于专利检索和专利分析的需要，中国专利开发公司组织专门的工作团队，从专利检索和专利分析用户的角度出发，对深加工数据进行全面、详细地评测，同时基于深加工数据评测结果，对深加工数据的具体应用展开研究。本书就是基于这些评测及研究结果的全面和系统化的总结和凝练。

本书在总结归纳国内外常用专利数据库的特点及应用的基础上，对中国专利数据深加工标引的内容、检索字段的特点、检索方式、浏览方式进行了详细地阐述，以期读者对中国专利深加工数据的基本情况有所了解。同时，通过对国内外常用数据评测方法及指标进行综合分析研究，构建了一套适用于中国专利深加工数据的评测方法及指标，从专利检索和专利分析用户的角度出发，对深加工数据进行详细评测，给出了定量的评测结果，以期能够使中国专利深加工工作更加规范化、系统化，保障深加工数据质量。

此外，本书还根据深加工数据的评测结果，从深加工数据的检索、筛选、分析等方面，系统地展示深加工数据的应用情况，使得经常从事专利检索及分析的人员，在众多专利数据产品中多了一个选择。

本书编者中由张东亮、张曦负责总体策划，由王淼、秦璐主要承担统稿、审稿及修订工作；其中王淼主要执笔第一章、第三章、第六章，并撰写前言，共6万余字；秦璐主要执笔第四章、第七章、第九章，共6万余字；聂红主要执笔第八章，共5万余字；刘海燕主要执笔第二章及第五章部分内容，共5万余字；马晓梅参与撰写第五章部分内容，共2万余字，李汉聪参与撰写第五章部分内容，共2万余字，张红梅参与撰写第五章部分内容，共2万余字，何浩亮参与撰写第五章部分内容，共2万余字。

本书适用于专利管理人员、专利工程师、专利运营师、专利分析师、研发人员、专利代理师、专利咨询师、相关政府机构工作人员和相关专业大学生阅读。

由于时间仓促、水平有限，本书中的内容难免有所疏漏，欢迎广大读者批评指正。

目 录
CONTENTS

第一章　绪　论 / 001

第一节　专利文献信息概述 / 001

第二节　专利文献标引工作概述 / 006

第三节　中国专利深加工数据的评测及应用意义 / 008

第二章　国内外专利数据库及数据特色 / 010

第一节　国内专利文献摘要 / 全文数据库及数据特色 / 010

第二节　国外专利文献摘要 / 全文数据库及数据特色 / 021

第三节　其他专题专利数据库及数据特色 / 027

第四节　小结 / 031

第三章　国内外数据评测方法 / 032

第一节　数据评价概论 / 032

第二节　数据库数据标引及测评现状 / 033

第三节　数据标引质量评价指标 / 036

第四节　小结 / 043

第四章　中国专利深加工数据的特色 / 045

第一节　中国专利深加工数据的基本情况 / 045

第二节　深加工数据的检索字段及索引简介 / 047

第三节　深加工数据的检索方式 / 049

第四节　深加工数据的浏览方式 / 050

第五节　深加工数据检索字段的特点 / 052

第六节　小结 / 090

第五章 中国专利深加工数据的检索性评测 / 091

第一节 专利检索性评测的目的 / 091

第二节 评测对象 / 092

第三节 评测指标 / 093

第四节 评测方法 / 094

第五节 评测结果及其分析 / 095

第六节 小结 / 201

第六章 中国专利深加工数据的分析性评测 / 202

第一节 专利分析性评测的目的 / 202

第二节 评测对象 / 203

第三节 评测指标 / 204

第四节 评测方法 / 204

第五节 评测结果及其分析 / 205

第六节 小结 / 231

第七章 中国专利深加工数据的检索应用案例 / 233

第一节 机械领域深加工数据的检索应用案例 / 233

第二节 电学领域深加工数据的检索应用案例 / 236

第三节 化学领域深加工数据的检索应用案例 / 238

第四节 医药领域深加工数据的检索应用案例 / 242

第五节 小结 / 245

第八章 中国专利深加工数据的分析性应用案例 / 246

第一节 深加工数据的采集 / 246

第二节 深加工数据的处理 / 259

第三节 深加工数据在统计分析中的应用 / 267

第四节 小结 / 296

第九章 结语 / 298

参考文献 / 301

绪　论

　　在知识产权日益成为国家及企业核心竞争力的今天，知识产权尤其是专利的创造、保护、运用受到越来越多的重视。由于专利文献蕴含着丰富和宝贵的技术、法律和商业信息，它的有效传播、开发和利用方式，成为了知识产权领域的研究热点。原始专利文献信息因其撰写风格和水平存在差异、术语使用和著录信息不规范等问题，大量有价值的信息隐藏在专利文献中未被充分体现。因此，经过深度标引的二次专利文献信息的数据价值得到凸显。本书以经过深度标引的二次专利文献信息——中国专利深加工数据为基础，对中国专利深加工数据进行详细评测，并对该数据的具体应用展开研究，以期对专利文献更好的传播、开发和利用提供帮助。

第一节　专利文献信息概述

一、专利文献信息的概念

　　在现代社会中，信息资源已成为最重要的战略资源之一，信息资源开发已经成为推动科技、经济、文化和社会发展的重要杠杆。专利保护制度导致了专利信息的产生，从而产生大量的专利信息资源，这些资源是首选的竞争情报资源，是专利制度的基础。专利文献信息能否被有效传播、开发和利用，是决定

专利制度能否有效地发挥作用的关键因素之一，是依靠科技进步促进经济发展的重大战略问题。❶

世界知识产权组织（World Intellectual Property Organization，WIPO）1988年编写的《知识产权法教程》将专利文献定义为："专利文献是包含已经申请并被确认为发现、发明、实用新型和工业品外观设计的研究、设计、开发和试验成果的有关资料，以及保护发明人、专利所有人及工业品外观设计和实用新型注册证书持有人权利的有关资料的已出版或未出版的文件（或其摘要）的总称。"

随着世界各国陆续建立现代专利制度，专利文献也相继在各国产生。尽管各国专利法各有特点，但都反映了专利制度的两大基本功能：法律保护和技术公开。以出版专利文献的形式来实现发明创造向社会的公开和传播是专利制度走向成熟的最显著特征。❷

二、专利文献的组成 ❸

狭义的专利文献主要是指专利说明书和权利要求书。广义的专利文献还包括专利公报、专利分类表、专利文摘和索引等。狭义的和广义的专利文献中所揭示的信息是检索、分析与利用专利文献的依据。专利文献主要包括：专利著录项、专利说明书、权利要求书、说明书附图、专利分类表、专利公报、专利检索工具等。

（一）专利著录项

其一般是按照巴黎联盟专利局信息检索国际协作委员会（ICIREPAT）制定的国际通用的专利文献著录数据代码（INID）表示，主要包括八大项，分别是：文献标志项、出版国家登记项、国际优先权项、公布或出版项、技术信息项、法律上的有关项、与发明有关的人员识别项、辅助项。

（二）专利说明书

其主要作用一是清楚、完整地公开新的发明创造，二是请求或确定法律保护的范围。包括发明或实用新型专利名称、所属技术领域、背景技术、发明创造的目的、技术方案、有益效果、结合附图做的进一步说明、具体实施方式等。

---

❶ 李建蓉. 专利信息与利用（第 2 版）[M]. 北京：知识产权出版社，2011：1.
❷ 李建蓉. 专利信息与利用（第 2 版）[M]. 北京：知识产权出版社，2011：4.
❸ 宋立峰. 专利文献信息的利用探讨 [J]. 情报检索，2009，（12）：36-38.

（三）权利要求书

以专利说明书为依据，分为独立权利要求和从属权利要求。当有多项权利要求时，以阿拉伯数字按顺序编号。一般情况下第一项权利要求作为独立权利要求，余下为从属权利要求，需要对独立权利要求中的技术特征做进一步限定的，即为从属权利要求。

（四）说明书附图

说明书附图主要包括机械领域发明创造的各种反映产品形状和结构的视图；电气领域发明创造的电路图、框图、示意图；化学领域发明创造的化学结构；方法发明，表示该方法各步骤的工艺流程图等。

（五）专利分类表

专利分类表是分类与检索专利文献的工具，许多国家实施专利法后就制定了本国的专利分类表。国际专利分类表（International Patent Classification，IPC）自 1968 年第一版被正式使用至今，现行版本经过了多次大规模的修改，紧跟高新技术的发展，能较大程度地满足专利保护领域扩展的需求和适应信息技术发展的要求。IPC 是使各国专利文献获得统一分类的一种工具。借助这种国际统一的专利文献分类系统，可以为各专利局及其他用户建立一种有效的专利文献检索工具，从而对专利申请的新颖性和创造性做出评估。在信息服务方面，IPC 还有以下作用：①利用分类表编排专利文献，可以使用户方便地从中获得技术上和法律上的信息；②作为对专利信息用户进行选择性报导的基础；③作为对某一个技术领域进行现有技术水平调研的基础；④作为进行工业产权统计工作的基础，从而对各个领域的技术发展状况做出评价。

（六）专利公报

专利公报有广义和狭义两种解释。广义的专利公报是指专利公报、实用新型公报、外观设计公报或其总和工业产权公报的统称，即各工业产权机构根据各自工业产权法、公约及条约的法律要求，报道有关工业产权申请的审批状况及相关法律法规信息的定期出版物。狭义的专利公报仅指报道有关专利申请的审批状况及相关法律法规信息的定期出版物。专利公报通常以著录项目、发明文摘、权利要求三者单一或其组合形式报道新的发明创造，因而分为题录型、文摘型、权利要求型三种类型专利公报。

（七）专利检索工具

专利检索工具也有广义和狭义两种解释。广义的专利检索工具包括专利说明书集合、专利公报（狭义）、专利年度索引、专利分类表、专利分类文摘、专利信息数据库以及专利信息检索软件。狭义的专利检索工具仅指各种专利信息检索软件。

三、专利文献信息的特点 ❶❷

（一）专利文献数量巨大、能够涵盖最新的科技信息

如果按单一种类统计，专利文献是世界上数量最大的信息源之一。世界上有 90 多个国家、地区及组织以 30 多种官方文字出版专利文献。以中国为例，截至 2018 年 1 月 30 日，中国国家知识产权局累积公开的专利文献总量（包括发明、实用新型和外观设计）就达到了 2170 多万条。

世界知识产权组织的统计表明，世界上每年发明创造成果的 90% ～ 95% 可以在专利文献中查到。另外，专利先申请制度和新颖性的要求，决定了专利文献传播的及时性和公开性，加快了技术信息向社会传播的速度。德国一项调查表明，有 2/3 的发明创造是在完成后一年之内提出专利申请的，第二年提出申请的接近 1/3，超过两年提出申请的不足 5%。

（二）专利文献内容广博、集多种信息于一体

专利文献涵盖了绝大多数技术领域，影响世界科技发展的重要发明，瓦特的蒸汽机、爱迪生的留声机和电灯、贝尔的电话、莱特的飞机、贝尔德的电视机、奔驰的汽车、王选的激光照排技术等发明创造的内容都是第一时间在专利文献中予以披露的。

就技术信息而言，专利文献记载了人类取得的每个技术进步，是一部活的技术百科书。专利申请的说明书一般都对发明创造的技术方案进行完整而详尽的描述，而且参照现有技术指明其发明点所在，说明具体实施方式，并给出有

---

❶ 李建蓉. 专利信息与利用（第 2 版）[M]. 北京：知识产权出版社，2011：8-11.
❷ 李保集，郭小秦. 我国专利文献信息利用的现状与问题及对策 [J]. 科技情报开发与经济，2009，19（6）：138-139.

益效果。同时专利文献也对该技术领域的已知技术作简要介绍，有些国家在出版专利文献时还附带检索报告或在专利单行本的扉页上刊登在先发表的相关文献。因此，专利文献提供了一个对特定技术的发展进程进行探索的独特视角。通过阅读专利文献，人们可以在较短时间内对某一技术领域的发展历史及最新进展有概括性的了解。

专利文献又是法律文件，其中的权利要求书用于说明发明创造的技术特征，清楚、简要地表达了请求保护的范围，经审查授权后的权利要求书其内容是判断是否侵权的法律依据。此外，专利文献还对专利的有效性、地域性予以及时报道，这些都是对专利实施法律保护的可靠依据。

专利文献与经济活动结合紧密，通过对专利文献信息的分析研究，可以在国际贸易和引进技术活动中规避侵权、掌握主动，还可以了解竞争对手在国内外市场上所占的市场份额、核心技术竞争力、专利战略和技术发展动态等，专利文献已经提高到战略性信息资源的高度。

（三）专利文献形式统一、数据规范

依据各国专利法的要求，各国专利说明书在格式上都基本相同。例如对发明专利说明书都要求由题录、摘要、权利要求书、说明书和附图组成。专利文献格式的统一为查阅各国专利文献提供了极大的方便。随着 IPC 分类表的建立和推广，各国专利都使用统一的分类标记，从而使专利文献具有了一整套科学的分类体系，从而为利用统一的专利分类号检索专利文献提供了方便。

（四）专利文献的数据化和网络化使得查阅方便、快捷

专利文献的载体包括纸载体、缩微品载体、磁介质载体、光盘载体与互联网载体。由于包括美国、日本、欧共体、中国等在内的主要专利国家都建立了专利文献电子数据库，且专利文献以电子文档的形式公开，因而在网络日益普及的今天，只需要一台连接网络的计算机就可以查阅许多国家的专利文献，从而使专利文献的查询变得非常方便和快捷。❶

四、专利文献的类型

文献按内容性质分为：一次文献、二次文献、三次文献。一次文献，是记

---

❶ 宋立峰. 专利文献信息的利用探讨［J］. 情报检索，2009，（12）：37.

述观察发现与分析研究取得的结果和经验所形成的文献，如专著、研究论文、专利说明书、手稿、档案等。二次文献，是对各种文献进行整理、加工编排形成的文献，如目录、题录、文摘，是查找、报道和管理文献的工具。三次文献，是根据一定需要对一次文献内容进行信息层次的分析综合加工形成的，如综述、述评、手册等。❶

专利文献的类型主要包括三大类：一次专利文献、二次专利文献和专利分类资料。一次专利文献是指各工业产权局、专利局及国际（地区）性专利组织（以下简称各工业产权局）出版的各种专利单行本，包括授权发明专利、发明人证书、医药专利、植物专利、工业品外观设计专利、实用证书、实用新型专利、补充专利或补充发明人证书、补充保护证书、补充实用证书的授权单行本及其相应的申请单行本。一次专利文献统称专利单行本。❷

二次专利文献是指各工业产权局出版的专利公报、专利文摘和专利索引等出版物。其中，专利索引是各工业产权局以专利文献的著录项目等为条目编制的检索工具。二次专利文献的主要作用在于帮助用户快速、有针对性地从一次专利文献中寻找、选择所需要的文献。此外，科睿唯安的德温特世界专利索引、美国《化学文摘》等是报道专利信息的二次文献，在专利信息检索方面发挥着帮助专利文献用户克服语言障碍、用一种语言检索各国专利信息的作用，可使用户在进行专利信息检索时达到事半功倍的效果。

专利分类资料是按发明技术主题对专利申请进行分类和对专利文献进行检索的工具。专利分类资料包括：专利分类表、分类表索引、工业品外观设计分类表等。

第二节　专利文献标引工作概述

一、文献标引概述

文献检索包括文献检索系统的建立以及利用检索系统满足特定需要而进

---

❶ 王万宗，岳剑波，等. 信息管理概论［M］. 北京：书目文献出版社，1996：108.
❷ 李建蓉. 专利信息与利用（第 2 版）［M］. 北京：知识产权出版社，2011：23-25.

行的文献查询。无论是文献检索系统的建立还是文献查找的实现，都需要对文献进行标引，也就是采用能够描述文献特征的标识对特定文献和检索提问进行标引。❶

建立文献检索系统，首先要对大量的无序文献进行整序并加以存储，形成有序的文献集合。这个过程就是对纳入系统的每一篇文献的内容特征和外部特征进行分析，确定其检索标识，连同文献的地址构成索引款目，并按一定的顺序加以排列组织。❷

因此，广义的文献标引，就是根据文献的特征，赋予特定标识的过程。文献有多种特征，从文献外表特征揭示文献的标引，一般称之为文献著录；从文献内容特征揭示文献的标引才称之为文献标引。其中以分类表为工具，赋予文献码号标识的过程，称为分类标引；以主题词表（叙词表）、标题表等为工具，赋予文献语词标识的过程，称为主题标引。文献只有获得检索标识之后，才能按一定的逻辑次序加以组织，特化为有序的集合，才能使按照文献内容特征进行的检索成为可能。

按照不同的区分标准，文献标引分为不同的方式，归纳如下。

按标引针对的内容单元分，包括整体标引、全面标引、重点标引、补充标引，其中全面标引也称深标引，是把文献中全部有价值、符合检索系统要求的主题内容都予以指示的标引方式。全面标引的标引深度最大，主要适用于专业图书馆、各类情报机构处理情报价值大的文献，如论文、科技报告、专利文献等。对于计算机检索系统，一般应采用全面标引，使文献中的情报内容得到最充分的揭示。

按标引的自动化程度分，包括人工标引、自动标引、半自动标引，其中半自动标引是将人工标引与自动标引相结合的标引。它又分为以人工标引为主的机助标引和以自动标引为主的人助标引。

二、专利文献标引现状

专利文献标引就是以专利文献为基础进行标引。专利文献蕴藏着丰富和宝贵的技术、法律和商业信息，但是原始专利文献因其撰写风格和水平存在差异、术语使用和著录信息不规范等问题，大量有价值的信息隐藏在专利文献中未被

---

❶ 刘湘生，汪东波. 文献标引工作［M］. 北京：北京图书馆出版社，2001：1.
❷ 刘湘生，汪东波. 文献标引工作［M］. 北京：北京图书馆出版社，2001：46-50.

充分体现。如今，虽然包括中国国家知识产权局在内的各国专利局大多在互联网上免费提供专利信息，但使用者仍面临检索、分析和阅读上的困难。目前对专利的标引主要还集中在对外部特征的标引，对专利文献内容进行深度标引、二次标引的研究较少。

以科睿唯安旗下的 DWPI 为代表的深度标引的二次文献数据，由于对原始专利文献之有序、集中和浓缩化的作用，大大缓解了海量文献数量应用的压力，可以帮助专业人员轻松了解全球创新情况，揭示专利信息并更加自信地做出合理的决策，受到越来越多国家的关注，是目前全球最具优势的二次专利文献数据。

为使中国专利数据得到更为有效的应用，中国国家知识产权局于 2006 年启动了中国专利文献数据深加工项目，开始打造有中国特色、具竞争力的二次中国专利文献数据。该项目是中国国家知识产权局信息资源建设的重要内容，也是该局信息检索和服务平台建设的基础性工作。中国专利技术开发公司受国家知识产权局委托，从事中国专利数据深加工工作，通过十余年的探索和努力，目前已经形成了一套有中国特色的中国专利深加工数据索引（China Patent Deep Index，CPDI）。

CPDI 是由中国专利技术开发公司的技术专家经过仔细阅读原始专利文献后，进行人工深度标引形成的增值数据，标引内容包括名称改写、摘要结构化改写、关键词标引、IPC 再分类、实用专利分类、引证文献标引、专利申请人机构代码标引等深加工项目。CPDI 通过建立高附加值深加工的专利文摘索引信息，为精准的专利检索、多角度的专利分析以及使专业人员快速阅读了解一项专利的技术方案，提供了数据基础，从而使专利文献信息得到了有效的利用。提高专利信息利用水平，一方面能够引导企业专利战略的制定与实施，另一方面有助于实施国家战略，推动科技研发，再一方面能够增强知识产权保护、运用能力。

第三节　中国专利深加工数据的评测及应用意义

二次文献尤其是经过深度标引的二次文献，其目的在于通过对专利文献的深度加工，获得比原始摘要更准确地传达技术信息的效果，其主要作用在于更为有效地应用于专利检索和专利分析中。为了检验中国专利深加工数据（简称深加工数据）的数据质量和应用效果，是否能够更好地适应专利检索和专利分析需求，因此需要对深加工前后专利数据之间的差异进行研究和分析。

2008 年至 2010 年，国家知识产权局专利局相关实审部门、自动化部及中国专利技术开发公司开展了多次深加工数据评测工作，对及时发现和修正深加工数据中的问题起到了很好的作用，促进了深加工数据质量的提高。但是，这几次评测工作仅从专利检索的角度对深加工数据进行了评测，并未对深加工数据进行全面、系统性地评测，而且也未对深加工数据的检索字段及使用效果进行研究。此外，由于 2010 年以后相关部门没有再开展过深加工数据的评测工作，评测时效性有所滞后。随着近几年社会对于专利信息需求的增加及自动化技术水平的提升，深加工数据需要进行一次全面的评测，充分挖掘数据价值所在，使其在应用中发挥优势，同时，也需要分析目前深加工数据存在的问题，进行及时地调整和修正，以适应社会快速发展的需要。

本书在调研国内外专利数据库及数据评测方法的基础上，从专利检索和专利分析用户的角度出发，对深加工数据进行详细评测，充分体现深加工前后数据之间的差异，详细分析这些差异对专利检索、专利分析、浏览专利文献时间等的影响，同时给出定量的评测结果，以期能够使中国专利深加工工作更加规范化、系统化，保障深加工数据质量。

此外，本书还根据深加工数据的评测结果，对深加工数据的具体应用展开探讨，从深加工数据的检索、筛选、分析等方面，系统地展示深加工数据的应用情况，使越来越多的专利从业人员和科技工作者了解、熟悉进而使用中国专利深加工数据，以提升专利检索、专利分析效率及质量，从而对专利文献更好的传播、开发和利用提供帮助。

国内外专利数据库及数据特色

专利信息是人类智慧的结晶，是世界上反映科技发展最快、最全面、最系统的信息资源，因此作为一种重要的信息资源，专利信息越来越受到人们的重视。正是由于对专利信息的需求和信息采集，形成了大量针对某一特定技术领域的专利信息集合——专利数据库。目前，较为常用的国内专利数据库有 CPRSABS、CNABS、CNIPR、SooPAT 等，国外专利数据库有 SIPOABS、DWPI、USPTO、Espacenet 等，专题专利数据库有药物检索数据库、STN 数据库、Alloys 数据库等。下文将针对国内外主要专利数据库及数据特色进行详细介绍。

第一节　国内专利文献摘要 / 全文数据库及数据特色

国内专利文献摘要 / 全文数据库主要包括中国专利检索系统文摘数据库（CPRSABS）、中国专利文摘数据库（CNABS）、中国专利全文文本代码化数据库（CNTXT）、CNIPA 专利检索数据库、CNIPR 专利信息服务平台、SooPAT 网上专利搜索数据库和 CNKI 专利数据库等。

一、CPRSABS 数据库简介

CPRSABS 数据库是由中国专利信息中心开发的中国专利检索系统文摘数据

库，其收录在国家知识产权局专利检索与服务系统（下文简称 S 系统）中，供国家知识产权局审查员内部使用。该数据库收录了 1985 年至今中国所有的发明和实用新型专利文摘信息以及外观设计专利可检索数据，截至 2019 年 3 月 31 日专利收录总量超过 2294 万件，每两周更新一次。CPRSABS 数据库以一个申请一条记录的方式进行存储，其专利信息主要有中国专利著录项目、摘要、关键词、范畴分类、权利要求 1 等。

（一）检索入口

CPRSABS 数据库共有 49 个检索入口，包括申请号、公开 / 公告号、优先权号、申请日、公开 / 公告日、发明人、申请人、发明名称、摘要、关键词、IPC 分类号、范畴分类号、权利要求等。

常用检索入口的字段（索引）及其说明见表 2-1。

表 2-1　CPRSABS 数据库常用字段（索引）

字段（索引）	复合索引	字段说明
AB	BI	摘要
AP		申请号
APD		申请日
CLMS	BI	权利要求 1
KW	BI	关键词
IC		IPC 分类号
IN		发明人
PA		申请人
PD		公开日
PN		公开 / 公告号
PR		优先权号
PROD		公告日
TI	BI	发明名称

（二）数据特色

（1）复合索引 BI（basic index），是 TI、AB、CLMS 和 KW 四个文本类型

索引的复合。CPRSABS 数据库全代码化标引了所有的实词、虚词以及标点符号等特殊字符，如"%"","," / "">"等，这些字符都算作一个独立的单词。此外，对于英文单词、英文缩写、数字与英文的组合也进行了词语标引，如"SVC""Nd2Fe14B"均为一个词，而不能采用其中的一个字母进行检索。

（2）在 CPRSABS 数据库中，有关发明专利的 A 级公开日期存储在 PD 字段下，有关发明专利的 B 级或 C 级公告日期或者实用新型和外观设计的公告日期存储在 PROD 字段下。因此，如果统计 2000 年以后公开或公告的专利申请，应当输入检索式"PD>2000 or PROD>2000"。

（3）CPRSABS 数据库中的关键词字段主要是对原始专利文献的名称、摘要、权利要求 1 中的文本进行字符式索引，检索时也是机械型匹配检索，其中有少量进行规范提炼标引的词汇。

（4）在 CPRSABS 数据库中，外国公司的中文译名没有进行统一，如 ALSTOM 公司就有"阿尔斯通""阿尔斯托姆""阿尔斯汤姆"等译名，即存在一名多译现象，容易导致在检索或统计时造成文献的遗漏。

二、CNABS 数据库简介

CNABS 数据库全称中国专利文摘数据库，其被收录在 S 系统中，供审查员内部使用。该数据库收录了 1985 年至今所有中国专利文摘数据，截至 2019 年 3 月 31 日专利收录总量超过 2341 万件，每周更新一次。CNABS 数据库的数据内容包括：中国专利初加工数据所有内容、中国专利深加工数据、世界专利文摘库（SIPOABS）数据（关键词、国省代码）、中国专利外观数据、中国专利英文文摘数据、中国专利全文代码化数据（权利要求信息）、DWPI 收录的中国文献、SIPOABS 收录的中国文献、审查员在 S 系统发送的检索报告中的对比文献数据。

中国专利深加工数据是由中国专利技术开发公司的技术专家经过仔细阅读原始专利文献后，进行人工深度标引形成的增值数据，将会在第四章对深加工数据进行详细介绍。

相对于未由中国专利技术开发公司的技术专家进行人工标引的数据，如中国专利初加工数据、CPRSABS 数据、中国专利全文代码化数据等中文数据，则称为原始数据。

（一）检索入口

CNABS 数据库包含 100 多个检索字段，其中对相同字段信息的复合索引的名称与其他数据库相同，如 TI 是字段 GK_TI~SA_SQ_TI 等字段的复合索引，TI 相关的字段名称如表 2-2 所示。

表 2-2　CNABS 数据库中的 TI 相关字段

字段	名称
CE_GK_TI	标题（CPEA 公开）
CE_SD_TI	标题（CPEA 审定）
CE_SQ_TI	标题（CPEA 授权）
SA_GK_TI	标题（SIPOABS 公开）
SA_SD_TI	标题（SIPOABS 审定）
SA_SQ_TI	标题（SIPOABS 授权）
GK_TI	标题（公开）
SD_TI	标题（审定）
SQ_TI	标题（授权）
DP_TI	标题（DWPI）

由上可见，CNABS 数据库的数据非常全面，仅就标题而言，作为复合索引的 TI 不仅包括了公开、审定、授权三个文本中的标题，还包括了在外文库，如 CPEA、SIPOABS 和 DWPI 中的英文标题。除 TI 之外，CNABS 数据库还有很多复合索引，如表 2-3 所示，这些复合索引也是 CNABS 数据库的常用检索入口。

表 2-3　CNABS 数据库中的复合索引

复合索引	名称
AP	申请号
PN	公开号
PR	优先权号
APD	申请日期
PD	公开日期

续表

复合索引	名称
IC	IPC 分类号
IN	发明人
PA	申请人
KW	关键词
CLMS	权利要求书
AB	摘要
TI	标题
BI	联合索引（对 KW、CLMS、AB、TI 中含有的相关字段的联合索引）

CNABS 数据库还设置有来源于 CPDI 数据的特有检索字段：参考引文、机构代码、IPC 再分类和实用专利分类。其中深加工参考引文的检索字段包括 PAT_NO（引用的专利文献号）、PAT_TP（专利文献引证类型，如 X、Y、A 等）、PAT_DATE（引用的专利文献的日期）、NPL_AU（引用的非专利文献的作者）、NPL_STI（引用的非专利文献的题名）、NPL_TI（引用的文集 / 会议 / 连续出版物名称）、NPL_TP（非专利文献引证类型）、NPL_TXT（引用的非专利文献的文本）。专利申请人机构代码的检索字段为 CP_PO。IPC 再分类的检索字段包括 CP_IC（IPC 分类）和 CP_ICST（IPC 标准分类，已过滤日期、版本等信息）。实用专利分类的检索字段为 UTLC。

（二）数据特色

（1）CNABS 数据库内容覆盖全面，中文内容和英文翻译并存，可支持中英文对照双语阅读，实现了中国专利和有中国同族的外文专利的英文检索（来源于 CPEA/DWPI/SIPOABS）。

（2）CNABS 数据库收录了全部的中国专利深加工数据。

（3）CNABS 数据库标引了全部的权利要求（来源于 CNTXT），相比 CPRSABS 数据库，极大地丰富了权利要求信息。此外，还扩展了分类号检索，除常用的 IPC 分类号之外，增加了 FI、F–term、UC、EC 分类号（来源于 DWPI/SIPOABS）。

三、CNTXT 数据库简介

CNTXT 数据库全称中国专利全文文本代码化数据库，其被收录在 S 系统中，供审查员内部使用。该数据库收录了 1985 年至今所有的中国专利文摘全文数据，包括发明专利和实用新型专利，截至 2019 年 3 月 31 日专利收录总量超过 2157 万件，每周更新一次。CNTXT 数据库的数据内容包括：著录项目（申请号、IPC 分类号、范畴分类号等）的普通数据；说明书正文、权利要求书的代码化数据；说明书附图的图形数据。

（一）检索入口

CNTXT 数据库共有 18 个检索字段，其主要字段（索引）及其说明如表 2-4 所示。

表 2-4　CNTXT 数据库主要字段（索引）

字段（索引）	复合索引	字段说明
AP		申请号
APD		申请日
APYT		申请专利类型
IC		IPC 分类号
PD		公开日
PN		公开公告号
OPR		最早优先权号
CLMS	BI	权利要求
DESC	BI	说明书正文

（二）数据特色

（1）CNTXT 数据库可对说明书正文、权利要求书的代码化数据进行复制。

（2）在 CNTXT 数据库中没有标题、摘要、申请人、发明人等检索字段，同时也没有全部优先权号信息，而仅有最早优先权号（OPR）。

（3）CNTXT 数据库仅有发明和实用新型数据，不能检索和浏览外观设计专利。

四、CNIPA 专利检索数据库简介

国家知识产权局专利检索及分析系统（Patent Search and Analysis of CNIPA），网址：http://www.pss-system.gov.cn/sipopublish/portal/uiIndex.shtml。该系统由国家知识产权局知识产权出版社有限责任公司进行维护，提供专利检索、专利

分析、引证 / 被引证查询、法律状态查询、专利全文在线阅读和下载等服务。该系统的专利检索数据库，即 CNIPA 专利检索数据库，收录了 103 个国家、地区和组织的专利数据，截止 2019 年 3 月 31 日中国专利收录总量超过 5234 万件，包括发明专利、实用新型专利、外观设计专利的著录项目、摘要和主权项，可浏览说明书全文及外观设计图形，全部信息免费向公众提供。

（一）检索入口

国家知识产权局专利检索及分析系统的专利检索数据库提供常规检索、高级检索、导航检索三种检索方式，其中常规检索包括检索要素、申请号、公开 / 公告号、申请人、发明人和发明名称 6 个检索入口，同时还提供"自动识别"检索入口，可以根据输入内容自动识别并检索。高级检索除包括常规检索中的 6 个检索入口之外，还包括申请日、公开 / 公告日、IPC 分类号、优先权号、优先权日、摘要、权利要求、说明书、关键词等检索入口，其中申请日、公开 / 公告日、优先权日可进行 "="">""<"">=""<="" ："等运算以限定检索时间。此外，高级检索还设有检索式编辑区，以便于对上述索引进行 "and""or""not""（ ）"等运算，而进行精确检索。导航检索包括分类号、中文含义、英文含义 3 个检索入口，中文含义、英文含义检索入口可根据输入的文本内容进行智能语义检索。

（二）数据特色

（1）国家知识产权局专利检索数据库除提供中国大陆的发明专利、实用新型专利、外观设计专利检索之外，还提供香港、澳门、台湾地区的专利检索，此外还可对欧洲专利局（EPO）、世界知识产权组织（WIPO）、美国、日本、韩国、英国、法国、德国、俄罗斯等国家和地区的专利数据进行检索。

（2）进行申请号检索时，系统会自动去掉校验位，如输入 CN12345678.9，系统会按照 CN12345678 进行检索。此外，对于并列输入的两个或多个申请号，只要申请号之间用空格隔开，如输入 CN12345678 CN87654321，系统会自动按照 CN12345678 or CN87654321 进行检索。当输入 ZL12345678 时，系统会按照 CN12345678 进行检索。

（3）在发明名称、摘要、说明书、权利要求和关键词检索入口进行文本检索时，如果检索词中间有空格，则需要加英文双引号。例如："电动车 充电桩"，若不加引号系统会按照"电动车 or 充电桩"进行检索。英文括号为系统运算符关键字，如检索内容中出现英文括号需使用英文双引号进行转义。例如："高丘六和（天津）工业有限公司"。

五、CNIPR 专利信息服务平台简介

中国知识产权网（China Intellectual Property Right Net，简称 CNIPR）专利信息服务平台，网址：http://search.cnipr.com，由国家知识产权局知识产权出版社有限责任公司创建并维护，该平台完整收录了中国、美国、日本、欧洲及韩国等 103 个国家、地区和组织的专利文摘数据。其中中国发明公开、中国发明授权、中国外观设计和中国实用新型四种公报的更新时间为每周二、周五，一周共更新两次，国外数据专利公开 1 个月内更新。

（一）检索入口

CNIPR 专利信息服务平台提供简单检索、智能检索、高级检索、失效专利检索、热点专题、法律状态检索、运营信息检索七种检索维度，并具有二次检索、过滤检索、同义词检索等辅助手段。其中，高级检索包括表格检索、逻辑检索和号单检索，支持 22 个检索字段，以及 and、or、not 等多种布尔运算符的逻辑组配。高级检索的检索入口字段见表 2-5。

表 2-5　CNIPR 专利信息服务平台检索入口字段名称

字段名称	字段名称
申请（专利）号	申请日
公开（公告）号	公开日
名称	摘要
权利要求书	说明书
申请（专利权）人	发明（设计）人
国际专利主分类号	国际专利分类号
地址	国省代码
同族专利	优先权
代理机构	代理人
名称、摘要	法律状态
名称、摘要、权利要求书	最新法律状态

（二）数据特色

（1）CNIPR 专利信息服务平台的高级检索中的表格检索提供对名称、摘要、权利要求书、说明书的关键词检索，同时为方便用户使用，还提供了名称＋摘要组合检索，以及名称＋摘要＋权利要求书组合检索。

（2）CNIPR 专利信息服务平台可实现号单检索，即可以批量输入申请号或者公开（公告）号进行检索。批量的号单之间可以使用分号、逗号或者空格进行间隔，每次进行号单检索的上限为 2000 个。

（3）CNIPR 专利信息服务平台具有平板型集热器、光元器件、压电晶体材料、高效杀菌剂、转基因育种、3D 显示器、机动车尾气监测仪器、锂离子动力电池、煤转化后的产品及综合利用等 9 个热点专题，可针对每个专题进行相关中外专利检索。

（4）CNIPR 专利信息服务平台提供机器翻译功能，针对英文专利，特别开发了机器翻译模块，能对检索到的英文专利进行即时翻译，用于帮助理解专利内容，方便用户检索。

六、SooPAT 网上专利搜索数据库简介

SooPAT 专利搜索网由苏州搜湃知识产权代理有限公司开发，网址：http://www.soopat.com，该网上专利搜索数据库收录了 108 个国家和地区超过 1 亿3000 万专利文献。SooPAT 提供专利搜索、高级搜索、外观搜索、国际专利分类搜索、国际外观设计分类搜索、世界专利搜索、专利族搜索、引文搜索等服务。

（一）检索入口

SooPAT 专利搜索针对中国专利检索采用表格检索方式，包括 16 个检索入口，具体参见表 2-6。

对于世界专利的检索采用高级检索方式，可以针对不同国家或地区进行选择，并提供号码、常用、日期、分类、专利权人 / 发明人 5 类检索入口，具体见表 2-7。

表 2-6　SooPAT 中国专利检索入口字段名称

字段名称	字段名称
申请（专利）号	申请日
公开（公告）号	公开日
名称	摘要
权利要求书	说明书
申请（专利权）人	发明（设计）人
主分类号	分类号
地址	国省代码
代理人	专利代理机构

表 2-7　SooPAT 世界专利检索入口

类型	检索入口	举例
号码	文献号	US7701068 或 EP2008543
	申请号	EP20080011367 或 PCT/AU2007/000295 或 WO2007AU00295
	优先权	US20000603065 或 WO2001US40084
常用	所有	sea
	标题	car
	摘要	car and sea
分类	国际专利分类（IPC）	G06F17/50
	欧洲专利分类（ECLA）	F03G7/10
专利权人 / 发明人	专利权人（申请人 / 受让人）	SUN MICROSYSTEMS INC
	专利权人国别代码	US
	发明人	WILSON WILLIAM
	发明人国别代码	EP

（二）数据特色

（1）SooPAT 具有国际专利分类号（IPC）和国际外观设计分类号（IDC）两个查询工具，利用分类号查询工具可以输入关键词查相应分类号，也可以输入分类号查相应含义，并且还提供了 IPC 分类表，每个小组号后面都可以查询该号下的中国专利和世界专利。

（2）对中国专利进行申请（专利）号、公开（公告）号查询时，直接输入号码，前面不用加 ZL 或 CN。

（3）SooPAT 会忽略"的""地""得"等字词，这类字词不仅无助于缩小检索范围，而且会大大降低搜索速度，这些词和字符被称为忽略词。

（4）在一些情况下，SooPAT 会对查询词进行适当拆分，以防止漏检，比如输入：航空航天动力，会自动转换成：航空 and 航天 and 动力，来进行搜索。

（5）SooPAT 可以实现汉字繁简自动转换，无论输入繁体字或简体字都可以查询专利，还可以通过页面右上角的繁简体切换按钮进行整页的繁简体切换。

七、CNKI 专利数据库简介

中国知网（CNKI）专利数据库包含《中国专利全文数据库（知网版）》和《海外专利摘要数据库（知网版）》，其文献来源于国家知识产权局知识产权出版社有限责任公司，收录了 1985 年至今的中国专利和 1970 年至今的国外专利，中国专利双周更新，国外专利月更新。截至 2019 年 3 月 31 日，《中国专利全文数据库》共计收录专利 2200 多万条，《海外专利摘要数据库》共计收录专利 9700 多万条。

（一）检索入口

CNKI 专利数据库包括普通检索、高级检索、专业检索三种方式。其中，普通检索和高级检索均采用表格检索方式，普通检索包括全文（FT）、专利名称（TI）、关键词（KY）、摘要（AB）、申请号（SQH）、公开号（GKH）、分类号（CLC）、主分类号（CLZ）、申请人（SQR）、发明人（SMR）、地址（DZ）、专利代理机构（SDF）、代理人（DLR）、优先权（YXQ）、国省代码（GDM）、国省名称（GMC）等 16 个检索入口，可实现并含、或含、不含三种运算，以及精确或模糊两种检索方式。高级检索除普通检索的 16 个检索入口之外，增加了申请日和公开日两个时间入口，可以实现从某一时间到另一时间的限定。

专业检索采用专业检索语法表达式，可检索字段与普通检索一样，并增加高级检索中的申请日和公开日两个时间表格。

（二）数据特色

（1）CNKI 专利数据库的高级检索中，对于全文和摘要两个检索条件可以按照词频进行检索，最高词频为 9。

（2）CNKI 专利数据库的专业检索可以实现按照段、句进行检索，如同段中按次序出现且间隔小于 5 句，检索表达式为：AB=' 转基因 / SEN 5 水稻 '；同句中按词序出现且间隔小于 5 个词，检索表达式为：AB=' 转基因 / PREV 5 水稻 '；同句中按词序出现且间隔大于 5 个词，检索表达式为：AB=' 转基因 / AFT 5 水稻 '。

（3）CNKI 专利数据库的每条专利的知网节集成了与该专利相关的最新文献、科技成果、标准等信息，可以完整地展现该专利产生的背景、最新发展动态、相关领域的发展趋势，可以浏览发明人与发明机构更多的论述以及在各种出版物上发表的文献。

第二节　国外专利文献摘要 / 全文数据库及数据特色

国外专利文献摘要 / 全文数据库主要包括世界专利文摘数据库（SIPOABS）、德温特世界专利索引数据库（DWPI）、美国专利商标局的 USPTO 专利数据库、欧洲专利局的 Espacenet 专利检索数据库。

一、SIPOABS 数据库简介

SIPOABS 数据库的中文全称为世界专利文摘数据库，英文全称为 State Intellectual Property Office Abstract Database，简称 SIPOABS），其被收录在 S 系统中，供审查员内部使用。该数据库收录了 1827 年至今美国、英国、法国、德国、日本、俄罗斯、中国、韩国、欧洲专利局等 97 个国家和组织的专利文摘数据，截至 2019 年 3 月 31 日，专利收录总量超过 1.22 亿件，每周更新一次。

SIPOABS 数据库主要以 DOCDB2.0 数据为基础数据，以 EPODOC（欧洲专利数据库）数据以及美国、日本、韩国、加拿大文摘辅助数据做补充，按照一定规则加工整合而成，其专利信息主要包括著录项目、引证、摘要、分类（IPC 分类、CPC 分类、ECLA 分类、FI 分类、F-term 分类、原始国家分类）等。SIPOABS 数据库包括英语、德语、法语三种语言的摘要信息，以及俄罗斯、日本、韩国等国家的原始摘要信息。

（一）检索入口

SIPOABS 数据库共有 86 个检索入口的字段，包括申请号、公开 / 公告号、优先权号、申请日、公开 / 公告日、发明人、申请人、发明名称、摘要、关键词、分类号等。其中，涉及数据库记录信息的字段：APSN（申请流水号）、CTT（首次入库时间）、PNSO（公开 / 公告流水号）、UID（文献唯一标识）、UT（数据更新时间）；涉及分类的字段：EC（欧专局 ECLA 分类号）、ECC（ECLA 附加信息分类号）、ECI（ECLA 发明信息分类号）、FI（日本 FI 分类号）、FT（日本 F-term 分类号）、IC（IPC 分类号）、ICO（欧专局 ICO 分类号）、ICC（IPC 分类 1-7 版）、ICST（标准 IPC 分类号）、IPC8（IPC 分类第 8 版）；涉及原始申请内容：ABO（原始摘要）、APCC（原始申请国别）、APSE（原始申请流水号）、APSO（原始申请流水号）、APTY（原始申请专利类型）、PNO（原始公开号）、PNSE（原始公开 / 公告号）PNT（原始公开级代码）、PRO（原始优先权号）、TIO（原始发明标题）；涉及向某组织的申请：UACC（统一申请国别）、UAKI（统一申请级别）、UASE（统一申请流水号）、UCC（统一公开 / 公告国家）、UPKI（统一公开级别）、UPSE（统一公开 / 公告流水号）。

SIPOABS 数据库常用检索入口的字段（索引）及其说明如下表 2-8 所示。

表 2-8　SIPOABS 数据库常用字段（索引）

字段（索引）	复合索引	字段说明
AP		申请号
APD		申请日
TI	BI	发明名称
AB	BI	摘要
IN		发明人
PA		申请人
PD		公开公告日
PN		公开公告号
PR		优先权号
CT	CTP	检索报告中的专利引文

续表

字段（索引）	复合索引	字段说明
EX	CTP	审查期间的专利引文
RF	CTP	申请人的专利引文
CTNP	CTL	检索报告中的非专利引文
EXNP	CTL	审查期间的非专利引文
RFNP	CTL	申请人的非专利引文
ICC	IC	IPC 分类（1–7 版）
IPC8	IC	IPC 分类（第 8 版）
ICAI	IC	IPC 高级版发明分类号
ICAN	IC	IPC 高级版附加分类号
ICCI	IC	IPC 核心版发明分类号
ICCN	IC	IPC 核心版附加分类号
XIC	IC	IPC 交叉分类号
CPC_INV	CPC	CPC 分类发明信息
CPC_ADD	CPC	CPC 分类附加信息

（二）数据特色

（1）SIPOABS 数据库提供多种复合索引，如复合索引 IC 是通过标引 XIC、ICC、ICAI、ICAN、ICCI、ICCN 这些字段形成的。此外，还提供了复合索引 CTP（专利引文）、CTL（非专利引文）、CPC（联合专利分类）、BI（由 AB 和 TI 字段形成）。

（2）SIPOABS 数据库的分类信息丰富，包括 IPC、CPC、EC、UC、FI/T-term 等，可以根据各种分类体系及相关分类特点进行有针对性的检索，例如 CPC 分类是由欧洲专利局和美国专利商标局共同开发的联合分类体系，该分类体系基于 ECLA 分类体系开发，与 IPC 分类体系具有很好的融合性，具有 25 万多条细分条目，能够更加精确地进行专利检索。

（3）SIPOABS 数据库具有多种引文信息，如检索报告中的专利 / 非专利引文、审查期间的专利 / 非专利引文、申请人的专利 / 非专利引文，适合进行引用和被引用文献的追踪检索。

二、DWPI 数据库简介

DWPI 数据库的中文全称为德温特世界专利索引数据库，英文全称为 Derwent World Patents Inedx，简称 DWPI，该数据库收录了 1960 年至今大约 45 个国家和组织的专利文摘数据，截止 2019 年 3 月 31 日，专利收录总量超过 3993 万项❶，每周更新一次。

DWPI 数据库包括的专利信息主要有公开号、申请号、优先权号、专利权人信息、发明人信息、标题、文摘、国际专利分类、美国专利分类、欧洲分类、日本专利分类、德温特分类、化学手工代码、工程手工代码、电子手工代码、摘要附图、关键词标引等。

（一）检索入口

DWPI 数据库共有 97 个检索字段，包括申请号、公开 / 公告号、优先权号、公开 / 公告日、发明人、申请人、发明名称、摘要、关键词、分类号、公司代码等。其主要字段（索引）及其说明见表 2-9。

表 2-9　DWPI 数据库常用字段（索引）

字段（索引）	复合索引	字段说明
AP		申请号
PN		公开公告号
PR		优先权号
PD		公开公告日
IN		发明人
PA		申请人
CPY		公司代码
TI	BI	发明名称
AB	BI	摘要
KW	BI	关键词
ICC	IC	IPC 分类号

---

❶ 同一项发明创造在多个国家申请专利而产生的一组内容相同或基本相同的专利文献出版物，称为一个专利族或同族专利，DWPI 收录的专利数据数量以项为单位。

续表

字段（索引）	复合索引	字段说明
ICST	IC	标准 IPC 分类号
ICAI	IC	IPC 高级版发明分类号
ICAN	IC	IPC 高级版附加分类号
ICCI	IC	IPC 核心版发明分类号
ICCN	IC	IPC 核心版附加分类号
CPC_INV	CPC	CPC 分类发明信息
CPC_ADD	CPC	CPC 分类附加信息
MC		手工代码
DC		德温特分类
FN		交叉同族号

（二）数据特色

（1）在 DWPI 数据库中，专利文献的标题和文摘都由 Derwent 的文献工作人员重新改写过，用词比较规范，文摘中的技术内容信息丰富，适合于用关键词进行检索。

（2）DWPI 数据库具有公司代码字段 CPY，对于大型的标准公司，可以采用统一的公司代码检索出该申请人（公司名称可能并不相同）的所有专利文献。

（3）DWPI 数据库具有大量化学代码、化学增强代码，以及化合物编号、德温特化学注册码等，使用这些编码进行化学领域相关文献的检索比较方便准确。

（4）DWPI 数据库未对 IPC 分类号进行重新分类，而是使用各国专利局给出的 IPC 分类号，因此在使用 IPC 分类号进行检索时，会受到不同国家专利局分类人员分类习惯的影响，造成检索结果不佳。

三、USPTO 专利数据库简介

USPTO 专利数据库由美国专利商标局提供，网址：http://www.uspto.gov/patents-application-process/search-patents。USPTO 专利数据库分为授权专利数据库（USPTO Patent Full-Text and Image Database，PafFT）和申请专利数据库（USPTO Patent Application Full-Text and Image Database，简称 AppFT）。授权专

利数据库提供了 1790 年至今各类授权的美国专利，其中有 1790 年至今的图像说明书，1976 年至今的全文文本说明书（附图像链接）。申请专利数据库只提供了 2001 年 3 月 15 日起申请说明书的文本和图像 ❶。

（一）检索入口

USPTO 的授权专利数据库和申请专利数据库均提供快速检索、高级检索、专利号 / 公开号检索三种检索方式。授权专利数据库的快速检索包括名称、摘要、权利要求、专利号、授权日、申请号、申请日、申请人、发明人、代理人、优先权、IPC 分类号、CPC 分类号、UC 分类号等 55 个检索入口，可以实现多个检索条件之间的 and（逻辑与）、or（逻辑或）、not（逻辑非）运算。申请专利数据库的快速检索相比授权专利数据库少了授权、引文等信息，共有 38 个检索入口，但检索方式相同。

授权专利数据库和申请专利数据库的高级检索都可以通过对多个检索条件编写复杂的检索式进行检索，例如：television or（cathode and tube）。

在授权专利数据库中提供的是专利号检索（Patent Number Search），可输入一个或多个专利号搜索，但多个专利号之间应用空格隔开或者用逻辑运算符"or"隔开，并且专利号前不能加"US"前缀。在申请专利数据库中提供的是公开号检索（Publication Number Search），其方法与授权专利数据库的专利号检索相同。

（二）数据特色

（1）USPTO 专利数据库收录的美国专利类型最多，收录的起始时间最早（1790 年），并且收录的美国专利全文是最为全面的。

（2）USPTO 专利数据库可提供美国专利之间的引用与被引用关系，以及审查和法律状态信息。

（3）USPTO 专利数据库支持加双引号的词组检索，并且可以用截词符"$"进行右截断检索，可取代任意个字符（加引号的词组用截词符无效）。

四、Espcenet 专利检索数据库简介

Espacenet 专利检索数据库由欧洲专利局提供，网址：http://www.epo.org/

---

❶ 陆萍. 专利数据库 USPTO、esp@cenet、DII 的比较分析［J］. 情报科学，2006，24（9）：1348–1351.

searching–for–patents/technical/espacenet.html，截至 2019 年 3 月 31 日，该数据库收录了 1836 年至今的 105 个国家和地区的超过 1.12 亿件的专利数据，各国的起始时间不同，数据每日自动更新。

（一）检索入口

Espacenet 专利检索数据库提供智能检索、高级检索、分类检索三种检索方式。智能检索只有一个输入框，在输入框可最多输入 20 个检索项，各检索项之间用空格或运算符隔开。高级检索采用表格检索方式，包括名称（Title）、名称或摘要（Title or abstract）、公开号（Publication number）、申请号（Application number）、优先权号（Priority number）、公开日（Publication date）、申请人（Applicants）、发明人（Inventors）、CPC 分类号、IPC 分类号等 10 个检索入口。分类检索用于根据关键词检索相关 CPC 分类号，并提供了 CPC 分类表及分类定义。

（二）数据特色

（1）Espacenet 专利检索数据库收录了来自世界各地的 1 亿多件专利文献，包括了同族专利、法律状态、非专利文献、引证与被引证文献、欧洲专利登记簿、联合欧洲专利登记簿、全球案卷等信息。

（2）在 Espacenet 的智能检索模块，通过在输入框内输入关键词可以实现全文检索，包括名称、摘要、说明书和权利要求。

（3）Espacenet 专利检索数据库支持英语、德语、法语三种语言检索，并且提供中文、日本、韩文三种界面，以便于不同语言用户使用。

第三节　其他专题专利数据库及数据特色

其他专题专利数据库包括国家知识产权局专利检索及分析系统的药物检索数据库、STN 数据库、Alloys 数据库等。

一、药物检索数据库简介

国家知识产权局专利检索及分析系统（Patent Search and Analysis of CNIPA）的药物检索数据库，简称 CNIPA 药物检索数据库，收录了 1985 年至今公开的全部中国药物专利。CNIPA 药物检索数据库包括中药专利题录数据库、中药专利方剂数据库、西药专利题录数据库、中药辞典数据库和西药辞典数据库。截至 2019 年 3 月 31 日，该数据库收录了 62 万多件中国药物专利。

（一）检索入口

CNIPA 药物检索数据库包括高级检索和方剂检索两种检索方式。高级检索采用表格检索方式，包括申请号、申请日、申请人、发明人、公开（公告）号、公开（公告）日、优先权项、IPC 分类号、IPC 主分类号、IPC 副分类号、发明名称、摘要、发明主题、申请人地址、国别省市名称、国别省市代码、联合索引、范畴分类号等 18 个常规索引，还包括 21 个专门针对药物专利检索的专用索引，具体见表 2-10。方剂检索同样采用表格检索方式，高级检索和方剂检索还可以通过编辑复杂检索式进行精确检索。

表 2-10　药物检索数据库专用字段（索引）

分析方法	生物方法	制剂方法
化学方法	联合方法	新用途
物理方法	提取方法	治疗应用
相似疗效	治疗作用	相互作用
毒副作用	诊断作用	方剂味数
方剂组成	CN 登记号	CAS 登记号
职能符	化合物中文名	化合物英文名

（二）数据特色

（1）CNIPA 药物检索数据库可以通过制备药物的方法、药物的用途或疗效、药物的毒副作用、方剂组成等多个角度对药物专利进行检索，可有效提高药物检索的查准率。

（2）CNIPA 药物检索数据库的方剂检索设置有 15 个药物输入框，并可以限定检索结果中包含几味中药，以精确定位中药方剂。

（3）中药辞典数据库和西药辞典数据库是辅助性检索工具，可以查询与输入药材相关的中文正名和中文异名，大大丰富了同义词，可有效提高专利信息检索的查全率和查准率，中药辞典数据库还提供了常用药材列表，在很大程度上解决了中药名称不规范引起的检索困难。

二、STN 数据库简介

STN 数据库的英文全称是 Scientific and Technical Network Database。该系统创建于 1984 年，是世界著名的国际联机检索系统之一，其由美国化学文摘社（CAS）、德国莱布尼茨学会卡尔斯鲁厄专利信息中心（FIZ Karlsruhe）和日本科技信息中心（JICST）共同合作经营。STN 系统收录了超过 200 个科学和技术数据库，涉及各基础学科和综合技术应用领域。STN 系统是化学和生命科学领域文献收录最全的数据库之一，其强大的检索功能使其适用于各种类型的权利要求的检索，尤其适用于马库什化合物权利要求的检索。

（一）检索入口

STN 系统的检索入口包括 CAS 登记号、化学名、指定的化学结构、化学结构通式（Markush）、化学物性以及生物序列相配、基本和相似检索等。

（二）数据特色

（1）STN 数据库整合了重要的科技和专利在线信息，包括期刊、专利、论文、会议论文、化学结构、基因序列、物化属性、电子全文、管制信息等，拥有 CAS 所有的数据库、德温特世界专利索引、INPADCO 系列数据库、全球专利及非专利数据库，收录了《中国现有化学物质目录》，数据资源丰富。

（2）STN 提供专业化学的检索环境，可以检索 CAS 登记号，实现分子式结构检索（尤其是 Markush），并且其也提供了大量的检索工具，包括化学和生物物质检索、多个数据库检索、链接全文以及相同专利和专利族检索等，可以全面地进行化合物名称的扩展。

三、Alloys 数据库简介

Alloys 数据库是欧洲专利局在 WPI 和 EPODOC 的基础上针对合金权利要求的特点，重新构建的针对合金的数据库。在数据源和文献分布上，该库主要收集涉及各种合金的文献，其数据源与 EPODOC 一样，尤其涉及欧洲或具有欧洲同族的，采用组分含量撰写的合金领域的专利文献。

（一）检索入口

Alloys 数据库包括基体元素（BASE）、组分（COMP）、优选元素（OPT）、现有技术中含有的元素（PRES）、热处理工艺（HEAT）等特色检索入口 ❶，其主要字段（索引）见表 2-11。

表 2-11 Alloys 数据库主要字段（索引）

字段（索引）	复合索引	字段说明
BASE		基体元素
COMP		组分
HEAT	BI	热处理
KW	BI	性能与用途
NVAL		数值标引值
OPT		优选元素
PRES		必要元素
SPEC		特别元素
RM7	BI	RM7 数据库数据
PD		公开日
PN		公开号
PR		优先权
TI	TI	名称
TIA	TI	附加名称
TXT	BI	附加信息
IC		IPC 分类号
EC		ECLA 分类号
IDT		IDT 分类号

（二）数据特色

（1）Alloys 数据库适合组分及其含量、热处理温度范围以及强度范围的检索，例如：检索包含 Cr 元素的铁基合金，输入检索式 "Fe/BASE and Cr/COMP"，即可找到最相关的专利文献。

（2）Alloys 数据库中的 NVAL 字段是数值类型的字段，其是按照上限和下

---

❶ 张华山等. ALLOYS 数据库中检索策略的研究——合金组分及其含量检索［J］. 长春工业大学学报（自然科学版），2012，33（6）：660–666.

限分别标引的，如 C 元素的含量标引形式可以为：CL=0.0001，CH=0.01，在检索时可以使用数学运算符"<=""<=""<"">""="进行限定，可以将合金中元素的含量和其对应的数值范围联合进行检索，为 ALLOYS 数据库中最具特色的字段。

第四节　小结

本章详细介绍了目前常用的国内外专利数据库以及专题专利数据库的文献收录情况、检索入口和数据特色。

国内专利数据库中，以 CNABS 数据库、CNIPR 专利信息服务平台和 CNKI 专利数据库最具特色。其中 CNABS 数据库收录了由中国专利技术开发公司标引的深加工数据，提供了改写后的名称、摘要和关键词，有利于提高检索的准确性和全面性，建立了文献之间的引证和被引证关系，方便进行相关文献的追踪检索，对每个非个人申请人都赋予了唯一的机构代码，可有效避免申请人漏检。CNIPR 专利信息服务平台提供了平板型集热器、光元器件、压电晶体材料等 9 个热点专题，可针对每个专题进行相关中外专利检索。CNKI 专利数据库中每条专利的知网节集成了与该专利相关的最新文献、科技成果、标准等信息，可以完整地展现该专利产生的背景、最新发展动态、相关领域的发展趋势。

国外专利数据库中，DWPI 数据库由 Derwent 的文献工作人员重新改写了专利文献的标题和文摘，用词比较规范，技术信息丰富，适合用关键词进行检索，此外对于大型的标准公司，可以采用统一的公司代码检索出该申请人（公司名称可能并不相同）的所有专利文献。Espacenet 专利检索数据库收录了来自世界各地的 1 亿多件专利文献，包括了同族专利、法律状态、非专利文献、引证与被引证文献等信息，支持英语、德语、法语三种语言检索，并且提供中文、日文、韩文三种界面，以便于不同语言用户使用。

专题专利数据库中的 CNIPA 药物检索数据库可以通过制备药物的方法、药物的用途或疗效、药物的毒副作用、方剂组成等多个角度对药物专利进行检索，可有效提高药物检索的查准率，数据库中的中药辞典还提供了常用药材列表，在很大程度上解决了中药名称不规范引起的检索困难。

国内外数据评测方法

科技文献大数据是人类科技活动的成果体现，是科技进步、经济发展必不可少的重要资源。随着现代信息技术的迅速发展，网络信息的日益膨胀，数据库在科技情报事业中占据的地位越来越重要，数据库建设是情报资源网络建设的关键，数据库的质量控制贯穿于数据库建设的全过程。数据库中所采用数据的质量高低无疑是数据库质量控制的重要环节。国内外对数据库中数据质量的评价方法研究得不多，主要侧重于数据使用效果评价方面。下文将对现有各种数据评测方法进行归纳总结，以期能为数据库的质量控制提供参考。

第一节　数据评价概论

目前专门针对数据评价的研究尚不多见，大致可以分为两种类型：一种是如何评价一般开放数据，即对数据本身的评价；另外一种则是如何评价特定数据环境中的数据，即将数据置身于数据库或信息系统中进行评价。❶

对特定数据环境中数据的评价根据所处数据环境的不同，细分为基于数据库的评价和基于信息系统的评价。在基于数据库的评价中，依照用户的不同可将评价指标分为数据使用质量和数据质量两方面。

数据使用质量包括数据查询率、安全性、敏捷性、可响应性、可使用性

---

❶ 丁楠，黎娇，等. 基于引用的科学数据评价研究［J］. 图书与情报，2014，（5）：95–99.

（可采集到的数据是否在数据超市中得到应用）、有效性（数据的更新频率）等。

　　数据库中数据的使用质量直接影响着数据库的使用效率，而对数据库中所采用数据进行处理则是文献数据库建设中非常重要的部分。

　　建立文献数据库除开发检索软件以外，最主要的工作就是机前处理，包括文献源的选择、资料搜集与整理、著录工作单与文献标引，其中最重要、最复杂、专业性最强而又最细致的工作就是文献标引。❶

　　文献标引是沟通作者与文献用户的桥梁，能为用户检索所需要的文献提供准确、快速而又简便的检索途径。文献标引包括分类标引和主题标引，分类标引是按照分类法来给出检索表示，标示符号是分类号，它的优点是能体现学科的系统性和完整性，能满足对文献资料族性检索的要求；主题标引是直接用描述文献内容的名词术语作为文献的标示符号，它比较直观，便于进行各种概念的组配和逻辑运算，可满足对文献资料特性检索的要求。

　　建立一个高质量的数据库的主要工作是文献标引，无论是对科技期刊还是专利文献，文献标引的好坏都直接影响到数据库的质量。

第二节　数据库数据标引及测评现状

　　国内外对于数据的测试都是从外部的被动反馈和内部的主动检测管理进行的。外部的被动反馈包括特定检索用户、一般检索用户；内部主动检测管理包括数据加工方的各级质检程序、数据验收方的质检程序。数据的测试通常包括数据抽样检测、使用反馈、调查问卷等形式。❷

　　数据库数据测评所采用的方法一般为：依据一定的数据库评价指标系，选取特定的中文数据库来进行调查，运用一定的分析方法，如指数标度改造的层次析法，进行测评分析。根据所采用的指标评价体系，设计调查问卷，并采用E-mail 等方式发放问卷调查表，从问卷调查结果中获取测评对象在每个指标上的平均得分。在对测评对象最终总得分的计算过程中采用一定的指数标度系统

　　❶　陈丁儒. 如何做好机检数据库的文献标引工作［C］. 农业文献数据库机前处理问题研讨会，1989：41-48.

　　❷　钱红缨，等. 数据加工规则的例证研究及专利加工数据的使用效果评测［R/OL］. 国家知识产权局 2009 年度一般课题研究报告. 2009：6-7.

来构造平均得分的系数，利用层次分析法（AHP）进行实证测评分析。❶❷

对于数据的评测研究多集中在数据加工的标引方面，例如，荷兰列依坚斯克大学科技研究中心以问卷的方式调查了美国《化学文摘（CA）》的标引质量。❸该中心挑选了 1989 年世界各国 54 种期刊中有关生物化学和农业方面的论文 270 篇，其中每种期刊挑选 5 篇。调查对象为论文的第一作者。调查内容以问题的形式提出，对问卷的答案分析，结论肯定了标引的正确性。对于分类号的肯定达到 81%，但在关键词（此处的关键词与专利数据深加工中的关键词概念不同，前者是标引人员从原文献中提取的词汇，类似专利数据深加工中的概念选取的词汇）正确率方面仅达到 60%，尚有 40% 的关键词需要增删；对于标引的主题词（此处的主题词是标引人员对文献信息概念进行了转换后得到的词汇，类似专利数据深加工中标引的关键词）的正确性的肯定仅为 55%，低于对关键词的肯定性评价。分析其原因得出，手工标引最主要的问题是，没有考虑到文章内容中新的重要时间因素和采用不相关的术语，其主要原因是标引人员与当前的研究工作脱节，这样就使得标引结果的可信度降低，例如在根据《CA》数据库或主题索引、分类进行文献计量学和科学计量学研究时会出现偏差，因此，在信息检索或计量分析评价时，不要忽视标引的问题。

《中文科技期刊数据库》和《中国学术期刊（光盘版）》是我国两大中文期刊数据库，韩改样 ❹ 在《我国两大期刊文献数据库比较研究》中论述了对检索效果影响的三个方面：①收录范围、种类和年限；②数据质量；③更新期。在比较数据质量对检索效果的影响时指出，由于《中文科技期刊数据库》是二次文献库，其中的关键词、分类号一般不依赖原文提供，而是经过专业人员重新标引，而《中国学术期刊（光盘版）》的检索途径完全依赖于原文已有的格式，对于不够规范的社会科学期刊，由于很多期刊原文中没有关键词、摘要和分类号，即使系统设置了检索途径，也无从检得。因此，文献检索中关键词和摘要都是最为重要的检索途径，文章的著录项目不全，是影响文献检索效率的因素之一。

---

❶ 汪徽志，等. 国内外网络数据库测评——网络数据库评价指标体系应 ［J］. 情报科学，2008，（6）：849-854.

❷ 郁笑春，胡芒谷，等. 论全文型文献数据库的评价标准及应用 ［J］. 现代情报，2007，（4）：86-88.

❸ 钱红缨，等. 数据加工规则的例证研究及专利加工数据的使用效果评测 ［R/OL］. 国家知识产权局 2009 年度一般课题研究报告. 2009：77-78.

❹ 韩改样. 我国两大期刊文献数据库比较研究 ［J］. 图书情报工作，1999，（6）：45-46.

周小磊❶ 简单测评了《中文社会科学引文索引》《全国报刊索引数据库》《中文科技期刊数据库》的标引质量，其中，《中文社会科学引文索引》和《中文科技期刊数据库》采用了不依靠词表的自由标引方式，《全国报刊索引数据库》则是依照《中国分类主题词表》对文献进行标引，属受控标引。文中采用标引深度、非提名关键词的标引、先组度、标引一致性、标引准确性等指标来评测三个库的文献标引质量。总体来说，《全国报刊索引数据库》《中文科技期刊数据库》的标引质量较好，《中文社会科学引文索引》稍差些。采用自由标引方式的《中文社会科学引文索引》和《中文科技期刊数据库》的标引一致性较差，建议两库增加一个后控词表。

专利标引是建立专利数据库系统，进行专利检索的重要环节，是进行专利信息分析获取竞争情报的基础和关键。

在专利数据库建设方面，科睿唯安形成了国际范围专利文献最有代表性的专利文献数据库系统。科睿唯安紧密围绕专利数据库开展工作，德温特世界专利索引（DWPI）/德温特专利引文索引（Derwent Patent Citation Index，DPCI）是科睿唯安的特色产品和主要支柱，它是科睿唯安公司深化其他工作的基础。德温特体系具有以下特点：收集世界主要专利；用英语进行描述，只要掌握这一语种，可以检索世界各国专利；德温特体系独创了一套几乎固定不变的著录格式，分类表简便，文摘质量较高。德温特专利数据质量之所以高，是因为德温特编辑部规定文摘员不可以简单地抄译原专利文摘，要求德温特文摘员将收到专利的主要内容概括成文摘，保证用户无需看原文便可以做出"有用或无用"的判断。❷❸ 目前尚没有具体的底层数据评测方法公开，大部分的研究仅是通过使用德温特数据库后的体会而评价的。

李宏芳等❹ 对我国的专利标引问题进行了研究，比较了较权威的三个专利数据库：国家知识产权局专利检索系统、中国专利信息中心的检索数据库、中国知识产权网的检索数据库。表3-1展示出了这三个专利数据库的标引现状。

❶ 周小磊，等. 数目数据库与引文数据库标引质量的测评［J］. 图书馆理论与实践，2003，（1）：41-44.

❷ 钱红缨，等. 数据加工规则的例证研究及专利加工数据的使用效果评测［R/OL］. 国家知识产权局2009年度一般课题研究报告. 2009：78.

❸ 郁笑春，胡芒谷，等. 论全文型文献数据库的评价标准及应用［J］. 现代情报，2007，（4）：86-88.

❹ 李宏芳，邹小筑，等. 中国专利数据库标引质量测评［J］. 现代情报，2010，30（12）：58-61.

表 3-1　三个专利数据库标引现状

专利数据库名称	分类标引	主题标引
国家知识产权局专利数据库	主分类号、分类号	名称、摘要
中国专利信息中心	国际分类号、范畴分类号	发明名称、文摘、主题词、关键词
中国知识产权网	主分类号、分类号、范畴分类	名称、摘要、简要说明

从表 3-1 中可以看出，国家知识产权局专利数据库和中国知识产权网没有提供"关键词"检索字段，但是专利信息中心提供了"关键词、主题词"检索字段，说明专利信息中心进行了主题标引的深度加工。同时可以看出，我国专利数据库的专利标引中均存在分类标引，但分类法的体系过于庞大，不容易掌握，对细小专深的主题难于揭示和检索。值得一提的是，在专利数据库的标引中，将分类标引、主题标引相结合，在保证专利信息真实、可靠的同时，能更好地提高专利信息的查全率和查准率。

可见，数据库的质量与所用数据的质量息息相关，影响数据质量的因素既有内部高素质文摘加工员的内部因素，也有广大使用者不断使用并提出使用需求和建议的外部因素，数据评测方法应基于优良数据库的基本要求，并结合相应的数据检索系统，对标引的文献与标引数据之间的差异进行研究，但目前尚无系统的评价数据的方法和手段。

第三节　数据标引质量评价指标

文献标引质量是数据库检索效率的保证，而主题标引的好坏直接影响着文献的检索效率，是整个检索系统中最重要的环节。对文献标引质量的评价，目前并没有一个很科学合理的标准，通常提到的标准有文献标引深度、专指性、标引一致性、检索效率和省时性等。

一、标引深度

标引深度是指对一篇文献的内容特征和外部特征进行分析、描述所达的深度，是对文献主题内容准确提示和全面揭示的程度。❶ 标引深度既包括对一篇文献的分析描述的专指性和全面性，同时，还包括对文献内容分析和转换语言的准确以及标引概念的精确程度。

标引深度是指标引时给予一篇文献的标引词的数目，或者说是指标引概念的精细程度。标引深度是衡量标引质量的一个重要因素，较高的标引深度有利于提高查全率，但会影响查准率。

标引深度要根据具体的文献对象来确定，不可生搬硬套某一量化的指标。对机检数据库来说，平均每篇文献所给检索词为 5 ~ 15 个，❷ 在质量上就是要准确反映文献主题内容，所选词既要有一定的专指度，又要有一定的网罗度，能以最少、最恰当的主题词最完善地表达文献主题。

李宏芳 ❸ 在《中国专利数据库标引质量测评》中提出，专利标引深度是指一个专利中所论述的主题概念被确认并转化为检索标识的完备程度，是根据专利主题概念内容揭示的广度衡量标引质量的一个因素。专利标引深度的选取对用户检索的查全率和查准率有着重要的影响。

李宏芳在文中评测国家知识产权局专利检索系统、中国专利信息中心检索数据库、中国知识产权网检索数据库这三个专利数据库的标引质量时指出，这三个专利数据库均存在专利标引深度不够的问题。其原因在于各数据库中的标引项并不能将具有相同专利名称的不同专利区分开，还需要对专利说明书进行主题分析、深度挖掘才能区分。

二、专指性

叙词的专指性是指表达主题概念的确切程度。在标引时选用专指性叙词越多，则检出的文献的针对性也就越强，查准率也就越高。如选用的叙词专指性过深，检出的文献量势必会减少，在检出文献中就会漏掉一些与主题词相关的文献，造成漏检。

高质量的标引是指选用的几个叙词能恰当地概括某篇文献的中心内容，无论含义和专指性都是适宜的。叙词的专指性也是指文献的网罗性。专指性强的

---

❶　李可立. 文献数据库建设中的主题标引与质量控制［J］. 图书情报，2005，（5）：71-72.

❷　陈丁儒. 如何做好机检数据库的文献标引工作［C］. 农业文献数据库机前处理问题研讨会，1989：41-48.

❸　李宏芳，邹小筑，等. 中国专利数据库标引质量测评［J］. 现代情报，2010，30（12）：58-61.

叙词，对文献的网罗性就小，专指性小的叙词，对文献的网罗性就大。选用叙词的专指性，反映了文献检索的网罗性。

周小磊❶提出"先组度"的概念，能在一定程度上反映专指性。先组度即词汇的先组程度。一个复合概念既可以用两个或多个单一词的组配形式来表示，也可以直接用一个先组词来表示，先祖度就是先祖词在主题表中所占的比例。词汇的先组程度就取决于采用单一词还是复合词。复合词越多，词汇的先组度与专指度就越高。一般说来，先组度影响检准率，先组度越高，检准率越高。

鉴于汉字中很多单字就是词，很难区分单一词与复合词，这里通过计算词长，即包含的单字数量来测试标引的先组度。因为某一词包含的单字越多，即其包含的语义越复杂，因而先组度越高。文中统计了《中文社会科学引文索引》《全国报刊索引数据库》《中文科技期刊数据库》三个库中标引词的词长，见表3-2。

表3-2 各库先组度（词长）的抽样比较

库名	2	3	4	5	6	7	8	平均词长
南大库	6	51	172	58	42	8	1	4.32
上海库	103	37	114	68	16	1	2	3.61
重庆库	38	48	191	55	36	4	0	4.04

注：《南大库》指《中文社会科学引文索引》；《上海库》指《全国报刊索引数据库》；《重庆库》指《中文科技期刊数据库》。

从表3-2可以看出，三个库标引词中词长为4的词占绝大多数，各库标引词的平均词长分别为4.32、3.61和4.04，即《中文社会科学引文索引》先组度最高，《全国报刊索引数据库》先组度最低。

三、标引一致性

标引一致性是指一篇文献在标引时所选用的叙词对相同或不同人员在不同时间和空间进行标引的一致程度。❷对于主题内容相同的文献，应选择相同的主题词进行标引。标引一致性越高，说明同主题的文献在同一检索标识下集中的程度越高，文献查全率也就越高。因此，标引一致性是衡量一个数据库质量的

---

❶ 周小磊，等. 书目数据库与引文数据库标引质量的测评［J］. 图书馆理论与实践，2003，（1）：41-44.

❷ 朱清清，等. 文献标引质量及应注意的几个问题［J］. 情报杂志，1999，18（1）：65-70.

重要指标。

影响标引一致性的因素很多，如标引规则的制定、词表的功能等。由于主题标引工作中的人为因素以及主题词表中存在个别近义词，同一主题文献的标引常常出现前后选词不一致的情况，此类情况的出现将会导致读者检索出许多不需要的文献。总之，人工叙词标引很难取得一致，但在标引时应尽量设法缩小标引的差异。

周小磊❶抽样统计了《中文社会科学引文索引》《全国报刊索引数据库》《中文科技期刊数据库》三个库的标引一致性，见表3-3。

表 3-3　标引一致性抽样统计

检索词	南大库	上海库	重庆库
中图法	44	0	71
中国图书馆图书分类法	2	64	0
信息资源	85	4	475
文献资源	79	0	180
网络信息检索	6	0	0
网络检索	4	0	8
机读目录	20	17	52
机器可读目录	0	34	0
文献检索	41	0	200
情报检索	40	275	194

相对来说，《全国报刊索引数据库》的标引一致性最好。如对采用"文献检索"和"情报检索"均可标引的同主题文献，《全国报刊索引数据库》的所有同主题文献均通过"情报检索"这一检索词检索得出，用词较规范，可以提高查全率，减少漏检现象。

四、检索效率 ❷

查全率和查准率是评价数据库检索效率的两个重要指标。查全率和查准率

---

❶ 周小磊，等. 书目数据库与引文数据库标引质量的测评［J］. 图书馆理论与实践，2003，（1）：41-44.

❷ 孙绍荣. 检索效果指标的精确意义及其相互关系［J］. 情报学刊，1988，（4）：54-57.

反映了系统的过滤能力，只有将二者相结合，才能对数据库检索效率作出较全面的评价，单独使用任何一个都不能说明检索效果的优劣。此外，查全率和查准率受多种因素的影响，例如，情报检索语言的影响、标引的影响、检索的影响、主观因素的影响及查全率与查准率相关性的制约等。❶

查全率是指检索输出的相关文献数量与系统中的全部相关文献数之比；查准率是指检索输出的相关文献数与检索输出的全部文献数之比。如：

$$查全率 R = \frac{检索输出的相关文献数}{系统中的全部相关文献数} \times 100\%$$

$$查准率 R = \frac{检索输出的相关文献数}{检索输出的全部文献数} \times 100\%$$

显而易见，查全率 P 越高，系统对其所含的相关信息输出得越净，查准率 P 越高，系统在输出信息时对其相关性的判断越准确。所以这两个指标都从不同的侧面在根本上反映了检索系统和检索工作的质量。

对于专利数据，查全率、查准率还可细化为 XY、A 查全率 ❷，XY、A 查准率：

$$R_{XY} = S_{XY}/(S_{XY} + S'_{XY}) \times 100\% \tag{3-1}$$

$$R'_{XY} = S'_{XY}/S_{XY} + S'_{XY}) \times 100\% \tag{3-2}$$

$$R_A = S_A/(S_A + S'_A) \times 100\% \tag{3-3}$$

$$R'_A = S'_A/(S_A + S'_A) \times 100\% \tag{3-4}$$

$$P_{XY} = S_{XY}/S \times 100\% \tag{3-5}$$

$$P'_{XY} = S'_{XY}/S' \times 100\% \tag{3-6}$$

$$P_A = S_A/S \times 100\% \tag{3-7}$$

$$P'_A = S'_A/ S' \times 100\% \tag{3-8}$$

式中，R 表示加工后的查全率，R' 表示加工前的查全率，表示在加工后的数据中检索出的相关文献量，P 表示加工后的查准率，P' 表示加工前的查准率；S' 表示在加工前的数据中检索出的相关文献量，其下标表示相关文献的类目，XY 包括 XYER 类文献、本申请以及外国同族可作为 XY 类文献的中国申请，A 表示 A 类文献。"+"表示"逻辑或"运算。

❶ 余丹. 关于查全率和查准率的新认识 [J]. 西南民族大学学报（人文社会科学版），2009（2）：283–285.

❷ 高可，等. 从审查员的角度评测数据加工 [J]. 审查实务，2008，14（11）：46–47.

查全率体现了"抗漏检"的可能性，查全率越高，"漏检"的可能性就越小；查准率体现了检索结果的"抗噪声"能力，查准率越高，"噪声"越少。

五、省时性

针对某个具体的数据库，专利审查员在检索中花费的时间和精力主要由三个部分组成，分别是循环次数、单次阅读量、单篇阅读时间。[1] 在专利审查过程中，每多循环一次将带来几十篇的阅读量，因此应考虑循环次数对省时性的影响；每次循环中，平均需要阅读的文献量即单次阅读量；单篇阅读时间，即判断文献是否是所需的 X 类、Y 类、A 类（以下简称 XYA 类）文献的阅读时间，包括阅读摘要的时间，必要时还包括阅读全文的时间，可采用可读性来体现单篇阅读时间。

六、综合性数据评测

高可等[2] 从专利审查员的角度出发，针对中国专利深加工数据提出了一套较科学、系统、完整的评测指标，以全面、客观地评价加工后数据的改善程度。评测的方法是比较深加工后的数据与深加工前的数据对检索结果的影响程度。评测指标如图 3-1 所示。

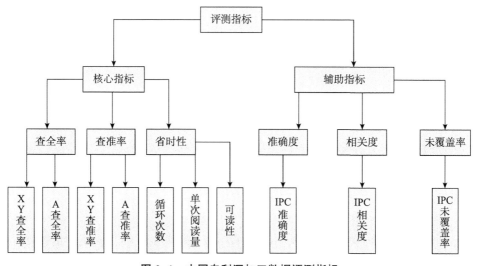

图 3-1 中国专利深加工数据评测指标

❶ 高可，等. 从审查员的角度评测数据加工 [J]. 审查实务，2008，14（11）：47.

❷ 高可，等. 从审查员的角度评测数据加工 [J]. 审查实务，2008，14（11）：45-49.

　　测试指标按照选取的案例的特点分为个体指标和集合指标。个体指标，是指通过选取具有代表性的案例获取的评测指标，其对应于核心指标，包括：XY、A 查全率，XY、A 查准率及省时性。集合指标，是指通过对某一领域的整体数据进行评测获取的指标，或者对集合中随机采样的案例进行评测所获取的指标。其对应于辅助指标，包括 IPC 准确度、IPC 相关度、IPC 未覆盖率。

　　核心指标在前文中均有提及，在这里介绍一下辅助指标。

　　IPC 相关度是反映数据中检索词与 IPC 分类号之间的相关程度：

$$R_{\text{IPC}} = S_{\text{IPC}}/(S_{\text{IPC}} + S'_{\text{IPC}}) \times 100\% \qquad (3\text{-}9)$$

$$R'_{\text{IPC}} = S'_{\text{IPC}}/(S_{\text{IPC}} + S'_{\text{IPC}}) \times 100\% \qquad (3\text{-}10)$$

式中，R_{IPC} 表示加工后的相关度，R'_{IPC} 表示加工前的相关度，S 表示在加工后的数据中检索到的相关文献量，S' 表示在加工前的数据中检索到的相关文献量，其下标 IPC 表示与检索词对应的 IPC 分类号相同的文献。

　　IPC 准确度表示所检索的文献中检索词与 IPC 分类号一致的文献占总检索量的比率：

$$P_{\text{IPC}} = S_{\text{IPC}}/S \times 100\% \qquad (3\text{-}11)$$

$$P'_{\text{IPC}} = S_{\text{IPC}}/S' \times 100\% \qquad (3\text{-}12)$$

　　IPC 未覆盖率在一定程度上代表了加工后数据潜在问题的多少，而且通过"漏检"的相关文献，可以集中发现加工后数据可能存在的一些问题。未覆盖率也就相应包括 IPC 未覆盖率末级指标：

$$\text{NC}_{\text{IPC}} = (S'_{\text{IPC}} - S_{\text{IPC}})/(S_{\text{IPC}} + S'_{\text{IPC}}) \times 100\% \qquad (3\text{-}13)$$

式中，NC_{IPC} 表示未覆盖率，S 表示在加工后的数据中检索到的文献量，S' 表示在加工前的数据中检索到的文献量，其下标 IPC 表示与检索词对应的 IPC 分类号相同的文献，"−"表示"逻辑非"运算。

　　IPC 相关度和未覆盖率之间具有一定的关联性和重叠性，因此，根据评测工作量的实际情况，可以择一进行。

　　在核心指标和辅助指标的基础上，采用综合评测指标来定义相对于加工前数据，加工后数据的总改善率，用符号 I 表示。为避免重估计算，总改善率（I）可认为是 XY 查全率、A 查全率、XY 查准率、A 查准率、IPC 准确度、IPC 相关度的函数。

$$I = I(R_{\text{XY}}, R'_{\text{XY}}, R_{\text{A}}, R'_{\text{A}}, P_{\text{XY}}, P'_{\text{XY}}, P_{\text{A}}, P'_{\text{A}}, R_{\text{IPC}}, R'_{\text{IPC}}, P_{\text{IPC}}, P'_{\text{IPC}}) \qquad (3\text{-}14)$$

在计算查全率、查准率时，考虑到 XY 类文献与 A 类文献的查全率、查准率对于审查工作具有不同的影响，因此分别设置其权重：

$$R = w_1* R_{XY} + w_2*R_A \tag{3-15}$$

$$R' = w_1* R'_{XY} + w_2*R'_A \tag{3-16}$$

$$P = w_3* P_{XY} + w_4*P_A \tag{3-17}$$

$$P' = w_3* P'_{XY} + w_4*P'_A \tag{3-18}$$

式中，w_1，w_2，w_3，w_4 即为权重。

从而，加工前 / 后数据的改善率可定义为

$$R_i = (R - R') / R' \times 100\% \tag{3-19}$$

$$P_i = (P - P') / P' \times 100\% \tag{3-20}$$

$$R_{Fi} = (R_F - R'_F) / R'_F \times 100\% \tag{3-21}$$

$$P_{Fi} = (P_F - P'_F) / P'_F \times 100\% \tag{3-22}$$

式中，R_i 为查全率的改善率，P_i 为查准率的改善率，R_{Fi} 为相关度的改善率，P_{Fi} 为准确度的改善率。

总改善率：

$$I = w_7 \times R_{im} + w_8 \times P_{im} \tag{3-23}$$

式中，I 为加工后数据的总改善率，w_7、w_8 分别为查全率和查准率改善率的权重。

第四节 小结

本章主要以数据库中数据使用质量为切入点，指出文献标引对于建立高质量数据库的重要性，并比较了现有国内外期刊数据库、专利数据库等的数据标引及测评现状，归纳出几种文献标引质量的评价指标，如标引深度、专指性、标引一致性、检索效率、省时性等。

标引深度、专指性、标引一致性是对文献标引词的要求。其中，标引深度通常采用将文献标引词的数目控制在一定范围内来体现，而专指性、标引一致性则可通过采用后控词表的形式来提高。

查全率和查准率是常用来评价数据库检索效率的两个重要指标，二者必须

相结合使用；查全率越高，文献"漏检"的可能性就越小，查准率越高，"噪声"越少。

省时性体现的是检索人员在检索中花费的时间和精力，可以从循环次数、单次阅读量、单篇阅读时间等来考虑数据质量对省时性的影响。

因此，要做好文献标引并不断提高标引质量，必须清楚地了解衡量标引质量的标准，并按着这些标准认真进行主题分析，正确选用恰当的关键词，尽量做到适度标引，提高标引一致性，从而为文献数据库的建设打下坚实的基础。

中国专利深加工数据的特色

中国专利技术开发公司技术专家团队经过十余年的标引工作，形成了一套特色鲜明的中国专利深加工数据索引。中国专利深加工数据在深加工类目设置、检索字段设置、检索方式、浏览方式等方面都具有其优势。目前中国专利深加工数据索引已经应用在国家知识产权局的专利检索与服务系统的中国专利文摘数据库中，供专利审查员及其他专利分析人员、专利检索人员使用，并发挥了越来越重要的作用。今后，深加工数据也有望为政府部门、企业团体、社会公众提供专利特色检索、专利分析等方面的服务。

第一节 中国专利深加工数据的基本情况

随着信息技术的快速发展，世界各国和各地区的知识产权机构都将信息化作为普及专利知识、提高审查效率、促进专利信息利用和扩大影响力的手段。中国国家知识产权局也在一直不断地加快信息化建设，尤其是信息资源建设。其中数据加工工作又是信息资源基础性建设的关键性组成部分，肩负着为信息检索与服务平台提供高质量的检索数据，从而实现为社会公众和审查业务提供方便、高效、快捷、优质服务，进而为推动实施知识产权战略提供支持的历史使命。

目前，国家知识产权局开展了多个数据加工项目，见表4-1，其中由中国专利技术开发公司承担中国专利文献数据深加工项目。该项目是对 1985 年以来中国发明专利和实用新型专利的公开文本进行深加工工作。目前节能环保产业、新能源产业、新一代信息技术产业、生物产业、高端装备制造业、新材料产业和新能源汽车产业等七大战略性新兴产业的发明专利深加工数据已经实现现档同步加工，同时石油化工、纺织工业等重点产业的深加工数据也有很高的完成比例。

表 4-1　国家知识产权局信息化建设部分项目以及 S 系统对应的数据库

项目名称	S 系统中相应的数据库	加工部门
中国专利文献数据深加工	CNABS（中国专利文摘数据库）（S 系统 3.0 版本前 CPDIABS）	中国专利技术开发公司
中国专利文献标引及数据录入服务	CPRSABS（中国专利检索系统文摘数据库）	中国专利信息中心
中国专利文献英文翻译	CPEA（中国专利英文文摘数据库）	中国专利信息中心
中国非专利文献数据深加工	MEDNPL（中国药物非专利数据库）	专利检索咨询中心
中国化学药物专利数据库建设	CNMED（中国药物专利数据库）	知识产权出版社

该项目形成了一套有中国特色的中国专利深加工数据索引（CPDI），目前中国专利深加工数据索引已经应用在国家知识产权局的专利检索与服务系统（以下简称 S 系统）中，中国专利深加工数据索引之前作为一个独立的检索数据库 CPDIABS 收录在 S 系统中，之后该数据库整合在 CNABS 数据库（中国专利文摘数据库）中，CNABS 数据库同时提供了多个深加工数据检索字段，使得CNABS 数据库在数据的标准性等方面日趋完善。

中国专利深加工数据除了应用在 S 系统的 CNABS 数据库中以外，数据中有关专利摘要图像的数据还应用在 S 系统的 SIPODW（世界专利文摘附图数据库），引文数据还应用在 S 系统的 SIPOCT（中国专利引文数据库）及 S 系统多功能查询器中的引证与被引证查询器。

目前，深加工数据也开放了外网的使用方式，应用在中国专利网（www.cnpatent.com）的蜂利平台中。蜂利平台是由中国专利技术开发公司自主研发的中国专利大数据智能化信息服务平台，深加工数据具体应用在"蜂利检索""蜂利引证""蜂利导航""蜂利评估""蜂利运营"模块中。

中国专利数据深加工的工作，简单来说，是用一个凝练且结构化的记录来表述专利说明书中所有重要的信息，并通过人工标引确保信息的精确性和一致性。数据深加工标引的内容包括：改写专利名称、结构化改写摘要、标引专利文献重要的关键词、IPC 再分类、实用专利分类、标引说明书中申请人引用的文献和审查过程中引用的文献、标引申请人机构代码。

截至 2019 年 3 月 15 日，深加工数据总量达到 758 万余条，其中发明专利数据达到 542 万余条，实用新型专利数据达到 215 万余条。建成了完整的中国专利文献引文数据库和申请人机构代码数据库，以及特色鲜明的中国专利文献词表。中国专利文献引文数据库中引文总数达到 4416 万余条，其中专利引文 3638 万余条，非专利引文 7787 万余条，中国专利文献申请人机构代码数据库中机构代码总数达到 90 万余条，中国专利文献词表中收录的词汇总量达到 36 万余条，其中叙词数量达到 13 万余条，同义词个数达到 22 万余条。

第二节　深加工数据的检索字段及索引简介

深加工数据在 S 系统的 CNABS 数据库中拥有 23 个检索和浏览字段，与原始数据相比，检索入口和分析角度更加丰富精准，具体见表 4-2，其中 CPDI 代表着中国专利深加工数据。

表 4-2　CNABS 数据库中深加工数据检索字段及索引

	字段名称	索引名称	字段中文描述	对应深加工类目
1	CP_TI	CP_TI	标题（CPDI）	名称
2	CP_AB	CP_AB	摘要（CPDI）	摘要
3	EFFECT	EFFECT	解决的技术问题和有益效果	要解决的技术问题和有益效果
4	TECH	TECH	技术方案	技术方案
5	USE	USE	用途或技术领域	用途
6	MDAC	MDAC	药物－活性	活性
7	MDEF	MDEF	药物－作用机制	作用机制
8	MDDE	MDDE	药物－给药	给药
9	ATTACH	ATTACH	附加信息	附加信息
10	CP_KW	CP_KW	关键词（CPDI）	关键词

续表

	字段名称	索引名称	字段中文描述	对应深加工类目
11	CP_IC	CP_IC	IPC 分类（CPDI）	IPC8 分类
12	CP_ICST	CP_ICST	IPC 标准分类（CPDI）（已过滤日期、版本等信息）	IPC8 分类
13	UTLC	UTLC	实用分类（CPDI）	实用专利分类
14	CP_PA	CP_PA	申请人（CPDI）	申请人
15	CP_PO	CP_PO	机构代码	机构代码
16	NPL_AU	NPL_AU	作者（非专利文献）	引文
17	NPL_STI	NPL_STI	题名（非专利文献）	引文
18	NPL_TI	NPL_TI	文集 / 会议 / 连续出版物名称（非专利文献）	引文
19	NPL_TP	NPL_TP	引证类型（非专利文献）	引文
20	NPL_TXT	NPL_TXT	文本（非专利文献）	引文
21	PAT_DATE	PAT_DAT	日期（专利文献）	引文
22	PAT_NO	PAT_NO	文献号码（专利文献）	引文
23	PAT_TP	PAT_TP	引证类型（专利文献）	引文

注：引文字段同时涵盖了 CPDI+DWPI+SIPOPABS 的数据，但是以 CPDI 为主，故算作深加工数据字段。

此外，CNABS 中关于深加工数据的联合索引还有 9 个，具体见表 4-3。

表 4-3　CNABS 中关于深加工数据的联合索引

索引名称	对应字段	备注
BI	GK_AB，SD_AB，SQ_AB，CP_AB，CE_GK_AB，CE_SD_AB，CE_SQ_AB，DP_AB，SA_GK_AB，SA_SD_AB，SA_SQ_AB，GK_TI，SD_TI，SQ_TI，CP_TI，CE_GK_TI，CE_SD_TI，CE_SQ_TI，DP_TI，SA_GK_TI，SA_SD_TI，SA_SQ_TI，KWCN，DP_KW，GK_CLMS，SD_CLMS，SQ_CLMS	联合索引
AB	GK_AB，SD_AB，SQ_AB，CP_AB，CE_GK_AB，CE_SD_AB，CE_SQ_AB，DP_AB，SA_GK_AB，SA_SD_AB，SA_SQ_AB	摘要

续表

索引名称	对应字段	备注
IC	GK_IC、SD_IC、SQ_IC、CP_IC、DP_IC、SA_IC	IPC 分类
ICCN	ICCN	IPC 分类（CPP+CPDI）
KWCN	KWCN	关键字（CPRS+CPDI）
EC	EC	ECLA 分类（CPP+CPDI+DWPI+SIPOPABS）
FI	FI	FI 分类（CPP+CPDI+DWPI+SIPOPABS）
FT	FT	FT 分类（CPP+CPDI+DWPI+SIPOPABS）
UC	UC	UC 分类（CPP+CPDI+DWPI+SIPOPABS）

第三节　深加工数据的检索方式

由于深加工数据主要应用在 CNABS 数据库，因此以 CNABS 数据库中深加工数据的检索方式为例，详细介绍一下深加工数据的检索方式。

在 CNABS 数据库中，深加工数据可以在"界面检索"或"核心检索"模块中进行检索。

在"界面检索"模块中，输入 ..fi CNABS，即可进入 CNABS 数据库中直接利用相应深加工数据检索字段进行检索，如选择性催化还原催化剂 /CP_AB、质子交换膜燃料电池 /USE、降噪 /EFFECT 等。

在"核心检索"模块中，首先在左边文摘库中选择 CNABS，然后在 CNABS 表格项中的"附加信息"页面可以检索深加工数据，如图 4-1 所示。"附加信息"表格项中的"发明名称""申请人 / 发明人""分类""摘要""引证文献"中均采用了以深加工数据为基础的检索入口，以"来源于 CPDIABS"进行标识。以表格项中的"摘要"为例，可以采用摘要、解决的技术问题和有益效果、技术方案、用途或技术领域、药物－活性、药物给药、药物－作用机制、其他信息，分别对深加工数据进行检索。

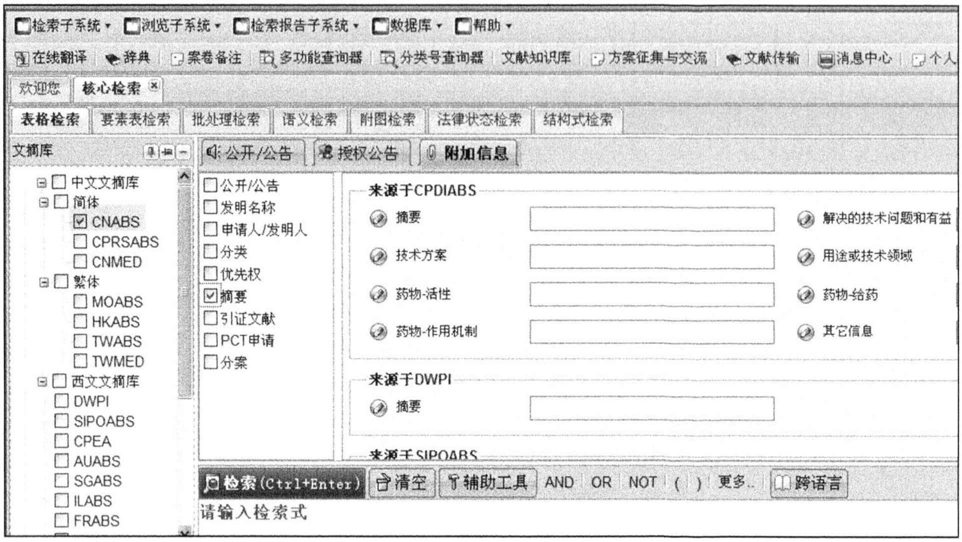

图 4-1　核心检索界面深加工数据的检索

第四节　深加工数据的浏览方式

深加工数据的浏览方式包括概览、详细浏览以及深加工检索字段界面检索浏览。下面以申请号为 CN201020512517 的专利的深加工数据为例进行说明。

一、概览

在概览界面，通过选择"附加信息"，并选择相应的类目（类目包括发明名称、申请人 / 发明人、分类、标引词、摘要、引文、附图），即可浏览到对应类目的深加工数据，如图 4-2 所示。

二、详细浏览

在概览页面，通过点击"追加详览"或"推送详览"，即可进入详细浏览页面。在详细浏览页面的左边，以"CPDIABS"进行标识，"CPDIABS"下方即为深加工数据的关键词及摘要等信息，如图 4-3 所示。

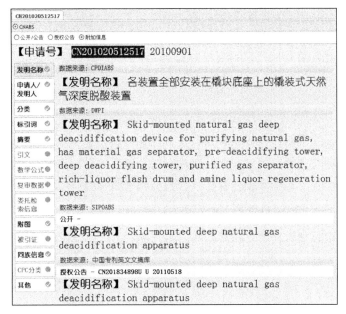

图 4-2 在概览页面浏览中深加工数据

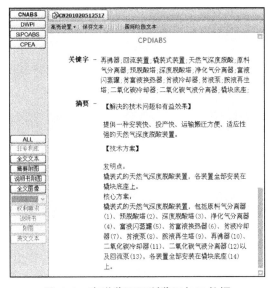

图 4-3 在详览页面浏览深加工数据

三、深加工检索字段界面检索浏览

此外，还可采用深加工数据检索字段连用的方式（..li CP_TI CP_AB CP_

KW CP_IC UTLC)，在界面检索页面进行显示，显示的内容最接近数据深加工时的加工单界面，如图 4-4 所示。也可使用 EFFECT 字段、TECH 字段、USE 字段、MDAC 字段、MDEF 字段、MDDE 字段、ATTACH 字段连用代替 CP_AB 字段，进一步细化显示模块。

```
CNABS? ..li CP_TI CP_AB CP_KW CP_IC UTLC

1/1      CNABS
CP_TI    - 各装置全部安装在橇块底座上的橇装式天然气深度脱酸装置
CP_AB    - 提供一种安装快、投产快、运输搬迁方便、适应性强的天然气深度脱酸装置。
         发明点:
         橇装式的天然气深度脱酸装置,各装置全部安装在橇块底座上。
         核心方案:
         橇装式的天然气深度脱酸装置,包括原料气分离器(1)、预脱酸塔(2)、深度脱酸塔(3)、净化
         气分离器(4)、富液闪蒸罐(5)、贫富液换热器(6)、贫液冷却器(7)、贫液泵(8)、胺液再生塔
         (9)、再沸器(10)、二氧化碳冷却器(11)、二氧化碳气液分离器(12)以及回流泵(13),各装置全
         部安装在橇块底座(14)上。
CP_KW    - 再沸器,回流装置,橇装式装置,天然气深度脱酸,原料气分离器,预脱酸塔,深度脱酸塔,净化气分离
         器,富液闪蒸罐,贫富液换热器,贫液冷却器,贫液泵,胺液再生塔,二氧化碳冷却器,二氧化碳液
         气液分离器,橇块底座
UTLC     - C300504
```

图 4-4　在界面检索页面浏览深加工数据

第五节　深加工数据检索字段的特点

一、深加工名称检索字段的特点

名称是指中国发明和实用新型专利说明书的清楚、简明的概括性主题，它能使读者迅速地了解专利说明书的主要内容，从而确定是否需要阅读摘要和说明书。

CNABS 数据库中的 CP_TI 字段即深加工名称检索字段，对应于数据深加工的名称类目。数据深加工遵循一定的要求进行名称改写。首先，名称改写严格控制在规定字数范围内，一般不超过 30 个字，化学领域不超过 40 个字；其次，改写后的名称中体现了专利文献的所有技术主题；最后，改写后的名称在字数允许的情况下体现了技术改进的技术特征（专利说明书中公开的有关结构、步骤、成分等方面的主要技术改进特征）、技术主题的特殊用途、特殊功能及效果信息。

例如，原始名称为"钛及钛合金的型材挤压加工方法"的专利文献，其技术改进在于使用玻璃粉替代金属作为润滑剂，因此，改写后的深加工名称为"使用玻璃粉作为润滑剂的钛及钛合金的型材挤压加工方法"，体现了本发明的核心技术改进信息"使用玻璃粉作为润滑剂"。

由于改写后的名称增加了体现技术改进的技术特征、技术主题的特定用途或特殊功能等信息，一方面使得用户利用 CP_TI 字段进行简单检索，准确、快

速地找到所需文献成为可能；另一方面，用户仅仅通过浏览名称，就可获得大量有用技术信息，从而决定是否需要进一步阅读说明书，降低了阅读量，提高了数据的浏览性；再一方面，在检索到批量专利数据后，可以 ..li CP_TI，显示每篇专利的深加工名称，使用户在最短的时间内获悉本篇专利的核心信息，降低用户的阅读时间，这种方式在进行专利分析筛选文献时更加有利。

二、深加工摘要检索字段的特点

摘要是对中国发明和实用新型专利说明书中所公开技术内容简要而准确的概括性表述，能使读者迅速而准确地了解专利说明书中公开的技术内容所涵盖的技术主题及主要技术特征，从而确定是否需要阅读说明书。

深加工摘要类目包括通用类目和特殊类目，其中通用类目包括"要解决的技术问题和有益效果""技术方案""用途""附加信息""摘要附图"，对于医药、化学、生物及农业等特殊技术领域，在通用类目的基础上还包括特殊类目，特殊类目包括"活性""作用机制""给药"类目。深加工摘要文字部分一般不超过500个字，化学领域不超过600个字。摘要类目的用词规范、准确，采用本领域通用、规范化的技术术语，将较为晦涩的表达修改为通顺的语句，将过长的语句拆分为易于技术理解的短句。

深加工摘要的检索字段即 CP_AB，其中 CP_AB 又进一步细分为 EFFECT（要解决的技术问题和有益效果）、TECH（深加工技术方案）、USE（深加工用途）、MDAC（药物–活性）、MDEF（药物–作用机制）、MDDE（药物–给药）、ATTACH（附加信息），在特殊需求下进行特定使用，对提高查准率和查全率有一定的帮助。

（一）EFFECT 字段的特点

CNABS 数据库中的 EFFECT 字段对应于数据深加工的"要解决的技术问题和有益效果"类目。要解决的技术问题和有益效果类目信息中，要解决的技术问题是指发明或实用新型所要解决的现有技术中存在的技术问题。有益效果是指由发明或实用新型的技术特征直接带来的，或者是由所述的技术特征必然产生的技术效果。"要解决的技术问题和有益效果"类目准确、清楚地描述了发明或实用新型所要解决的现有技术的技术问题及其所要达到的有益效果。

例如，原始名称为"镁铝合金材料表面化学机械抛光液的制备方法"的专利文献，说明书中采用四段内容共 540 字描述有益效果。本案的改进技术特征为："选择透明密闭反应器的材质为聚丙烯、聚乙烯、聚甲基丙烯酸甲酯中的一种""选用纳米 SiO_2 溶胶作为抛光液磨料""控制物料加入顺序""在负压状态下形成完全涡流状态""控制产品 pH 值在 10 ～ 11"，其中选择反应器材质带来的直接有益效果为"避免有机物、金属离子、大颗粒等进入，降低金属离子浓度，避免硅溶胶凝聚，提高抛光液纯度"；控制物料加入顺序产生的直接有益效果为"强化对硅溶胶磨料颗粒的保护作用、实现磨料自身胶粒稳定化，避免硅溶胶的快速凝聚与溶解"；选用"纳米 SiO_2 溶胶作为抛光液磨料"可直接实现"高速率、高平整、低损伤抛光，并且污染小"；"在负压状态下形成完全涡流状态"直接产生的有益效果为"搅拌均匀"；"控制产品的 pH 值在 10 ～ 11"致使"抛光液稳定性好、无腐蚀，易生成可溶性的化合物，易脱离表面"。因此，改写后的要解决的技术问题和有益效果为"提供一种制备抛光液的方法，其搅拌均匀，可避免有机物等进入，降低金属离子浓度，强化对磨料颗粒的保护，实现磨料胶粒稳定化，避免硅溶胶凝聚与溶解，产物纯度高，稳定性好、无腐蚀，易生成可溶性的化合物，易脱离表面，实现高速率、高平整、低损伤抛光，污染小。"。

由于改写后的要解决的技术问题和有益效果清楚、全面地体现出直接的、实质性的有益效果，避免了大量检索噪声的产生，使得用户在构建检索式时，如果涉及效果、功能性检索要素时，可优先在 EFFECT 字段中进行检索，可以极大降低检索噪声。

此外，采用 EFFECT 字段及 TECH 字段，可以很好地应用在专利技术功效矩阵分析中。

（二）TECH 字段的特点

CNABS 数据库中的 TECH 字段对应于专利数据深加工的"技术方案"类目。技术方案是准确、清楚地描述发明或者实用新型针对要解决的技术问题所采取的技术手段的集合。技术手段通常是由技术特征来体现的。技术方案类目分为"发明点""核心方案"和"其他技术方案中的发明信息"三个部分。

"发明点"是发明或者实用新型针对要解决的技术问题或达到其声称的发明目的或技术效果所采取的技术改进。数据深加工时采用本领域专业知识并用概括、简洁、易懂的语言对专利文献的技术改进进行提炼，可阅读性极高，这也是数据深加工的精华之一。

"核心方案"是针对要解决的技术问题所采用的技术方案，体现了说明书的核心内容。核心方案采用本技术领域的通用语言进行描述，并对上位的技术术语予以细化描述。

在有多个独立权利要求时，技术方案还会包括"其他技术方案中的发明信息"，在摘要字数要求范围内，会体现其他独立权利要求的技术主题类型信息以及相关技术主题与核心方案不同的发明点信息等。

例如，原始名称为"可调式调整垫圈及制作方法"的专利文献，原始摘要为"一种可调式调整垫圈，它包含一片一片叠置的 0.05mm 厚的垫圈片以及置于垫圈片与垫圈片之间的粘结剂。该可调式调整垫圈的制作方法包括如下步骤：A、0.05mm 厚的垫圈片的成型：对所采用垫圈料下单，经纵剪，再经过热处理后进行精轧，制成垫圈料卷，再根据所要制作的可调式调整垫圈的大小把制成的垫圈料卷进行分剪，再将分剪后得到的薄片进行复合模冲加工，从而得到所需要尺寸的 0.05mm 厚的垫圈片；B、叠加复合工艺：将步骤 A 中得到的 0.05mm 厚的垫圈片涂覆粘结剂叠加成型，然后挤压到规定尺寸厚度即可得到需要的可调式调整垫圈。"

深加工数据中的技术方案信息：

发明点：调整垫圈，包括多片叠置的 0.05mm 厚的垫圈片，垫圈片与垫圈片之间采用粘结剂连接。

核心方案：调整垫圈，包括多片叠置的 0.05mm 厚的垫圈片（1）以及置于垫圈片与垫圈片之间的粘结剂（2），粘结剂中各种物质的质量分数为：聚氨酯丙烯酸酯 90% ～ 95%，聚合引发剂 3% ～ 5%，促进剂 0.5% ～ 5%，以及 0.5% ～ 1% 稳定剂。聚合引发剂可为过氧化羟基茴香素，促进剂可为二甲基对甲苯胺，稳定剂可为糖精。

其他技术方案中的发明信息：上述调整垫圈的制作方法，垫圈片成型时，经纵剪、热处理、精轧，制成垫圈料卷，进行分剪后对薄片进行复合模冲加工。

深加工数据中的技术方案类目，将一段式的原始摘要修改为多段式结构，通过这种结构化的改写，使用户在阅读深加工数据的技术方案时非常便于阅读和理解，使摘要具有更好的浏览性。可以说 TECH 字段基本涵盖了该篇专利文献的大部分有用信息，TECH 字段结合 CP_TI 字段肯定会大大提高用户的浏览速度，并且确保基本上不会遗漏用户想要的信息。另外，在浏览性方面，深加工后的技术方案对于提及的附图标记名称，还加注了相应的附图标记，使得浏览性得到加强。

（三）USE 字段的特点

CNABS 数据库中的 USE 字段对应于专利数据深加工的"用途"类目。用途是发明或实用新型公开的技术方案在不同领域的实际应用，可理解为"用在哪里"和／或"用来做什么"。用途类目提取了说明书中明确公开的技术主题的用途信息。

例如，原始名称为"7－氮杂吲哚衍生物"的专利文献，本案涉及一种 7－氮杂吲哚衍生物即吡咯并吡啶化合物及其制备方法、药物和用途，说明书在不同位置公开了"本发明的化合物或其药学上可接受的盐，来用于治疗癌，包括实体癌，例如，癌（如肺癌、胰腺癌、甲状腺癌、膀胱癌或结肠癌）、髓系疾病（例如髓细胞性白血病）或腺瘤（如绒毛状结肠腺瘤）"，"该化合物用于治疗HIV-1（I 型人免疫缺陷病毒）引起的免疫缺陷"，"本发明的化合物具有抗增殖作用"等用途，改写后的用途为"吡咯并吡啶化合物用于治疗癌，包括实体癌，如脑癌、单核细胞白血病、小细胞肺癌、胰腺癌、恶性胶质瘤和乳癌等；用于治疗 HIV-1（I 型人免疫缺陷病毒）引起的免疫缺陷，如 HIV 感染；用作蛋白激酶的调控剂、调节剂或抑制剂；用作 TGFβ 受体 I 激酶抑制剂，用于治疗纤维化等；还用于治疗再狭窄、阿尔茨海默病、动脉粥样硬化和／或促进创伤愈合。"，从而全面体现了本发明化合物的用途信息。

由于改写后的摘要中增加体现了用途类目信息，同时结合说明书内容对用途类目信息进行进一步的具体化，使得用户在检索要素涉及用途信息时，可优先在 USE 字段中进行检索，若未检索到合适对比文献，再扩展到 CP_AB 字段进行检索，提高了检索效率。

（四）ATTACH 字段的特点

CNABS 数据库中的 ATTACH 字段对应于专利数据深加工的"附加信息"类目。附加信息是指其本身不代表对现有技术的贡献，但有可能对检索有用的技术信息。

例如，原始名称为"一种氟虫腈的制备方法"的专利文献，说明书的背景技术第一句描述了氟虫腈的别名及化学名称，该信息不代表对现有技术的贡献，但属于对检索有用的信息，可以标引在"附加信息"类目中。因此，"附加信息"类目填写"氟虫腈，又名锐劲特，化学名称 5－氨基－3－氰基－1-（2，6－二氯－4－三氟甲基苯基)-4－三氟甲基亚磺酰基吡唑。"

由于"附加信息"类目经过数据深加工人员的专业判断，从背景技术等部分提取了对检索有用的技术信息，却避免了大量无用信息的提取，因此使得深加工摘要具备了一定的全文数据的优势，且避免了大量的检索噪声。

（五）特殊类目相关字段的特点

对于医药、化学、生物及农业等特殊技术领域，在通用类目的基础上还包括特殊类目，特殊类目包括"活性""作用机制""给药"类目。

CNABS 数据库中的 MDAC 字段对应于专利数据深加工的"活性"类目，MDEF 字段对应于"作用机制"类目，MDDE 字段对应于"给药"类目。

活性用于描述化学或生物实体的生物活性，尤其用于药学、兽医学和农业化学领域。例如：化瘀通络，益气养血，改善供血供氧，净化血液，清除血管壁内的沉积物；软化血管，从根本调节人体血脂代谢，使血液保持动态平稳。

作用机制用于描述化学和生物化学物质的初始反应及其中间各环节，或化合物和药物制剂的作用机理以及中药复方的处方解析。例如：某化合物用于治疗胰岛素抗性（胰岛素可减少脂肪细胞释放游离脂肪酸）的作用机制：作为抑制剂与激素－敏感性脂肪酶（催化甘油三酯向甘油和脂肪酸转化）结合而抑制酶的活性，进而降低血浆中游离脂肪酸的水平。

给药包括给药途径、给药剂量、给药方案以及农业化学应用方法。例如口服给药、注射给药、局部给药等。

用户在检索要素涉及活性、作用机制、给药信息时，可优先在相对应的 MDAC 字段、MDEF 字段、MDDE 字段中进行检索，若未获得理想检索结果，再扩展到 CP_AB 字段进行检索，同时提高了检索效率。

（六）深加工摘要附图的特点

对于发明专利的摘要，用文字不足以清楚、完整地描述技术方案的，应该使用摘要附图；实用新型专利摘要必须使用摘要附图。

深加工数据的摘要附图是将错误的原始摘要附图（例如：体现现有技术的附图，不是选自本专利文献原说明书附图的摘要附图）修改为正确的附图，完美地解决了原始摘要附图的缺陷，其他情况会保留原始摘要附图。

当采用一幅附图不足以清楚地反映发明或者实用新型的技术主题或核心方案的技术改进特征时，在保留原摘要附图的前提下，会再增加一幅附图。

例如，原始名称为"短柄削肩乒乓球拍"的专利文献，针对现有乒乓球拍存在直拍反手进攻能力较差的问题，本案主要技术改进在于在一侧拍肩上开有缺口（4），加强了反手进攻的能力。本发明专利没有原始摘要附图，改写后的摘要中增加了说明书附图 1 作为摘要附图，见图 4-5，选取的附图体现了技术改进之处，有利于读者理解。

图 4-5 "短柄削肩乒乓球拍"专利在深加工数据中的摘要附图信息

三、关键词检索字段的特点

CNABS 数据库中的 CP_KW 字段即深加工名称检索字段，对应于数据深加工的关键词类目。关键词的深度标引和发明点提取一样，也是深加工数据的精华之一。为了使关键词符合准确、适度、规范的要求，深加工数据标引人员会根据"客观原则""整体原则""重点原则""规范原则"进行关键词的深度处理，不仅将专利文献中的重要信息用通用的技术词汇标引出来，而且力争词汇的统一、规范，保证专利文献中重要信息不遗漏。

其中，"客观原则"是指关键词能够准确、如实地反映专利文献的技术主题及其内容，而不是凭借猜测或想象。标引时体现的是概念匹配，使关键词所表述的技术概念与专利文献所表述的技术概念相符。例如，不能人为地增加或减少某些重要的、有实质检索意义的要素，而缩小或扩大了技术概念。

"整体原则"是指抽取的词汇能概括地揭示专利文献中的技术主题及其内容，体现对检索有用的信息。

"重点原则"是指关键词反映专利文献中重要的技术概念，对于不重要的或没有实质性内容的技术概念进行舍弃。重点体现的技术概念包括（但不限于）：反映技术领域的技术概念，反映发明点的技术概念，反应特定用途、功能、问题／效果的技术概念。

"规范原则"是指关键词从概念层次上对词汇进行了规范，将原文中不恰当的词汇修改准确，将个性化的表达方式转变成本领域通用的描述方式。关键词依据"中国专利文献词表"规范化后，最终标引的关键词包括叙词、自由词两类。

在力争词汇的统一、规范方面，主要通过构建和使用"中国专利文献词表"的方式进行操作。"中国专利文献词表"是中国专利技术开发公司根据关键词深度标引的需要构建的将自然语言转换为规范化的系统语言的规划化动态词典。通过多年来数据深加工人员的不断反馈、调整、维护，目前该词表已经处于相对完善的阶段。该词表的款目包括叙词项、同义词项、下位词项、上位词项、族首词项、英文解释等内容，并将相关词汇按照等级形式进行了关联，表达形式更直观。目前 S 系统中的多功能查询器的关联词查询的后台数据采用的就是"中国专利文献词表"的相关数据。

例如，原始名称为"影像显示系统"的专利文献，其与现有技术的不同点在于在显示系统中引入了一个检测装置，当该检测装置检测到该显示面板前一预定距离内存在有一物体时，该检测装置会产生检测信号至该控制电路，以降低该电源供应装置输出至该显示面板的电源供应。说明书背景技术及实施例均提及了技术主题的特定用途信息"便携式电子装置"。在了解了发明的技术主题后，依照不同的类目提炼出重要概念：①主题名称：影像显示系统；②技术方案：检测装置；显示面板；遮蔽；控制电路；电源供应装置；③其它对检索有用的信息：省电；便携式电子装置。将提取的关键词经"中国专利文献词表"转化处理后，最后标引的关键词为：显示系统；检测机构；显示屏；遮挡；控制电路；供电装置；节电；便携电子装置。

由于深加工数据的关键词在提取时重点体现了专利文献所属的技术领域信息、核心的技术改进信息、特定用途信息等，通过从多个角度标引关键词，因此便于用户利用关键词进行检索，保证了用户在使用深加工数据时的查全率和查准率。

同时，深加工标引的关键词依据词表对相同的技术概念进行了规范化处理，将技术概念相同、表述方式不同的词汇标引成一个最常用的词汇，在构建检索式时，用户结合"中国专利文献词表"用一个关键词，就可以检索出所有主题相关的专利文献，不需要对关键词一一进行扩展，即利用一个叙词进行检索，就可以达到多个同义词与叙词联用的检索效果，精简了检索式，节省了构建检索式时查找同义词的时间，并避免了同义词的遗漏，极大提高了专利文献检索的查全率和检索效率。

例如，在 CNABS 数据库中进行"含有川芎的治疗脑血管病的药物"的专利文献检索，检索式如下：

*. CNABS 2875 脑血管病

*. CNABS 27092（川芎 or 川穹 or 山鞠穷 or 雀脑芎 or 芎䓖）/gk_ab

*. CNABS 6584（川芎 or 川穹 or 山鞠穷 or 雀脑芎 or 芎䓖）/sq_ab

*. CNABS 260 1 and（2 or 3）

*. CNABS 15758 川芎 /cp_kw

*. CNABS 256 1 and 5

从检索结果来看：使用川芎及其 4 个相关的同义词在原始摘要中检索，可检索到 260 篇相关文献，而使用中国专利文献词表中的叙词"川芎"在深加工数据中检索，可检索到 256 篇相关文献，基本达到相同的检索效果，且大大节省了构建检索式的时间。

在 CNABS 数据库中进行"用于高血压的含有全蝎的药物"的专利文献检索，检索式如下：

*. CNABS 25481 高血压

*. CNABS 6010（全蝎 or 全虫 or 蚕尾虫 or 主簿虫 or 杜柏）/gk_ab

*. CNABS 1820（全蝎 or 全虫 or 蚕尾虫 or 主簿虫 or 杜柏）/sq_ab

*. CNABS 160 1 and（2 or 3）

*. CNABS 4088 全蝎 /cp_kw

*. CNABS 161 1 and 5

从检索结果看：使用全蝎及其 4 个相关的同义词在原始摘要中检索，可检索到 160 篇相关文献，而使用中国专利文献词表中的叙词"全蝎"在深加工数据中检索，可检索到 161 篇相关文献，基本达到相同的检索效果，且大大节省了构建检索式的时间。

在 CNABS 数据库中进行"物联网系统中的身份认证技术"的专利文献检索，检索式如下：

*. CNABS 160（身份认证 and 物联网）/CP_KW

*. CNABS 173945（H04L29/06 or H04L9 or G06F21）/ic

*. CNABS 91 1 and 2

*. CNABS 399（（身份认证 or 用户鉴权 or 身份识别 or 身份确认 or 身份确定 or 身份鉴定 or 身份鉴别 or 身份辨识 or 身份鉴权 or 身份验证 or 身份特征识别 or 身份安全认证 or 身份检验 or 身份校验 or 身份证实 or 用户鉴别 or 身份证明 or 验证身份 or 身份信息验证 or 身份核实 or 身份信息校验 or 身份判断 or 身

份判别 or 身份信息认证）and 物联网）/GK_AB/SQ_AB

　　*. CNABS 109 2 and 4

　　从检索结果看：使用身份认证及其 24 个相关的同义词在原始摘要中检索，可检索到 109 篇相关文献，而使用中国专利文献词表中的叙词"身份认证"在深加工数据中检索，可检索到 91 篇相关文献，基本达到相同的检索效果，且大大节省了构建检索式的时间。

四、IPC 再分类检索字段的特点

　　IPC 再分类的目的是使用最新版 IPC 分类号对专利文献现有的旧版分类号进行改版分类，并更正现有分类号可能存在的分类错误，提高利用 IPC 分类号检索专利文献的查准率和查全率。IPC 再分类的检索字段包括 CP_IC 字段及 CP_ICST 字段，其中 CP_ICST 字段过滤了 IPC 分类号的日期、版本等信息，由于 CP_IC 字段中的内容不包含日期、版本等信息，因此 CP_IC 字段与 CP_ICST 字段实质上相同。

（一）IPC 分类表的产生及其修订周期

　　IPC 分类表是使专利文献获得统一国际分类的手段，首要目的是为各知识产权局和其他使用者创建一种用于获取专利文献的高效检索工具。基于此目的，1971 年 3 月 24 日，《巴黎公约》成员国在法国斯特拉斯堡召开全体会议，签署了《国际专利分类斯特拉斯堡协定》，该协定于 1975 年 10 月 7 日正式生效，为包括公开的专利申请书、发明人证书、实用新型和实用新型证书在内的发明专利文献提供了一种共同的分类，即 IPC。《国际专利分类斯特拉斯堡协定》签署之后，1968 年 9 月 1 日由保护知识产权联合国际事务局（BIRPI）出版的《发明专利国际（欧洲）分类表》，从 1971 年 3 月 24 日起被认定为第 1 版 IPC 分类表。

　　为了使 IPC 始终作为一种有效且可用的分类系统和高效检索工具，IPC 必须保持动态更新，以达到以下目的：①适应新技术的发展；②修正错误、减少不同分类位置之间的前后矛盾和相互冲突；③进一步完善现有分类位置，例如通过增加细分位置；④迎合由主分类数据库（MCD）中反映出来的国际分类习惯。因此，WIPO 对分类表进行了周期性修订，自 1968 年 9 月产生以来，IPC 分类表五年修订一次，至 2006 年修订至第八版。近年来，科学技术不断飞速发展，文献量增长迅猛，为适应科学技术的迅速发展，2009 年 3 月召开的 IPC 联盟专家委员会决定：IPC 分类表修订周期改为每年修订一次，生效日为每年的 1 月 1 日，仅以电子形式公布，其版本号也以该版本的生效年度和月份为标识。本书中所使用的 IPC 版本为 2019 年 1 月 1 日新修订的第八版 IPC，即 2019.01 版 IPC 分类表。

（二）IPC 分类表等级结构

IPC 分类是一种等级分类体系，其按照部、大类、小类、组逐级递降的顺序划分技术知识体系，较低等级的内容是其所属较高等级内容的细分，每一级分类具有类号和类名，类名用以描述各条目所涵盖的技术主题。2019.01 版 IPC 分类表将不同的技术领域划分为 8 个部、131 个大类、645 个小类、7483 个大组及 67020 个小组。

IPC 分类表的设置包括了与发明创造有关的全部技术领域，将不同的技术领域划分为 8 个部分，每一个部分定义为一个分册，部是分类表等级结构的最高级别。部的类号由 A ～ H 中的一个大写字母标明，部的类名被认为是该部内容非常宽泛的指示，8 个部的类号、类名如下：

A 人类生活必需

B 作业；运输

C 化学；冶金

D 纺织；造纸

E 固定建筑物

F 机械工程；照明；加热；武器；爆破

G 物理

H 电学

部内设有由信息性标题构成的分部，以方便使用者对部的内容有一个概括性的了解，帮助使用者了解技术主题的归类情况。分部类名没有类号，所以在一个完整的分类号中，没有表示分部的符号。

例如：A 部（人类生活必需）包括以下分部：

农业

食品；烟草

个人或家用物品

保健；救生；娱乐

每一个部被细分成许多大类，大类是分类表的第二等级。每一个大类的类号由部的类号及其后的两位数字组成，每一个大类的类名表明该大类包括的内容。

一个大类包括一个或多个小类，小类是分类表的第三等级。每一个小类类号由大类类号加上一个大写字母组成，小类的类名尽可能确切地表明该小类的内容。

每一个小类被细分为"组"，"组"既可以是大组（即分类表的第四等级）也可以是小组（即依赖于分类表大组等级的更低等级）。每一个组的类号由小类类号加上用斜线分开的两个数组成；大组的类名在其小类范围内确切的限定了某一技术主题领域，并被认为有利于检索；小组的类名在其大组范围之内确切限定了某一技术主题领域，并被认为有利于检索。

IPC 分类表中不同等级的类名对于分类位置具有不同的限定作用，例如部和分部类名仅有指示作用，大类类名没有限定作用，而小类、大组和小组类名具有限定作用。

IPC 分类表等级结构示例如图 4-6 所示。

部	H	电学
大类	H02	发电、变电或配电
小类	H02B	供电或配电用的配电盘、变电站或开关装置
大组	H02B1/00	框架、盘、板、台、机壳；变电站或开关装置的零部件
一点小组	H02B1/26	·外壳；它们的部件或相应的配件
二点小组	H02B1/30	··柜式外壳；它的部件或其配件
三点小组	H02B1/32	···其上装置的安装
四点小组	H02B1/34	····机架
五点小组	H02B1/36	·····带有可拉出机构的

图 4-6 IPC 分类表等级结构示例

（三）IPC 分类表中的分类要素

现代科学技术飞速前进，向精细化发展，各技术分支呈现明显的关联性、融合性。在这样的背景下，IPC 分类表下的分类位置不断地被细分，各细分位置涉及的技术主题之间相关性越来越高，分类位置之间的关系、交叉领域的技术边界界定越来越复杂，容易产生混淆。在分类表中部、分部、大类的类名仅是概括指出它们的内容，该内容所包括的技术主题的范围不甚精确。为从不同的角度帮助划分各相关分类位置之间的技术界限、准确理解分类位置的范围，在分类表中引入了部目录、索引、导引标题、参见、附注等要素。其中部目录、索引、导引标题可以使分类员概貌性地了解小组以上分类位置所涉及的技术主题，这些要素不影响分类位置的范围。参见、附注可帮助分类员对细分至小组的分类位置划分技术界限，其影响分类位置范围。

1. 部目录

表明某部各个技术主题分类位置的页码，类似于图书目录，便于使用者查找分类位置。

2. 索引

信息性概要，主要便于查找分类位置，不影响分类位置的范围。索引存在于某些分部、大类、小类。

3. 导引标题

在一个小类中多个连续的大组涉及一个共同的技术主题，可能在第一个大组之前加上一个带下划线的简单说明，其有效范围从所包括的一系列的大组延伸到下一个导引标题处或延伸到一条横贯栏目的黑线处。

4. 参见

参见是指包括在小类或组的类名或附注中的在括号中的短语，其所指明的技术主题包含在分类表的其它位置上。

参见的作用：

（1）限定范围——即限定性参见，当某技术主题本来满足某个分类位置的所有要求和定义，即本应该被分类位置所包括时，却由于参见的出现将该技术主题排除在该分类位置的范围之外，并指出了该技术主题应当分入的分类位置。

例如，A47K3/02 浴缸（带淋浴器的入 A47K3/20；能加热的入 F24H）

（2）指示优先——即优先参见，当技术主题可同时分在两个分类位置时，或当这个待分类技术主题的不同方面被不同的分类位置所包括时，使用参见来说明另一个分类位置"优先"，从而要求这样的技术主题只能被分在这些分类位置中的一个位置上。

例如：

A41D19/01 四指不分开的，即连指手套（A41D19/015 优先）

A41D19/015 防护手套

当待分类技术主题为具有防护功能的连指手套时，分入 A41D19/015。

实际上，优先参见也是一种限定性参见。

（3）指引——即信息性参见，用于指引相关技术主题的分类位置，以帮助使用者分类和检索。信息性参见所指明的技术主题是指对检索有用但又未包括在参见所出现的分类位置范围内的技术主题。信息性参见本身不影响该分类位置的范围。

例如，A61H 33/14 用臭氧、氢或类似气体的气体浴装置（臭氧或氧气的生产入 C01B，C25B 1/02）

5.附注

在分类表部、分部、大类、小类、大组、小组、导引标题的某些位置设置有附注。

附注的作用：

（1）定义或解释特殊词汇、短语。

（2）定义或解释分类位置范围。

（3）指出分类规则。

（4）指出有关技术主题如何分类。

（5）提示作用——提示注意与本分类位置相关的其他分类位置。

以"H01L51/50"为例，如图 4-7 所示，该分类位置属于 H 部、H01 大类、H01L 小类、H01L51/00 大组的 H01L51/50 小组，其分类位置范围由所属的各级分类类名、H 部、H01 大类和 H01L 小类的附注，以及 H01L51/00 大组和 H01L51/50 小组的参见共同确定，其分类位置范围是专门适用于光发射的使用有机材料作有源部分或使用有机材料与其他材料的组合作有源部分的固态器件，或专门适用于制造或处理这些器件或其部件的工艺方法或设备，所述"器件"是指电路元件，当电路元件是在一个共同基片内部或上面形成的多个元件中的一个时，则"器件"是指组件。

```
H 部——电学（附注和参见省略，以下同）
   H01——基本电气元件
      H01L——半导体器件；其他类目中不包括的电固体器件
      H01L51/00——使用有机材料作有源部分或使用有机材料与其他材料的组合作为有源部分
            的固态器件；专门适用于制造或处理这些器件或其部件的工艺方法或设备
      H01L51/50——专门适用于光发射的，如有机发光二极管（OLED）或聚合物发光器件
            （PLED）
```

图 4-7　H01L51/50 分类位置示意图

（四）IPC 分类原则

IPC 分类原则采用同一技术主题都分类在同一分类位置上，由此能从同一

分类位置检索到，这个位置是检索该技术主题最相关的，具体包括整体分类原则和多重分类原则。

1. 整体分类原则

国际专利分类力图保证与某发明实质上相关的任何技术主题都尽可能作为一个整体来分类，而不是将它们的各组成部分分别分类。其中"实质上相关的任何技术主题"是指涉及发明信息的技术主题。

2. 多重分类原则

多重分类原则是 2006 年修订的第 8 版 IPC《使用指南》新增的内容，其指明根据专利文献的内容，其中所披露的技术信息可能要给出一个以上的分类号。多重分类分为以下三种情况。

（1）不同技术主题的多重分类。

不同技术主题分为同一类别的多个技术主题和不同类别的多个技术主题。

技术主题的类别有方法、产品、设备或材料，同一类别的多个技术主题是指所涉及的多个技术主题都属于同一种类别。比如换热器的制造方法和安装方法，这两个技术主题都属于方法类的技术主题。再比如太阳能集热管和集热板，通过案件叙述的不同可以认为都是产品类或者都是设备类的技术主题。

当同一类别的多个技术主题都构成发明信息时，需要多重分类。

当不同类别的多个技术主题（即分类表提供了专门分类位置的方法、产品、设备或材料）构成发明信息时，需要多重分类。

根据整体分类原则，需要将与发明实质上相关的技术主题都尽可能作为一个整体来分类。然而，如果发明的某一技术主题的各组成部分本身代表了对现有技术的贡献，即，它们代表了新颖的和非显而易见的技术主题，那么它们也构成发明信息，需要分别给出整体和部分对应的发明信息的分类位置，即进行多重分。

（2）同一技术主题的多方面分类。

多方面分类是多重分类的一种特殊类型。多方面分类应用于以其性质的多个方面为特征的技术主题，例如以其固有的结构和其特殊的应用和性能为特征的技术主题。若只依据一个方面对这类技术主题分类将会导致检索信息的不完全。

比如，一种磁性管状分离膜，其中"磁性"就是该膜所具有的特殊性能，而"管状"则是其固有的结构特征，这两个性质构成了"分离膜"这个技术主题的多方面，分类时都要予以考虑，也就是进行多方面分类。

IPC 中的某些附注指明了强制或建议进行技术主题多方面分类的情况，这样的附注根据所指明的各个方面指定了该技术主题的强制分类，或者当希望增加专利检索的效率时，这样的附注包含了多方面分类的建议，见表4-4。

表4-4　G11B7/252 下的附注示例

IPC 分类号	类名
G11B 7/252	···不同于记录层的层
	附注 在小组 G11B 7/252 中，使用多方面分类，所以如果技术主题的特征在于其不止包含一个小组的方面，该技术主题应分类在这些小组的每一个中。
G11B 7/253	····底层
G11B 7/254	····保护性外涂层
G11B 7/256	····层之间提高附着力的层
G11B 7/257	····具有影响记录或复制性质的层，例如，光波干扰层或光敏层
G11B 7/258	····反射层

小组 G11B7/252 下的附注指出了在该小组中强制进行多方面分类的情况，所以如果某个以材料选择为特征的记录载体技术主题的特征在于其包括不同于记录层的底层和反射层的话，那就应该同时分入 G11B7/253 和 G11B7/258。

（3）功能和应用。

发明的技术主题，或是与某物的本质特性或功能相关，或是与某物的使用方法或应用方式有关。当待分类的技术主题的基本特征既涉及功能又涉及应用时，需要对其进行多重分类。

功能分类位置：即以一般物的本质特性或功能为特征的分类位置。该物或者不依赖某一特定应用领域，或者即使忽略对应用领域的说明，在技术上也无影响，即该物不专门适用于在该领域的应用。例如：F16K 包括以结构或功能方面为特征的各种阀，其结构或功能不依赖于流过的特定流体（例如，油）的性质，也不依赖于可能由该阀构成部件的任何系统的性质。

应用分类位置包括以下三种情况。

（1）"专门适用于"某一特定用途或目的的物，即为给定用途或目的而改进或专门制造的物。例如：A61F 2/24 是专门适用于嵌入人体心脏中的机械阀的分类位置。

（2）某物的特定用途和应用。例如：专门用于特定目的或与其他装置结合的过滤器分类在应用分类位置，如 A24D 3/00，A47J 31/06。

（3）把某物合并到一个更大的系统中。例如：B60G 包括把板簧合并到车轮的悬架。

由于分类表的设置不足，在实际分类过程中对于相关案件按照以下规则处理：

①应当按功能位置分类时，若分类表中不存在该功能分类位置，则给出适当的应用分类位置。

②应当按应用分类的技术主题，若分类表中不存在该应用分类位置，则给出适当的功能分类位置。

③应当既按功能分类又按应用分类时，若分类表中不存在其中一类分类位置，则给出适当的功能或应用分类位置。

（五）IPC 再分类原则及 IPC 再分类字段特点

IPC 再分类标引过程中会对不合适的原始分类号进行修改和补充，对于改版分类号，会根据最新版 IPC 分类表进行重新分类。IPC 再分类所采用的原则与 IPC 分类原则相同。

例如，原始名称为"带有最小化副作用包括减轻肝毒性的对乙酰氨基酚组合物"的专利文献，原始分类号为"A61K31/095"，本案中增加成分为谷胱甘肽生成促进剂，本身副作用为对乙酰氨基酚可能引起肝损害以及引发呕吐，静脉注射可造成过敏性休克等问题，治疗活性为对乙酰氨基酚组合物用于退热，治疗疼痛、肺部疾病等。需给出有关治疗活性的号 A61P29/00（非中枢性止痛剂，退热药或抗炎剂，例如抗风湿药；非甾体抗炎药），A61P11/00（治疗呼吸系统疾病的药物）；原 IPC 分类位置 A61K31/095 不合适，对乙酰氨基酚和谷胱甘肽生成促进剂（如 N – 乙酰半胱氨酸，NAC）对应的 IPC 分类应分别给 A61K31/167，A61K31/198。因此，"IPC8 分类"类目对原分类号进行了修改，改为"A61K31/167、A61K31/198、A61P11/00、A61P29/00"。用户利用 CP_IC 字段或 CP_ICST 字段进行检索时，可以检索到正确的文献。

需要注意的是，CP_IC 字段中的内容仅是在原分类号基础上增加的或修改后的分类号，与 IPC 原分类号相同的内容不在 CP_IC 字段中重复标引。因此建议用户在检索时，CP_IC 索引与其他 IC 索引同时使用，以避免漏检。

五、实用专利分类号检索字段的特点

CNABS 数据库中的 UTLC 字段对应于专利数据深加工的"实用专利分类"

类目。实用专利分类体系是中国专利技术开发公司在国民经济行业分类、国际标准产业分类体系的基础上创设的一套以行业应用为主的专利分类体系。

（一）实用专利分类表等级结构

实用专利分类是一种等级分类体系，其按照部、大类、小类、组逐级递降的顺序分割技术领域，低等级的内容是其所从属的较高等级的内容的细分，各等级均由类号和类名组成。

部是分类表等级结构的最高级别，根据专利技术领域划分为 4 个部，每个部类号由 A 至 D 中的一个大写字母表示。四个部的类名如下：

A 人类生活必需

B 工程

C 化学

D 电技术与物理

每个部被细分成许多大类，大类的类号由其所在部的类号及其后的两位数字组成。每个大类被细分成一个或多个小类，小类的类号由其所在大类的类号及其后的两位数字组成。每个小类被细分成多个组，组的类号由其所在小类的类号及其后的两位数字组成。

一个完整的实用专利分类号由代表部、大类、小类和组的类号构成，共七位字符（一位英文字母和六位阿拉伯数字）。例如：

C321100 催化剂

C321102 催化裂化催化剂

C329900 本大类中其它小类不包括的技术主题

C990000 本部中其它大类不包括的技术主题

（二）实用专利分类表中的分类要素

为了便于分类表的使用，除了各级类名之外，分类表还提供了参见、类目说明等其它要素和指示。

1. 参见

大类、小类或组的类名或其类目说明可以包括一个涉及分类表另一位置的在括号中的短语，这样的短语称为参见，说明由参见指出的主题包含在涉及的一个或几个位置上。例如：

C020522　二氧化硫（液体二氧化硫入 C020712）

参见的作用：

（1）限定范围——这种类型的参见被称为限定参见。它具体指明该技术主题被移至另外一个包括它的分类位置，即使该技术主题明显为这个参见所出现的分类位置的类名所包括。这种类型的参见对于恰当理解和使用它们所出现的分类位置是非常重要的。限定参见将原本满足该分类位置和其定义所有要求的、即原本应当包括在该分类位置的特定技术主题，排除在该分类位置的范围之外，并且指出该技术主题的分类位置。例如，组 C321144 不饱和烃反应催化剂（聚合反应催化剂入 C321164）。

（2）指示优先——当技术主题可分类在两个分类位置时，或当这个待分类技术主题的不同方面包括在不同分类位置时，使用参见来说明另一个分类位置"优先"，从而要求这样的技术主题应该只被分类在这些分类位置中的一个位置。例如，组 D020506 固定电感器（D020510–D020516 优先）。实际上，优先参见也是一种限定参见。

（3）指引——为了帮助使用者的分类和检索，在某些分类位置，参见指明了相关技术主题的分类位置。例如，组 C021128 氨水；水合肼（无水肼入 C021506）。常见的两种情况：

功能分类位置中的参见指向专门适用或应用于特定目的或并入一个更大系统的技术主题的分类位置；

信息性参见所指明的技术主题位置，是那些对检索有用但又未包括在参见所出现的分类位置范围内的技术主题。

2.类目说明

分类表中的类目说明用来说明或者解释特定词汇、短语或分类位置的范围，或者指出怎样将主题进行分类。例如：

C120302　解表　类目说明为：用于表证（发热、恶寒）。发汗，解肌，透邪，宣肺。又分为辛温解表、辛凉解表、扶正解表，分别对应风寒表证（表寒）、风热表证（表热）和虚人外感。

C140314　烟雾剂　类目说明为：例如烟剂、热雾剂、气雾剂、蚊香等。

类目说明的作用：

（1）部的类目说明给出该部下面主要细分类名的概要；大类、小类的类目说明给出该类内容的总括的信息性概要；组的类目说明给出该组分类位置范围更为详细的解释性定义陈述，在定义陈述中，使用了可以替换在分类表类名中所用的并且能够在分类入该分类位置的专利文献中找到的相关词汇和短语。

（2）类目说明可以与部、大类、小类或组的类名相联合，用以明晰适合分类位置主题的准确分界线。例如，类目说明包括对限定和信息性参见的解释、影响分类位置的特殊分类规则的解释和分类位置中使用的术语的定义。

（3）类目说明提供了涉及分类条目的注释信息并用于澄清分类条目，但并不改变分类条目的范围。例如，当分类表对某个小类涉及的技术主题从多个角度进行展开时，通常在该小类所对应的类目说明中对各个分类角度进行说明，并指明各个分类角度所对应的组的范围。

实用专利分类表体系示见表4-4。

表4-4　实用专利分类表体系示例

分类号	类名	类目说明
C120900	药物制剂及其制备（与药物剂型的质量评价，例如最低装量、崩解时限等相关的技术主题入C121510；说明用于某种具体剂型的质量评价，例如片剂粗度等，同时给出相应剂型的位置）	C120902-C120934 按 形 态 分类；C120936-C120944 按 制 剂工艺分类
C120902	散剂；粉剂（粉针剂入 C120924；超微粉入 C120938）	指药材或药材提取物经粉碎、均匀混合制成的粉末状制剂
C120904	颗粒剂；冲剂	指药材提取物与适宜的辅料或药材细粉制成具有一定粒度的颗粒状制剂
C120906	片剂	
C120908	丸剂（滴丸入 C120912，微丸入 C120938）	
C120910	胶囊剂（微囊入 C120938）	例如软胶囊（胶丸剂）
C120912	滴丸	
C120914	贴剂；膏药（硬膏）	例如橡皮膏、巴布剂
C120916	软膏剂	包括乳膏剂、霜剂
C120918	栓剂	
C120920	凝胶剂	
C120922	膜剂；涂膜剂	

续表

分类号	类名	类目说明
C120924	注射剂	例如注射液、输液、粉针剂等
C120926	混悬剂（注射用混悬剂入 C120924）	
C120928	乳剂（注射用乳剂入 C120924）	
……	……	……

（三）实用专利分类原则

实用专利分类的主要目的，是为了便于技术主题的检索。因此，它按下述方式设计，并且也必须按下述方式应用：①相同的技术主题都归在同一分类位置上，从而应能从同一分类位置检索到，这个位置是检索该技术主题最相关的；②尽量从应用的角度设置实用专利分类表类目，并且优先从应用的角度进行实用专利分类，从而满足不同的检索需求，尤其是公众对专利技术信息的检索。

1. 一般原则

根据权利要求书和说明书及附图确定发明创造的技术主题。一个技术主题尽可能分入一个分类位置，但对于交叉学科或者涉及多个应用领域的技术主题，不能由单个分类位置完全表达时，如存在多个适当的分类位置，应同时分入上述多个分类位置。

一份专利说明书可能涉及多个技术主题，对于每个技术主题，都应尽可能归于一个最相关的分类位置，从而保证相同的技术主题均能归于同一分类位置。但是，对于交叉学科或者涉及多个应用领域的技术主题，需要根据该技术主题的不同方面进行分类才能完全表达该技术主题时，应同时分入分类表中存在的多个适当的分类位置。

2. 整体原则

构成检索信息的各个技术主题都尽可能分别作为一个整体来分类。但如果发明创造的某一技术主题的各组成部分本身代表了对现有技术的贡献，要同时分入与其相应的分类位置。

实用专利分类应遵循整体原则，即技术主题作为整体来分类，而不是根据某一个技术特征进行分类。例如，当技术主题涉及组合物（或设备）时，应给出该组合物（或设备）整体对应的一个分类位置，而不能依据组合物中的各个组分（或设备中的各个部件）进行分类。又如，技术主题涉及方法时，应给出能涵盖该方法整体的分类位置，而不能依据方法中的各个步骤进行分类。但是，当组合物的一种组分、设备的一个部件或方法中的一个步骤本身属于对现有技术贡献的技术主题时，要对其进行单独分类，给出相应的分类位置。

3. 应用优先原则

实用专利分类优先从应用的角度进行分类，确定发明创造的技术主题所对应的应用分类位置，但如果功能位置是重要的，则应同时给出其相应的功能分类位置。

（1）如果所确定的技术主题在该分类表中仅存在应用分类位置，则给出其应用分类位置。

（2）如果所确定的技术主题在分类表中仅存在功能分类位置，则给出其功能分类位置。此时需要注意的是，当发明创造没有明确其用途，或者只给出了泛泛的用途，或者虽然给出了一系列的用途，但这些用途仅仅是一个技术主题的基本功能时，只需给出该技术主题的功能分类位置，而不用给出反映该技术主题应用领域的分类位置。

（3）如果所确定的技术主题在分类表中同时存在应用分类位置和功能分类位置，则依据应用优先原则，先给出应用分类位置。如果需要，再给出分类表中存在的其功能分类位置。

例如，对于一种螺旋弹簧，用作金属加工机床的通用零部件。

首先，认定其最代表现有技术贡献的技术主题为"螺旋弹簧"，根据应用优先原则，其最适当的分类位置应为"B040932 机床通用零部件及辅助装置"。同时，螺旋弹簧本身的改进也体现对现有技术的贡献，且存在该分类位置，因此，再给出螺旋弹簧的分类位置"B080706 螺旋弹簧"。

4. 最适当原则

将发明创造的技术主题分入最充分包括该技术主题的明确的分类位置。当找不到上述明确的分类位置时，则使用分类表中现有的、最适当的、用于其它主题类别的分类位置进行分类。

例如：对于设备或方法的主题类别。

当发明主题涉及一种设备时，将它分在该设备的分类位置上。如果这样的分类位置不存在，则将该设备分在由该设备所执行的方法的分类位置上。当发明主题涉及产品的制造或处理方法时，将它分在所采用的方法的分类位置上。当这样一种分类位置不存在的时候，产品的制造或处理方法分在执行该方法的设备的分类位置上。如果不存在产品的制造（制造方法或设备）的分类位置，则制造设备或方法均分在该产品的分类位置上。

（四）实用专利分类字段特点

实用专利分类密切结合了行业应用特点，符合行业应用习惯，非常有利于社会公众利用分类号进行检索，可以作为国际专利分类的一个有效补充。

比如化学领域催化剂的 IPC 分类，是按照其组成成分进行分类，而实用专利分类是按照其用途，分为 C321102 催化裂化催化剂、C321104 催化重整催化剂、C321152 酯化反应催化剂、C321184 光催化剂等，这种实用专利分类体系更适合于本领域科技人员以及公众的检索习惯。

对于企业而言，可以在实用专利分类体系的基础上建立行业专利导航专题数据库。

六、参考引文相关检索字段的特点

（一）参考引文的标引方式

1. 参考引文简介及标引原则

参考引文是指专利申请人提交的专利申请文件中背景技术和发明内容提及的文献以及中国发明专利申请的实质审查过程中引用的对比文件清单（检索报告），文献种类全面丰富，具体包括专利文献和非专利文献，其中专利文献包括一次专利文献和二次专利文献，非专利文献包括图书、多卷书、丛书、学位论文、科技报告、论文集、会议录、报告文集、连续出版物中发表的文献、非专利电子文献以及技术标准、协议等。数据深加工过程中，按照标准的格式，根据"统一性原则""客观性原则"对参考引文进行结构化标引。

"统一性原则"是指参考引文应当采取统一的格式进行标引。"客观性原则"是指参考引文的标引应当客观体现参考引文原有的信息和格式。

2. 参考引文标引示例

（1）发明人参考引文专利文献标引示例。

当标引发明人参考引文专利文献时，采用统一的标准将专利文献号进行规范，以方便检索，规范格式见表 4-5。

表4-5　常见专利文献号的规范

序号	原文格式	标准规范格式	说明
1	ZL9621938l.X	CN9621938l.X/AP	将专利号转化为申请号，加"/AP"
2	EP-A-0 659 935	EP0659935A	去掉"-"和空格，文献类型"A"放最后
3	DE-OS 30 08 411 A1	DE3008411A1	"OS"表示公开说明书，其不予标引；标引时去掉空格
4	日本特开平 7-106760 号	JP7-106760A	"特开"文献类型转化为"A"，"平"代表日本平成纪年，不用标引
5	日本特表昭 55-500001	JP55-5000001A	"特表"转化为"A"，"昭"代表日本昭和纪年，不用标引
6	日本专利 No.3, 201, 456	JP3201456	去掉"，"，日本专利发明公布的号段从 JP2500001 起始
7	特公平 8-034772	JP8-034772B	"特公"文献类型转化为"B"
8	实开平 7-26	JP7-26U	"实开"文献类型转化为"U"
9	实表昭 54-500001	JP54-500001U	"实表"文献类型转化为"U"
10	实公平 8-011090	JP8-011090Y	"实公"文献类型转化为"Y"
11	特愿昭 46-69807	JP46-69807//AP	"特愿""实愿""意愿"文献类型转化为申请号"/AP"或"/PR"
12	意匠公报 396720	JP396720S	"意匠"文献类型转化为"S"
13	日本专利未审出版物 No.Hei 9-34612	JP9-34612A	"Hei"或"H"表示"平成年"；"未审"表示未被审查的公开文献，专利文献类型为"A"
14	日本专利 S55-12	JP55-12	"S"表示"昭和年"（公元年＝昭和年+1925年），不用标引；此外，"M"表示明治年，公元年＝明治年+1867年，"T"表示大正年，公元年＝大正年+1911年，"H"表示平成年，公元年＝平成年+1988
15	KOKAI2002-041824	JP2002-041824A	"Jpn kokai Tokkyo koho"是指日本公开特许公报，"kokai"指公开，"tokkyo"指特许，"koho"指公报

续表

序号	原文格式	标准规范格式	说明
16	日本已审专利出版物（Kokoku）No.6-56997	JP6-56997B	"Kokoku" 指公告，文献类型转换为 "B"
17	日本专利 2003-171206 号	JP2003-171206	2000 年（含）之后的日本专利文献无需转化为日本纪年
18	日本专利公开 No.1997-278855	JP9-278855A	将 2000 年之前的日本专利文献号转化为本国纪年，公开文本标引为 "A"
19	JP-A No.336498/1998	JP10-336498A	将 2000 年之前的日本专利号转化为本国纪年，"A" 放最后
20	英国专利申请 UK2371646	UK2371646	英国当前的国家代码是 "GB"，"UK" 是其曾用的国家代码，照原样标引
21	美国专利申请 09/205，502	US09/205502/AP	去掉 ","，同时加 "/AP"
22	美国专利 20020002352	US2002/0002352	美国专利申请公开号，年代后面加 "/"
23	美国再公告专利 Re.36，839	USRE36839E	"RE" 表示再公告，"E" 为文献类型
24	USD474920	USD474920S	"D" 代表外观设计；"S" 为文献类型
25	USP No.5，748，786	US5748786	"P" 代表专利；去掉 "，"
26	WO 200170608A1	WO01/70608A1	按 "WO" 的公开标准格式标引，年代后面加 "/"
27	国际专利申请 PCT/US2000/16269	PCT/US00/16269/AP	按 PCT 申请号标准格式标引，同时加 "/AP"
28	US Serial No.200100292PCT	PCT/US01/00292/AP	转化为 PCT 申请号标准格式
29	韩国专利 10031154	KR10-031154	韩国专利 "10" 代表发明，"20" 代表实用新型，"30" 代表外观设计，应用 "-" 断开
30	中国台湾专利 094100315	TW094100315/AP	中国台湾专利申请号
31	中国台湾专利 M240035	TWM240035	中国台湾专利 2004 年以后的编号体例，"M" 代表实用新型，"I" 代表发明，"D" 代表外观设计

示例 1：

说明书原文描述：

"如中国专利号为 02287030.X 的简便手电筒……"

参考引文标引示例：

序号	国别、专利文献号 / 申请号 / 优先权号、文献种类标识代码	公布日 / 申请日 / 优先权日（YYYY-MM-DD）	相关内容 077	申请文件类型	其它
1	CN02287030.X/AP				

示例 2：

说明书原文描述：

"EPOQUE PAJ Database 数据库中，日本专利文献 JP2000000012A（公开日 2000-01-07）的摘要中提出了一种……"

参考引文标引示例：

序号	国别、专利文献号 / 申请号 / 优先权号、文献种类标识代码	公布日 / 申请日 / 优先权日（YYYY-MM-DD）	相关内容	申请文件类型	其它
1	JP2000-000012A	2000-01-07			（AB）. EPOQUE PAJ Database

（2）发明人参考引文非专利文献标引示例。

示例 1：

说明书原文描述：

"张爱玲，李岚，梅丽凤.电力拖动与控制.北京：机械工业出版社，2003.5"

参考引文标引示例：

序号	作者	题名	文集编者或会议主办者	文集或会议名称	出版者	出版日期	相关内容	其它
1	张爱玲，李岚，梅丽凤	电力拖动与控制			北京：机械工业出版社	2003-05		

示例 2：

说明书原文描述：

"非线性系统识别输入 – 输出建模方法（Non–Linear System Identification Input–output Modeling Approach）"Robert Harver，Lazlo Keviczky 1999 ISBN 0–7923–5856–2 Kluwer Academic Publishers"

参考引文标引示例：

序号	作者	题名	文集编者或会议主办者	文集或会议名称	出版者	出版日期	相关内容	其它
1	Robert Harver，Lazlo Keviczky	非线性系统识别输入 – 输出建模方法（Non–Linear System Identifi–cation Input–output Modeling Approach）			Kluwer Academic Publishers	1999		ISBN 0–7923–5856–2

示例 3：

说明书原文描述：

"目前常用的图像融合方法是基于多分辨率分析的图像融合方法，包括基于金字塔图像分解（Burt PJ，Kolczynski R.J.Enhancement with application to image fusion，Proc.4th Int.Conf.on Computer Vision，1993：173–182.）"

参考引文标引示例：

序号	作者	题名	文集编者或会议主办者	文集或会议名称	出版者	出版日期	相关内容	其它
1	Burt PJ，Kolczynski R.J.	Enhancement with application to image fusion		Proc.4th Int. Conf.on Computer Vision		1993	P.173–182	

（3）审查员参考引文专利文献标引示例。

示例1：

原文描述：

申请号 | 类型 | 文献号 | 公布授权日 |IPC| 相关段落 | 相关权利 | 采集日期 | 对比文献页数 | 代理机构 |

20048090958 | A | WO0058488A2 | 2000-10-5 | C12N15/87 | 说明书全文 | 1-34 | 2007-3-12 | | 北京市金杜律师事务所 |

参考引文标引示例：

序号	相关度	国别、专利文献号 / 申请号 / 优先权号、文献种类标识代码	公布日 / 申请日 / 优先权日（YYYY-MM-DD）	相关内容	其它
1	A	WO00/58488A2	2000-10-05	说明书全文	

示例2：

原文描述：

申请号 | 类型 | 文献号 | 公布授权日 |IPC| 相关段落 | 相关权利 | 采集日期 | 对比文献页数 | 代理机构 |

20051423971 | A | JP1997149780A | 1997-6-10 | A23L 2/38 | 全文 | 1-2 | 2007-3-12 | | | |

参考引文标引示例：

序号	相关度	国别、专利文献号 / 申请号 / 优先权号、文献种类标识代码	公布日 / 申请日 / 优先权日（YYYY-MM-DD）	相关内容	其它
1	A	JP9-149780A	1997-06-10	全文	

（4）审查员参考引文非专利文献标引示例。

示例1：

原文描述：

申请号 | 非专利类型 | 类型 | 期刊 / 书籍名称 | 公开日期 | 作者 | 文章标题 / 书籍出版社 | 相关段落 | 相关权利要求 | 卷号 | 期号 | 采集日 | 对比文献页数 | 代理机构 |

20011337346 | 2 | A | 激光杂志 | | 1999-12-31 | 何兴道　龚勇清　王庆　赵希圣　万雄　高益庆 | 以光敏树脂作为转印介质用于软基片光栅的复制 | 全文 | 1 | 20 | 5 | 10-33-2004 | 0 | 51200 |

参考引文标引示例：

序号	相关度	作者	080	连续出版物名称	发行日期	卷期号	相关内容	其它
1	A	何兴道，龚勇清，王庆，赵希圣，万雄，高益庆	以光敏树脂作为转印介质用于软基片光栅的复制	激光杂志	1999-12-31	20（5）	全文	

示例 2：

原文描述：

（1）申请号 | 类型 | 书名 | 卷号 | 版本号 | 出版日期 | 作者 | 出版者 | 相关页数 | 相关权利 | 采集日 | 对比文献页数 | 代理机构 |

（2）申请号 | 非专利类型 | 类型 | 期刊 / 书籍名称 | 公开日期 | 作者 | 文章标题 / 书籍出版社 | 相关段落 | 相关权利要求 | 卷号 | 期号 | 采集日 | 对比文献页数 | 代理机构 |

（1）20031426859|Y| 造纸原理与工程第 1 版 |1994-01-01| 隆言泉　中国轻工业出版社 |16，17，47，158，281 | 16 | 06-13-2005 | 0 | 35203 |

（2）20031426859 | 1 | Y | 造纸原理与工程 | 1994-01-01 | 隆言泉 | 中国轻工业出版社 |16，17，47，158，281 | 16 | | 1 | 09-26-2006 | | 35203 |

参考引文标引示例：

序号	相关度	作者	题名	文集编者或会议主办者	文集或会议名称	出版者	出版日期	相关内容	其它
1	Y	隆言泉	造纸原理与工程（第 1 版）			中国轻工业出版社	1994-01-01	P16、17、47、158、281	

注：上述两篇引文实际上是一篇引文，但它们是按照不同的格式给出的，且都不同程度地存在不规范的地方，此时按照规定格式将需要标引的信息标引即可。

（二）参考引文相关检索字段简介

涉及深加工参考引文的检索字段包括 PAT_NO（引用的专利文献号）、PAT_TP（专利文献引证类型，如 X、Y、A 等）、PAT_DATE（引用的专利文献的日期）、NPL_AU（引用的非专利文献的作者）、NPL_STI（引用的非专利文献的题名）、NPL_TI（引用的文集 / 会议 / 连续出版物名称）、NPL_TP（非专利文献引证类型）、NPL_TXT（引用的非专利文献的文本）。下面具体介绍一下参考引文相关检索字段的含义：

PAT_NO 字段对应于专利文献的专利文献号信息，主要用于对一篇专利文献的被引用情况进行检索。

PAT_TP 字段对应于专利文献的引证类型信息，主要用于对引用了某个相关度类型专利文献的文献进行检索。

PAT_DATE 字段对应于专利文献的日期信息，主要用于对引用公布日 / 申请日 / 优先权日为该日期的专利文献的文献进行检索。

NPL_AU 字段对应于非专利文献的作者信息，主要用于对引用该作者的非专利文献的文献进行检索。

NPL _STI 字段对应于非专利文献的题名信息，主要用于对该题名的非专利文献的被引用情况进行检索。

NPL_TI 字段对应于非专利文献的文集 / 会议 / 连续出版物名称信息，主要用于对引用了该文集 / 会议 / 连续出版物中的某篇非专利文献的文献进行检索。

NPL_TP 字段对应于非专利文献的引证类型信息，主要用于对引用了某个相关度类型非专利文献的文献进行检索。

NPL_TXT 字段对应于非专利文献的文本信息，主要用于对引用了包含该文本内容的非专利文献的文献进行检索。

（三）参考引文相关检索字段的作用及引证指标

深加工数据中的参考引文在专利检索及专利分析中都具有独特的作用。

在专利检索方面，通过上述引文字段信息，建立了文献之间的引证和被引证关系，方便检索人员进行相关文献的追踪检索。例如，可通过专利文献的文献号在 PAT_NO 字段中进行检索，从而进行相关专利文献的追踪检索，通过文献之间的引证和被引证关系快速找到对比文献。

引文数据在专利分析方面具有其它字段不可比拟的优势，引文数据在专利分析中主要是采用专利引证分析的方式来体现其价值。在创新评价过程中，专利引证分析是技术影响和专利质量评价的客观量化、国际通用做法，是将无形的知识传递和技术扩散过程显性化，进而追踪比较科学与技术、技术与技术之间关系的定量方法。专利引证分析从承前启后的技术创新链条中对于专利产出质量和效益评价提供了独特且更加客观的视角。利用专利引证分析进行区域层面的创新绩效评价和创新能力观测，对于准确定位现状、洞察发展趋势进而科学制定政策、优化资源配置具有重要的决策支持作用。❶

在使用参考引文数据进行专利检索和分析时，可采用多项引证指标，具体如下：❷

1. 影响力分析及统计指标

（1）被引次数。

被引次数：截至统计时间，观测专利被在后专利引用的次数。被引次数包括被自我引用次数和被他人引用次数。高被引专利往往是在后专利的基础或对在后专利具有重要的启示和参考价值。一项专利被引次数越多，说明该专利对应的技术越重要，影响力越大。

（2）平均被引次数。

平均被引次数：观测专利被在后专利引用的次数除以观测专利数量。对于国家、地区或企业而言，专利的平均被引次数是指一个国家、地区或企业的所有专利被在后专利引用的平均次数，其反映了国家、地区或企业专利技术的影响力，如果平均被引次数较高，则表明该国家、地区或企业比它的竞争对手具有更高水平的技术影响力。

（3）技术扩散指数。

技术扩散指数（General Index，GI），又称为技术通用性指数，指施引专利所属领域的集中程度，反映了后续技术在不同技术领域的传播、扩散程度，意味着在多大范围内具有影响力。技术扩散指数的取值范围为 0 ~ 1，技术扩散指数越大（越接近于 1），说明观测专利被较宽技术领域的专利所引用，观测专利

❶ 国家知识产权局规划发展司，中国专利技术开发公司. 专利文献引证统计分析报告［R/OL］. 2（2013–12）［2014–05–08］. http://www. cnipa. gov. cn/docs/20180212175554276346. pdf.

❷ 国家知识产权局规划发展司，中国专利技术开发公司. 战略性新兴产业（新能源产业）专利文献引证分析报告（简版报告）［R/OL］. 13–16（2013–12）［2014–04–30］. http://www. cnipa. gov. cn/docs/20180212175900559621. pdf.

在不同技术领域的扩散程度越大，技术影响范围越大，技术适用性越好。技术扩散指数越小（越接近于零），说明观测专利被较窄技术领域的专利所引用，技术影响范围越小，技术适用性越差。

技术扩散指数最早由以色列经济学家 Manuel Trajtenberg 教授在 1997 年提出，之后经济合作与发展组织（OECD）在评估专利质量时也采纳了该指标，美国电气电子工程师协会（IEEE）发布的全美专利记分卡也将技术扩散指数作为评估专利组合的指标之一。

技术扩散指数的计算方法类似于赫芬达尔指数 1（Herfindahl index），其计算公式为

$$GI = 1 - \sum_{i=1}^{k} \left(\frac{NCITING_i}{NCITING} \right)^2 \qquad （4-1）$$

式中，k 为施引专利所属的不同技术领域的个数，技术领域以 IPC 小类为标准划分；$NCITING_i$ 为属于 i 技术领域的施引专利个数；$NCITING$ 表示施引专利的总数。

（4）技术扩散指数均值。

技术扩散指数均值：指观测专利的技术扩散指数之和除以观测专利数量，取值范围为 0～1。在计算国家、地区或企业时，采用技术扩散指数均值来衡量该国家、地区或企业的技术影响范围。技术扩散指数均值越大，表示该国家、地区或企业拥有的专利组合在不同技术领域的扩散程度越大、技术影响范围越大。

2. 创新模式分析及统计指标

（1）自然科学论文引用量。

自然科学论文引用量：观测专利引用的自然科学类论文的数量，用于考察技术创新与科学研究尤其是基础研究的关联程度。自然科学论文引用量越大，说明技术创新与科学研究关系更紧密，越接近原始创新。

（2）自然科学论文引用率。

自然科学论文引用率：观测专利引用的自然科学类论文的数量除以观测专利数量。自然科学论文引用率越大，技术创新与科学研究关系更紧密，越接近原始创新。

（3）专利引文量。

专利引文量：观测专利引用的专利数量。比较观测专利与受引专利的 IPC 小类，若小类相同，则该受引专利为同领域专利引文，其数量即为同领域专利引文量；若不同，则该受引专利为跨领域专利引文，其数量即为跨领域专利引

文量。同领域专利引文量和跨领域专利引文量之和等于专利引文量。同领域专利引文量越大，说明主要在本领域进行技术创新，技术创新模式侧重于引进消化吸收再创新；跨领域专利引文量越大，说明主要跨领域进行技术创新，技术创新模式侧重于集成创新。

（4）技术来源领域指数。

技术来源领域指数（Origin Index，简称 OI）：受引专利所属领域的集中程度，指观测专利在多大程度上引用不同技术领域的专利。技术来源领域指数的取值范围为 0 ～ 1。技术来源领域指数越大（越接近于 1），说明观测专利引用了较宽领域范围的专利，技术创新根源越广泛，技术集成性越突出；技术来源领域指数越小（越接近于零），说明观测专利引用了较窄技术领域的专利。

技术来源领域指数最早也是由以色列经济学家 Manuel Trajtenberg 在 1997 年提出，美国电气电子工程师协会（IEEE）发布的全美专利记分卡也将技术来源领域指数作为评估专利组合技术原创性的指标之一。

技术来源领域指数的计算公式为

$$OI = 1 - \sum_{i=1}^{k} \left(\frac{NCITED_i}{NCITED} \right)^2 \qquad (4-2)$$

式中，k 表示受引专利所属的不同技术领域的个数，技术领域以 IPC 小类为标准划分；$NCITED_i$ 表示属于 i 技术领域的受引专利个数；NCITED 表示受引专利的总数。

（5）技术来源领域指数均值。

技术来源领域指数均值：指观测专利的技术来源领域指数之和除以观测专利数量，即技术来源领域指数的算术平均值，取值范围为 0 ～ 1。在评估国家、地区或企业的集成创新或引进消化吸收再创新模式时，采用技术来源领域指数均值作为衡量指标。技术来源领域指数均值越大，说明该国家、地区或企业的技术创新根源越广泛，技术集成性越突出，更多表现为跨领域创新，技术创新模式侧重于集成创新；技术来源领域指数均值越小（越接近于零），说明技术创新基于较窄技术领域，更多表现为本领域再创新，技术创新模式侧重于引进消化吸收再创新。

（三）参考引文相关检索字段的应用示例

中国专利技术开发公司的专家团队已经使用深加工数据中的参考引文，开展了多项专利引证分析研究，陆续发表了《全国各省市专利文献引证统计分析报告》❶《战略性新兴产业（新能源产业）专利文献引证分析报告》❷《专利文献引证统计分析报告》❸ 等，详细报告可在国家知识产权局官方网站（http://www.cnipa.gov.cn/）的政务—统计信息—研究成果栏目下载。

下面以《战略性新兴产业（新能源产业）专利文献引证分析报告》中的部分内容为例，简要介绍几项参考引文相关字段的应用❹。

1. 可通过专利引证分析来分析新能源产业影响力

可通过专利引证分析来分析国内外对中国新能源产业的影响，例如可通过分析国内外专利被新能源产业及其太阳能、风能子产业中国发明专利的引用次数，得出新能源产业的国家影响力。

国内外专利被新能源产业及其太阳能、风能子产业中国发明专利的引用次数如图 4-8 所示，可见国外专利被引次数远高于国内专利。

产业	区域	被引次数
新能源产业	国外	30278
	国内	12884
太阳能子产业	国外	15971
	国内	6363
风能子产业	国外	4456
	国内	1674

图 4-8 国内外专利被新能源产业及太阳能、风能子产业中国发明专利的引用次数

根据世界各国专利被新能源产业中国发明专利的引用情况如图 4-9 所示，美国专利的被引次数最高，达 12981 次。可见国外技术尤其是美国技术对我国新能源产业发展的技术影响较大。

还可通过专利引证分析来分析其他国家在华技术影响力。新能源产业来华

❶ 国家知识产权局规划发展司, 中国专利技术开发公司. 全国各省市专利文献引证统计分析报告 [R/OL]. (2013-12) [2014-05-08]. http://www. cnipa. gov. cn/docs/20180212175554276346. pdf.
❷ 国家知识产权局规划发展司, 中国专利技术开发公司. 战略性新兴产业（新能源产业）专利文献引证分析报告（简版报告）[R/OL]. (2013-12) [2014-04-30]. http://www. cnipa. gov. cn/docs/20180212175900559621. pdf.
❸ 国家知识产权局规划发展司, 中国专利技术开发公司. 专利文献引证统计分析报告 [R/OL]. (2013-12) [2014-05-08]. http://www. cnipa. gov. cn/docs/20180212175554276346. pdf.
❹ 国家知识产权局规划发展司, 中国专利技术开发公司. 战略性新兴产业（新能源产业）专利文献引证分析报告（简版报告）[R/OL]. 1-11 (2013-12) [2014-04-30]. http://www. cnipa. gov. cn/docs/20180212175900559621. pdf.

发明专利申请数量在 100 件以上的 14 个国家如图 4-10 所示，被引次数处于前五位的国家依次为日本、美国、德国、韩国、丹麦。平均被引次数处于前五的国家依次为澳大利亚、挪威、加拿大、丹麦、日本。总体而言，日本、美国、德国、澳大利亚、挪威、加拿大、丹麦的新能源产业来华发明专利在中国市场具有较强的技术影响力。技术扩散指数均值处于前五位的国家依次为：澳大利亚、挪威、加拿大、丹麦、日本，其新能源来华发明专利在中国市场具有较宽的技术影响范围。

序号	国家	被引次数
1	美国	12981
2	中国	12884
3	日本	7284
4	德国	2019
5	法国	478
6	韩国	352
7	英国	330
8	加拿大	95
9	俄罗斯联邦	75
10	澳大利亚	66

图 4-9　被新能源产业中国发明专利引用次数排名前十的国家

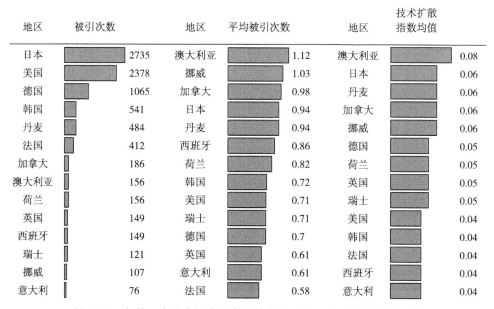

地区	被引次数	地区	平均被引次数	地区	技术扩散指数均值
日本	2735	澳大利亚	1.12	澳大利亚	0.08
美国	2378	挪威	1.03	日本	0.06
德国	1065	加拿大	0.98	丹麦	0.06
韩国	541	日本	0.94	加拿大	0.06
丹麦	484	丹麦	0.94	挪威	0.06
法国	412	西班牙	0.86	德国	0.05
加拿大	186	荷兰	0.82	荷兰	0.05
澳大利亚	156	韩国	0.72	英国	0.05
荷兰	156	美国	0.71	瑞士	0.05
英国	149	瑞士	0.71	美国	0.04
西班牙	149	德国	0.7	韩国	0.04
瑞士	121	英国	0.61	法国	0.04
挪威	107	意大利	0.61	西班牙	0.04
意大利	76	法国	0.58	意大利	0.04

图 4-10　新能源产业中国发明专利被中国专利引用情况（国别分布）

此外还可通过专利引证分析来分析中国发明专利对中国市场的影响、中国省市对中国市场的影响、中国高校科研机构对中国市场的影响等。

2. 通过专利引证分析可分析新能源产业创新模式

例如，可通过参考引文统计新能源产业中国发明专利引用的文献类型及引用的领域性，来分析新能源产业的自主创新模式。

　　新能源产业中国发明专利引用的文献类型主要为专利，见表4-6，专利引用量约为自然科学论文引用量的4倍。专利引文中，引用的同领域与跨领域专利数量相当，跨领域专利引文量略高。新能源产业主要表现为跨领域创新和同领域再创新，基础科学研究队产业技术创新也有一定的贡献。总体而言，新能源产业的自主创新模式侧重于集成创新和引进消化吸收再创新，同时具有一定程度的原始创新。

表 4-6　新能源产业中国发明专利引用文献类型的分布情况

引文类型	数量
自然科学论文引用量	11030
同领域专利引文量	20302
跨领域专利引文量	22860

　　此外，还可通过专利引证分析来分析国内外新能源产业科学与技术的关联性、国内外企业的创新模式、国内各省市的创新模式等。

七、机构代码检索字段的特点

　　CP_PO 字段对应专利数据深加工的"机构代码"类目。机构代码是由中国国家知识产权局赋予专利申请人的在中国范围内唯一的、固定的代码标识。机构代码所标引的专利申请人是指向中国国家知识产权局专利局就发明、实用新型或外观设计提交专利申请并请求被授予专利权的机关、企、事业单位、社会团体，以及其它组织机构。

　　机构代码由2位英文字母和8位阿拉伯数字组成，如图4-11所示。其中，2位英文字母表示国家、地区和政府间组织代码；8位阿拉伯数字中，前7位阿拉伯数字为本体代码，最后1位阿拉伯数字为校验码。

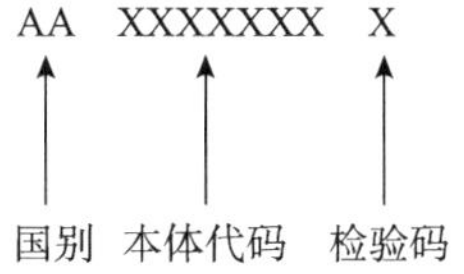

　　机构代码的编码原则包括：①对每个专利申请人都赋予唯一的机构代码；②当专利申请人改变名称时，其机构代码不变；③具有相同外文名称但中文名称或中文

AA　XXXXXXX　X

国别　本体代码　检验码

图 4-11　机构代码的结构

译文名称不同的专利申请人，被认为是同一个专利申请人，具有相同的机构代码；④当两个具有不同机构代码的专利申请人合并时，保留其中一个机构代码，

废弃另一个机构代码；⑤当两个专利申请人合并后又发生分离，每个专利申请人分别沿用它们合并前的机构代码；⑥当一个专利申请人拆分为多个不同的专利申请人时，如果其中的一个专利申请人沿用了原专利申请人的名称，那么该专利申请人沿用原专利申请人的机构代码；如果拆分后的专利申请人都没有沿用原专利申请人的名称，而是拥有了新的名称，那么它们都将被赋予新的机构代码。

专利申请人机构代码表的结构见表 4-7 和表 4-8。

表 4-7　专利申请人机构代码表

机构代码		专利申请人名称		德温特公司代码	机构类型
国别	数字段	中文名称	英文名称		
2 位英文字母	8 位阿拉伯数字				1 位阿拉伯数字

其中：

机构代码：由 2 位英文字母和 8 位阿拉伯数字组成。

国别：专利申请人机构所在地的国别，用国家、地区和政府间组织代码（2 位英文字母）表示。

数字段：由 7 位阿拉伯数字本体代码和 1 位阿拉伯数字校验码组成。

专利申请人名称：专利申请人的所有中文名称、外文名称、各国译文名称等。

德温特公司代码：专利申请人的德温特公司（专利权人）代码，包括标准公司代码（用 4 位英文字母表示）和非标准公司代码（用 4 位英文字母加连字符和 1 位英文字母表示）。

机构类型：专利申请人所属的机构类型，用 1 位阿拉伯数字表示，其中，"1"表示大专院校，"2"表示科研单位，"3"表示各类企业，"4"表示机关团体。

表 4-8　机构代码表示例

国别	机构代码数字段	中文名称	英文名称	德温特公司代码	机构类型
US	00000016	美国通用电气公司	GE； General Electric	GENE	3
US	00000025	GE 医疗系统环球技术有限公司	GE MEDICAL SYSTEMS GLOBAL TECHNOLOGY CO LL	GENE	3

续表

国别	机构代码数字段	中文名称	英文名称	德温特公司代码	机构类型
FR	00000034	GE 医疗系统有限公司	GE MEDICAL SYSTEMS SA	GENE	3
CN	00000043	GE 克里普萨尔中国有限公司	GE CLIPSAL CHINA CO LT	GENE	3
	……				
JP	01258694	东芝株式会社；株式会社东芝	TOSHIBA KK	TOKE	3
JP	01258705	松下东芝映象显示株式会社；东芝松下显示技术有限公司	TOSHIBA MATSUSHITA DISPLAY TECHNOLOGY CO	TOSH-N	3
	……				
CN	03148525	北京交通大学；北方交通大学	BEIJING JIAOTONG UNIVERSITY；NorTHERN JIAOTONG UNIVERSITY；UNIV NorTHERN JIAOTONG BEIJING；UNIV NorTH JIAOTONG；UNIV BEIJING JIAOTONG；UNIV BEIFANG JIAOTONG；	UYBE-N；UYNJ-N	1
	……				
CN	04185262	中国科学院化学研究所	Institute of Chemistry, Chinese Academy of Sciences；ICCAS；INST CHEM CHINESE ACAD SCI；CHEM INST CHINESE ACAD SCI	CHCH-N	2
	……				

当申请人进行过名称变更，或实质相同的专利申请人名称较多时，利用 CP_PO 进行检索，可有效避免漏检，提高检索效率。

例如宝洁公司，其名称有多种表达方式，包括宝洁公司、普罗格特－甘布尔公司；普罗克特和甘保尔公司、普鲁克特和甘尔公司、普罗特和甘尔公司、THE PROCTER & GAMBLE 等等，如果利用申请人进行检索很容易造成漏检，而利用宝洁公司对应的机构代码"US00095601"进行检索，则大大提高了查全率。该字段一般在专利统计分析时使用，使用方法类似于 DWPI 数据库中的 CPY（公司代码）字段。

目前 S 系统未设置直接查询申请人对应机构代码的功能，可以用申请人名称通过申请人入口进行检索，显示检索结果的 CP_PO 字段，得到该申请人所对应的机构代码，然后再以该机构代码在 CP_PO 字段中进行检索，得到相关申请人申请的所有专利文献，从而用于检索和统计分析。

例如：

CNABS　　宝洁公司 /PA

CNABS?　　..LI CP_PO

CP_PO　　　－ US00095601

CNABS?　　US00095601/CP_PO

** SS 1:Results 5355

第六节　小结

由中国专利技术开发公司承担中国专利文献数据深加工项目，已形成了一套具有中国特色的中国专利深加工数据索引，目前节能环保产业、新能源产业、新一代信息技术产业、生物产业、高端装备制造业、新材料产业和新能源汽车产业等七大战略性新兴产业的发明专利深加工数据已经实现现档同步加工。

数据深加工标引的内容包括：改写专利名称、结构化改写摘要、标引专利文献重要的关键词、IPC 再分类、实用专利分类、标引说明书中申请人引用的文献和审查过程中引用的文献、标引申请人机构代码。

深加工数据在 S 系统的 CNABS 数据库中拥有 23 个检索和浏览字段。在 CNABS 数据库中，深加工数据可以在"界面检索"或"核心检索"模块中进行检索。深加工数据的浏览方式包括概览、详细浏览以及深加工检索字段界面检索浏览。

深加工数据的名称检索字段、摘要检索字段、关键词检索字段、IPC 再分类号检索字段、实用分类号检索字段、参考引文检索字段、机构代码检索字段都各具其特色，深加工摘要附图完美地解决了原始摘要附图的缺陷。

中国专利深加工数据的检索性评测

专利信息检索主要应用在专利技术信息检索、专利新颖性检索、同族专利检索、专利法律状态检索等方面，专利信息检索尤其是发明专利申请实质审查程序中的一个关键步骤。在专利检索过程中，检索数据库尤其是数据库中的底层数据，极大地影响了专利检索的质量和效率。通过对中国专利文献进行专业的深度加工和标准化标引得到的深加工数据，提高了数据质量；通过多个深加工检索字段的设置，丰富了检索入口，对专利信息检索具有很大帮助。为了量化深加工数据在专利信息检索方面的作用，中国专利技术开发公司开展了深加工数据的检索性评测工作。

第一节　专利检索性评测的目的

专利检索是指对专利文献信息进行检索，以找到所需要的信息。然而，专利信息检索是一项复杂的工作，专利信息检索效果如何，会受到客观因素和主观因素的制约和影响。专利信息检索的客观因素主要指专利信息检索的系统因素，包括专利信息数据库、专利信息检索软件；专利信息检索的主观因素主要包括专利信息检索目的、检索种类、检索技术、检索策略等。这些因素共同制约着专利信息检索的过程，直接影响着专利信息检索的结果。❶其中，具有有效检索手段的、高水平的数据库是保证专利检索质量、提高专利检索速度的重要

---

❶　李建蓉. 专利信息与利用（第 2 版）[M]. 北京：知识产权出版社，2011：172.

前提，而数据库中的底层专利信息数据资源的优劣正是衡量数据库好用与否的重要标准，极大地影响了专利检索的质量和效率。通过深度加工和结构化标引得到的中国专利深加工数据，其类目清晰、信息针对性强。23 个深加工检索字段的设置，丰富了检索入口，使得用户在检索过程中构建准确而简练的检索表达式的同时，能够提高查全率和查准率。

为了使深加工数据能够更好地适应专利检索及浏览的需要，使深加工各字段发挥更好的检索应用，就需要从用户的角度出发，对原始数据和深加工数据之间的差异进行研究，并详细分析这些差异对专利检索、浏览等的影响。基于此目的，中国专利技术开发公司组织多名具有多年专利检索和数据深加工经验的技术专家，从用户的角度对深加工数据进行了系统的专利检索性评测，同时给出了定量的评测结果，评测领域涵盖机械、电学、化学、医药领域，为检验深加工数据的专利检索应用效果以及进一步提升深加工质量奠定基础。

第二节　评测对象

一、评测数据库

专利检索性评测是以 S 系统中的 CNABS 数据库、CPRSABS 数据库、CNTXT 数据库为评测平台，其中 CNABS 数据库提供了 23 个深加工数据检索字段，能够完整体现深加工数据的检索性，同时采用 CPRSABS 数据库和CNTXT 数据库作为评测对比数据库。

二、评测案例的选择原则

（一）广泛性

所选案例在分布上应当覆盖多个领域，以免因案例过于集中在某个领域内造成评测结论的偏差。

（二）典型性

每个案例具有所检测领域的共有特点，以此弥补评测案例数量有限而产生的偏差。

（三）多样性

选取的案例要体现多样的检索要素，以全面评测深加工数据的各个加工类目。

（四）简单性

所选取案例的技术方案较为简单，检索策略较为通用，以便容易理解案例及其对比文件。

（五）检索结果明确性

尽量选取在本领域已经实质审查完成的案例，且其 X 或 Y 类对比文献存在于被评测数据库中。

上述原则分别从领域广泛、领域特有、检索要素多样和案情简单等方面限定了案例选择的条件。

第三节　评测指标

一、指标选择

如图 5-1 的评测指标树所示，为了更好、更全面地评测深加工数据，评测指标包括：XYA 查全率、XYA 查准率及浏览的省时性。

二、指标计算方式

（一）查全率（R_{XYA}）

查全率 =（数据库中检索出的 XYA 文献量 / XYA 文献总量）× 100%。

其中 XYA 文献量 /XYA 文献总量是指 X、Y、A 类文件去重后得到的文件数量，下同。

XYA 包括 XYERA 类文献以及外国同族可作为 XYA 类文献的中国申请。

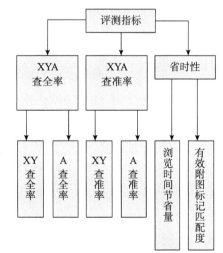

图 5-1 评测指标树

（二）查准率（P$_{XYA}$）

查准率是衡量信息检索系统检出文献准确度的尺度。

查准率 =（使用深加工数据 / 原始数据 / 全文数据所检索到的 XYA 文献量 / 所检索的全部文献量）× 100%。

为了进一步反映所检出的文献的类型不同，对全部数据还采取了分项指标进行评测。其中 XYA 的查全率中分项设置 XY 查全率、A 查全率；XYA 的查准率中分项设置 XY 查准率、A 查准率。

（三）省时性（T）

省时性设置"浏览时间节省量"和"有效附图标记匹配度"两个指标。

1. 浏览时间节省量

浏览时间节省量是通过字数统计与阅读时间的换算，阅读原始专利文献得到目标信息的时间与阅读深加工数据得到目标信息的时间进行对比。

浏览时间节省量（min）= 原始数据字数 /500 – 深加工摘要字数 /500。

考虑到深加工摘要提供的信息与原始数据提供信息的匹配度，原始数据字数统计范围包括名称、技术领域、背景技术和发明内容部分，浏览时间按照 500 字 /min 计算。

2. 有效附图标记匹配度

有效附图标记指摘要中标引的附图标记与所选摘要附图中的附图标记之间重合的数目。

有效附图标记匹配度 = 摘要附图标记出现在摘要中的数量 / 摘要附图标记的数量 × 100%。

有效附图标记匹配度越高，表示结合摘要附图进行阅读的可读性越高。

综上所述，在检索策略一定的情况下，查全率、查准率和省时性的改进不仅代表了检索结果的改进，还代表了检索过程中节省的时间和精力，也是专利检索人员最为关注的指标。因此，本书采用这三个指标进行检索性评测。

第四节　评测方法

评测方法包括以下六个步骤：

步骤 1. 选择评测案例；

步骤 2. 构建检索式；

步骤 3. 通过 S 系统的引证与被引证查询器或 CNABS 中的引文相关字段查询该案例的 XY 类对比文献；

步骤 4. 在 CNABS 数据库中使用深加工字段和常规字段分别进行检索，或者在 CNABS 数据库、CPRSABS 数据库 /CNTXT 数据库中分别使用深加工字段和常规字段进行检索，得到检索结果；其中，在 CNABS 数据库采用不同字段分别检索，以及在 CNABS 数据库、CPRSABS 数据库分别检索，均采用相同的检索策略进行；在 CNTXT 数据库进行检索时，通过对检索式进行适当调整，保证检索结果的文献量和 CNABS 数据库检索的文献量相对一致；

步骤 5. 对比检索结果，得到不同数据源下获得的 X 类、Y 类（或 XYA 类）对比文献的数量；

步骤 6. 针对该检索结果进行检索性分析，并计算查全率、查准率、省时性。

第五节　评测结果及其分析

一、按深加工字段评测

（一）CP_TI（深加工名称）的评测

1. 深加工名称加工的特点

CNABS 数据库中的 CP_TI 字段对应于专利数据深加工的名称类目。

深加工改写后的名称，在字数允许的范围内，会尽可能体现技术改进特征、特定用途或特殊功能等特征。当权利要求书中涉及多个技术主题时，名称中会体现全部技术主题类型。改写后的名称一般不超过 30 个字，化学领域不超过 40 个字。

2. 评测案例

案例 1（申请号 200410023925）

【权利要求】

权利要求 1：一种自行车传动装置，它包括主动链轮（1）、从动链轮（2），传动链条，其特征在于：在所述主动链轮（1）与从动链轮（2）之间设有中间传动链轮总成（5），所述中间传动链轮总成（5）包括中间传动大链轮（9）、中间传动小链轮（8）、轴承（17）、链轮轴（12）、支架座（16），所述支架座（16）固定在车架总成（6）的中立梁上，所述轴承（17）、链轮轴（12）组装在所述支架座（16）内，所述中间传动大链轮（9）、中间传动小链轮（8）安装在所述链轮轴（12）的两端，所述传动链条包括链接主动链轮（1）和中间传动小链轮（8）的第一链条（3），链接中间传动大链轮（9）和从动链轮（2）的第二链条（4）。

【案情简介】

普通自行车的传动系统主要由前后链轮及链条构成，属于一级链传动。一般情况下用从动链轮的齿数与主动链轮的齿数之比来表示传动系统的传动比，增大前链轮的直径及齿数或者减小后链轮的直径及齿数，也就是减小传动比，能使自行车的速度提高，实际情况中，由于自行车受链轮离地间隙及传动平稳性的影响和限制，前链轮不能增加得较大，由于从动链轮的齿数减少会导致传动平稳性降低，所以传动比不可能无限制地减小，所以车速不可能有很大的提高。提供一种人力自行车的传动装置，在主动链轮和从动轮之间设置有中间传动链轮总成，使传动装置的传动比能够显著减小，因而显著提高车速，使自行车的动力性能得到较大的提高。

深加工数据评测记录单（CP_TI）	
案例编号	CP_TI-1
评测领域	机械
申请号	200410023925
发明名称	自行车传动装置
原始 IPC	A43B7/00、A43B17/00
评测数据库	CPRSABS/CNABS
检索过程	
CPRSABS 数据库	1. CPRSABS 2（自行车 and（链传动 or 链轮 or 链条）and（中间 or 第二 or 二级））/ti
CNABS 数据库	1. CNABS 1053（自行车 and（链传动 or 链轮 or 链条）and（中间 or 第二 or 二级））/cp_ab
	2. CNABS 64（自行车 and（链传动 or 链轮 or 链条）and（中间 or 第二 or 二级））/cp_ti

续表

检索结果		
XY 文件	CPRSABS 数据库	无
	未检索到的	CN96119823
	CNABS 数据库	CN96119823
	未检索到的	无

检索性分析

分析该命中的文献发现，在 CNABS 中查询到该文献，但在 CPRSABS 中没有检索到的原因在于深加工数据对于名称的改写。改写前，该文献名称为："自行车齿轮链条传动结构的设计"，改写后深加工名称为："增设有两个中间连体链轮的自行车链轮链条传动结构"。可以看出，改写后的深加工名称增加了关键技术信息"中间连体链轮"，因此可以准确地命中 X 类文献，且减少浏览时间。而采用 CP_AB 字段检索命中的文献量大，不利于浏览。

注：XYA 文件的文献号统一采用申请号，下同。

案例 2（申请号 200610049843）

【权利要求】

权利要求 1：一种不污染书写手指的粉笔，有：粉笔（1），其特征在于：在上述粉笔（1）的外表面涂有一层胶水涂料（2）。

【案情简介】现有粉笔的笔粉易于脱落，因此当手捏住粉笔使用时，构成粉笔的粉灰会脱落并污染捏住它的手指，不利于手指皮肤的健康。由此本案提供了一种不污染书写手指的粉笔。

深加工数据评测记录单（CP_TI）	
案例编号	CP_TI -2
评测领域	机械
申请号	200610049843
发明名称	一种不污染书写手指的粉笔
原始 IPC	B43K19/00
评测数据库	CPRSABS/CNABS
检索过程	
CPRSABS 数据库	1. CPRSABS 7（粉笔 and（胶 or 胶水 or 涂料 or 涂层 or 隔离层 or 保护膜 or 保护薄膜 or 保护层））/ti

续表

深加工数据评测记录单（CP_TI）	
CNABS 数据库	1. CNABS 425（粉笔 and（胶 or 胶水 or 涂料 or 涂层 or 隔离层 or 保护膜 or 保护薄膜 or 保护层））/cp_ab 2. CNABS 76（粉笔 and（胶 or 胶水 or 涂料 or 涂层 or 隔离层 or 保护膜 or 保护薄膜 or 保护层））/cp_ti

检索结果		
XY 文件	CPRSABS 数据库	CN86210076
	未检索到的	CN200410046751、CN95202212、CN01276933、CN86204320
	CNABS 数据库	CN200410046751、CN95202212、CN01276933、CN86204320、CN86210076
	未检索到的	无

检索性分析

对比检索结果发现，有四篇 X 类文献没有在 CPRSABS 数据库中被找到，分别是 CN200410046751、CN95202212、CN01276933、CN86204320。

对比以上四篇改写前后的名称：

申请号	原始名称	改写后的名称
CN200410046751	卫生粉笔的制造方法	在粉笔上涂胶的卫生粉笔的制造方法
CN86204320	一种不粘手的粉笔	粉笔表面涂覆有薄层隔离层的不粘手粉笔
CN95202212	卫生粉笔	涂覆有胶水层的卫生粉笔
CN01276933	环保粉笔	在表面有一层保护薄膜的环保型粉笔

发现改写后的深加工名称都将改进点写入了名称中，因此可以在深加工名称中快速检索得到对比文件。而直接采用 CP_AB 字段检索命中的文献量太大，不利于浏览，所以可以尝试优先用 CP_TI 进行初步检索。

案例 3（申请号 03157088）

【权利要求】

权利要求 1：一种键盘的键帽，其特征在于：该键帽包括一按键及一保护层，其背面反向印刷有所需的文字、符号或图形，且附着在该按键上。

【案情简介】

现有计算机的键帽通常存在以下缺点：①其上的文字、符号或图案通常为印刷制作，在使用一段时间后易脱落；②键帽表面形状非平面，其上符号通常以不同颜色加以区分，导致印刷困难，不合格品比率高；③键帽表面不易清洁，使用清洁剂可能会把其表面的文字清洁掉。因此本案提供一种键盘的键帽及其制作方法，键帽上的符号可分开设计和印刷，更为方便及多样化；键帽上的符号借着保护层的保护作用不会脱落；键帽清洁时不会伤到其上的符号，可时常保持键帽的干净；健帽上的符号印制方法快速方便。

深加工数据评测记录单（CP_ TI）	
案例编号	CP_TI –3
评测领域	机械
申请号	03157088
发明名称	键盘的键帽及其制作方法
原始 IPC	H01H13/14
评测数据库	CPRSABS/CNABS
检索过程	
CPRSABS 数据库	1. CPRSABS 3 /ti 键 and（保护层 or 膜）and 印刷 2. CPRSABS 67 键 /TI and（保护层 or 膜）/TI and 印刷 /AB 3. CPRSABS 399 /ab 键 and（保护层 or 膜）and 印刷 4. CPRSABS 307 /kw 键 and（保护层 or 膜）and 印刷
CNABS 数据库	1. CNABS 26 /cp_ti 键 and（保护层 or 膜）and 印刷 2. CNABS 107 键 /cp_ti and（保护层 or 膜）/cp_ti and 印刷 /cp_ab 3. CNABS 887 / cp_ab 键 and（保护层 or 膜）and 印刷 4. CNABS 463 / cp_kw 键 and（保护层 or 膜）and 印刷 5. CNABS 770 /kwcn 键 and（保护层 or 膜）and 印刷
检索结果	

	CPRSABS 数据库	CN98101536
XY 文件	未检索到的	CN97117690、CN93108154
	CNABS 数据库	CN98101536、CN97117690
	未检索到的	CN93108154

检索性分析

本案是计算机键盘的键帽，审查员给出 3 篇 X 类对比文件：CN93108154、CN97117690、CN98101536。在 CNABS 数据库中，通过改写后的深加工名称可检索到 CN98101536、CN97117690，而在 CPRSABS 数据库中，仅通过名称检索到 CN98101536。从上述检索结果可以看出：相对于原始数据，在深加工数据改写后的名称中添加了限定特征"膜"，使得能够通过在名称中检索到上述 XY 类文献。而单独采用 CP_AB 字段、CP_KW 字段及 KWCN 字段进行检索，文献量大，不利于浏览。

案例4（申请号200610122286）

【权利要求】

权利要求1：一种毛绒公仔吊饰充电器，包括毛绒公仔、PCB电路板、缝装在所述毛绒公仔内的PCB电路板及焊接在PCB电路板上的USB接口与迷你USB接口；其特征在于，缝合后的毛绒公仔内腔的前端设有前通孔，用于让与PCB电路板焊接的USB接口向外伸出毛绒公仔的内腔，在缝合后的毛绒公仔内腔的后端设有后通孔，用于让与PCB电路板焊接的迷你USB接口向外露出毛绒公仔内腔。

【案情简介】

针对现有技术中的手机充电器存在体积大、插接头和电源线均外露、不便于保管、携带不方便、外形不美观、功能单一的问题，本申请提供一种毛绒公仔吊饰充电器，能够用作手机吊饰与手机充电器，还可以擦拭手机屏幕与其他屏幕；在充电时可以直接与手机接插，体积小、便于携带。

深加工数据评测记录单（CP_TI）		
案例编号	CP_TI-4	
评测领域	电学	
申请号	200610122286	
发明名称	一种毛绒公仔吊饰充电器	
原始IPC	H02J7/00、H05K5/00、H05K7/00、A63H3/00	
评测数据库	CPRSABS/CNABS	
检索过程		
CPRSABS 数据库	1. CPRSABS 19502 充电 and USB 2. CPRSABS 145343 玩偶 or 公仔 or 玩具 or 卡通 3. CPRSABS 87 1 and 2	
CNABS 数据库	1. CNABS 759 /CP_TI 充电 and USB 2. CNABS 137914 玩偶 or 公仔 or 玩具 or 卡通 3. CNABS 7 1 and 2	
检索结果		
XY 文件	CPRSABS 数据库	CN03232377
	未检索到的	无
	CNABS 数据库	CN03232377
	未检索到的	无

续表

检索性分析
本案例有 3 个主要技术特征：充电器、USB 接口、毛绒玩具，根据这 3 个技术特征在 CPRSABS 中检索到 87 篇文献，命中 X 文件 CN03232377，而将重要技术特征充电器、USB 接口限定在改写后的深加工名称中检索到 7 篇文献，命中 X 文件 CN03232377，大大提高了检索效率。分析其原因是，X 文件 CN03232377 的原始名称为"一种挂件"，改写后深加工名称为"设有 USB 接续口和手机充电接续口的挂件"，增加了重要技术特征。

案例 5（申请号 00233552）

【权利要求】

权利要求 1：自动开盖茶壶，其由一带有壶嘴的壶体、一结合于壶体的提把及一用于开闭壶嘴的壶嘴盖构成，其特征是：壶体包含一基座，基座具有二高低对立的缺口，提把近中央处枢接于基座的较高缺口，并支持基座呈自由摆动状；壶嘴盖盖柄枢接于基座较低缺口，盖柄与提把前端枢接，提把尾端悬空，盖柄下方有一弹片，弹片下端固定定位，上端支于盖柄底下，并于壶嘴紧闭时，保持被盖柄压迫状态。

【案情简介】

本实用新型涉及茶壶，用于沏茶。当提把连同壶一起提起呈倾倒状态时，壶嘴盖即可使壶嘴开启，达到可不用动手作开盖动作便可自动开盖的效果。

深加工数据评测记录单（CP_TI）	
案例编号	CP_TI –5
评测领域	机械
申请号	00233552
发明名称	自动开盖茶壶
原始 IPC	A47G19/14
评测数据库	CPRSABS/CNABS
检索过程	
CPRSABS 数据库	1. CPRSABS 9849（A47G19/14 or A47J27/21）/IC 2. CPRSABS 16（壶 and 盖 and（提把 or 提手 or 把手））/TI 3. CPRSABS 4 1 and 2

续表

深加工数据评测记录单（CP_TI）	
CNABS 数据库	1. CNABS 10339（A47G19/14 or A47J27/21）/IC 2. CNABS 2982（壶 and 盖 and（提把 or 提手 or 把手）） 3. CNABS 1455 1 and 2 4. CNABS 31（壶 and 盖 and（提把 or 提手 or 把手））/CP_TI 5. CNABS 20 1 and 4

检索结果		
XY 文件	CPRSABS 数据库	无
	未检索到的	CN99105107
	CNABS 数据库	CN99105107
	未检索到的	无

检索性分析

本申请是一种自动开盖茶壶，其特征在于提把带动壶嘴盖掀开。利用分类号加关键词在 CNABS 数据库中进行检索，若关键词为在 BI 字段中进行检索，检索结果文献量很大，为 1455 篇，但若通过关键词在 CP_TI 字段进行检索，文献量降低为 20 篇，通过快速浏览很快地找到了对比文件 CN99105107。利用同样的分类号，关键词限定在 TI 字段，在 CPRSABS 数据库中进行检索，无法得到对比文件。这是由于深加工数据改写后的名称"把手与壶嘴盖连接的水壶"中增加体现了涉及技术改进的技术特征"把手与壶嘴盖连接"，从而使用 CP_TI 字段在 CNABS 数据库可检索到对比文件。

案例 6（申请号 200710170911）

【权利要求】

权利要求 1：一种淀积含碳薄膜用于形成掺杂区域间隔层的方法，所述间隔层用于在集成电路结构中阻止该集成电路结构的掺杂区域中的掺杂剂向外扩散，其特征在于，包括以下步骤：淀积形成含碳的二氧化硅薄膜，其中，原料包括以下列气体中的一种或任多种：三甲基硅烷、四甲基硅烷、四甲基环四硅氧烷、八甲基环四硅氧烷、二甲基二甲氧基硅烷、二乙氧基甲基硅烷；和 / 或淀积形成含碳的氮化硅薄膜，其中，原料包括 NH_3 和下列气体中的一种或任多种：三甲基硅烷、四甲基硅烷、四甲基环四硅氧烷、八甲基环四硅氧烷、二甲基二甲氧基硅烷、二乙氧基甲基硅烷；作为所述间隔层。

【案情简介】

本发明涉及一种淀积含碳的薄膜用于形成掺杂区域间隔层的处理方法。应用根据本发明方法形成的含碳薄膜，可以有效地阻止或减少栅极结构中掺杂剂元素例如硼向外扩散，从而防止了传统工艺中由于掺杂剂向外扩散引起的电压移位、器件电阻升高等缺点。另外，采用本发明方法的热预算较低，也可以进一步提升半导体器件的性能。

深加工数据评测记录单（CP_TI）	
案例编号	CP_TI-6
评测领域	化学
申请号	200710170911
发明名称	淀积含碳的薄膜用于形成掺杂区域间隔层的方法
原始 IPC	H01L21/314、H01L21/318、H01L21/316
评测数据库	CPRSABS/CNABS
检索过程	
CPRSABS 数据库	1. CPRSABS 7（（间隔 or 隔离 or 氧化硅 or 氮化硅）and 碳 and（沉积 or 淀积））/TI
CNABS 数据库	1. CNABS 29（（间隔 or 隔离 or 氧化硅 or 氮化硅）and 碳 and（沉积 or 淀积））/cp_TI

检索结果		
XY 文件	CPRSABS 数据库	CN200410090926
	未检索到的	CN200710306176
	CNABS 数据库	CN200710306176、CN200410090926
	未检索到的	无

检索性分析

本申请涉及淀积含碳的薄膜用于形成掺杂区域间隔层的处理方法。在深加工数据中检出 XY 类文献 CN200710306176，而在 CPRSABS 数据库的原始数据中未检出。这是由于在深加工数据中改写的名称为"用于沉积耐蚀刻性含碳氧化硅膜或含碳氮化硅膜的方法和低压化学气相沉积方法"，而原始名称为"用来改变氧化硅和氮化硅膜的介电性能的有机硅烷化合物"，深加工数据中的发明名称相比原始发明名称，添加了限定特征"碳"而被检索到，在专利深加工过程中通过在名称中添加限定特征增强了数据检索性。

3. 评测结论

深加工名称增加了体现技术改进的技术特征等信息，使得用户在利用专利文献的标题进行检索时，能够检索到更多有用的信息，提高标题的检索效率，并使单独利用专利标题进行有效检索成为了可能。

（二）CP_AB（深加工摘要）的评测

1.深加工摘要加工的特点

深加工摘要包括通用类目和特殊类目。深加工摘要（CP_AB）字段下面又细分了 EFFECT 字段、TECH 字段、USE 字段、MDAC 字段、MDEF 字段、MDDE 字段、ATTACH 字段。CP_AB 字段评测后，EFFECT 字段、TECH 字段、USE 字段及特殊类目字段接着会分别进行评测。

摘要类目的用词规范、准确。采用本领域通用、规范化的技术术语，将较为晦涩的表达修改为通顺的语句，将过长的语句拆分为易于技术理解的短句。

2.评测案例

案例 1（申请号 02127239）

【权利要求】

权利要求 1：

一种自行车辅助动力装置，它包括动力结构；其特征在于所述的动力结构具有藉链条连接并驱动第二链盘的驱动链轮；第二链盘系装置于自行车与前链盘固定连接的转轴上；于第二链盘中心与转轴之间设有使第二链盘只能够单向带动转轴转动的单向棘轮结构。

【案情简介】

针对现有技术中自行车动力辅助装置由于电动机与前链盘之间以锥齿轮传动，使得自行车的前链盘必须重新设计，且前车架也必须变更，导致动力辅助自行车的传动机构的结构变得极为复杂，且无法与现有自行车兼容，自行车动力辅助装置无法安装在现有自行车上的问题；提供一种自行车辅助动力装置，能够配合自行车车架形状，无需修改现有自行车的传动机构，即可直接安装在现有自行车的任何位置上。

深加工数据评测记录单（CP_AB）	
案例编号	CP_AB -1
评测领域	机械
申请号	02127239
发明名称	自行车辅助动力装置

续表

深加工数据评测记录单（CP_AB）	
原始 IPC	B62M23/02
评测数据库	CPRSABS/CNABS

检索过程	
CPRSABS 数据库	1. CPRSABS 75（自行车 and（助力 or 驱动装置 or 驱动机构 or 动力）and 链轮）/ab and B62M23/02/ic
CNABS 数据库	1. CNABS 107（自行车 and（助力 or 驱动装置 or 驱动机构 or 动力）and 链轮）/cp_ab and B62M23/02/ic

检索结果		
XY 文件	CPRSABS 数据库	无
	未检索到的	CN96202782、CN99200769
	CNABS 数据库	CN96202782、CN99200769
	未检索到的	无

检索性分析

分析这两篇在 CPRSABS 中未命中的文献：

对于 CN96202782，主要在于改写后的深加工摘要将原摘要中的"节力自行车"改写为"助力自行车"，落入了检索式中的"助力"中，由此检索到该文献。由于深加工数据加工人员是本领域专业技术人员，熟悉该领域通常不使用"节力自行车"作为常用表达方式，因此将该词汇修改为本领域常用表达方式"助力自行车"，由此增加了文献检索命中率。

对于 CN99200769，主要在于改写后的摘要发明点的一处中出现了原摘要中没有的"自行车"一词，由此检索到该文献。

案例 2（申请号 03806591）

【权利要求】

权利要求 1：一种半导体工艺设备部件，包括至少一个包含陶瓷材料的部分，该部分包括该部件的最外表面，并且这种陶瓷材料包括选自氮化铪、硼化铪、碳化铪、氟化铪、氧化锶、氮化锶、硼化锶、碳化锶、氟化锶、氧化镧、氮化镧、硼化镧、碳化镧、氟化镧、氧化镝、氮化镝、硼化镝、碳化镝和氟化镝中的材料作该陶瓷材料的单一最大组分。

【案情简介】

针对现有技术中由于在反应器中等离子体环境的侵蚀和腐蚀的本性，需要使颗粒和 / 或金属的污染最小化，而现有的用铝基材料制成的部件，在等离子体中产生的高离子轰击会对这些材料产生侵蚀和腐蚀，造成难以令人满意的污染的问题。本申请提供一种半导体工艺设备的部件，能够针对等离子体工艺环境中的侵蚀、腐蚀和／或侵腐蚀提供很好的抗磨损性，可以提供低的金属和微粒污染，提高设备部件的使用寿命，减小设备的停机时间。

深加工数据评测记录单（CP_AB）		
案例编号	CP_AB –2	
评测领域	化学	
申请号	03806591	
发明名称	用于半导体工艺设备中的低污染部件及其制造方法	
原始 IPC	C23C16/44、C23C14/56、H01J37/32、C23C4/10	
评测数据库	CPRSABS/CNABS	
检索过程		
CPRSABS 数据库	1. CPRSABS 2093（半导体 and 陶瓷）/AB 2. CPRSABS 106980（涂层 or 涂膜）/AB 3. CPRSABS 53 1 and 2	
CNABS 数据库	1. CNABS 2787（半导体 and 陶瓷）/CP_AB 2. CNABS 79411（涂层 or 涂膜）/CP_AB 3. CNABS 138 1 and 2	
检索结果		
XY 文件	CPRSABS 数据库	无
	未检索到的	CN97122123、CN98813209
	CNABS 数据库	CN97122123、CN98813209
	未检索到的	无
检索性分析		

　　通过对检索结果进行分析可知，在 CPRSABS 数据库中没有检索到 CN97122123，是由于该对比文件的原始摘要中没有出现"半导体 and 陶瓷"这一技术概念。而在 CNABS 数据库中，该对比文件的深加工数据在 CP_AB 字段中标引了权利要求 4 中的技术概念"氧化物陶瓷"（具体为在技术方案 TECH 字段中标引），以及说明书中的技术概念"用于半导体基片"（具体为在用途字段 USE 中标引），因此通过深加工数据能够检索到该对比文件。在 CPRSABS 数据库中没有检索到 CN98813209，是由于该对比文件的原始摘要没有体现"半导体"这一技术概念，而在 CNABS 数据库的深加工数据中，在深加工摘要的用途信息中标引了"半导体"信息。

案例 3（申请号 200510031950）

【权利要求】

权利要求 1：一种以锰矿石直接制备四氧化三锰的方法，用锰矿石加还原剂经硫酸浸出制得硫酸锰溶液，用包含化学除杂的净化方法对制得的硫酸锰溶液进行净化，其特征为：提纯后的硫酸锰溶液喷入密封的反应罐中，同时向密封反应罐中释放氨气，反应后得到沉淀的含锰混合物；含锰混合物经酸洗、干燥后进行焙烧得到四氧化三锰。

【案情简介】

本发明为一种以锰矿石直接制备四氧化三锰的方法。用锰矿石加还原剂经硫酸浸出制得硫酸锰溶液，用包含化学除杂的净化方法对制得的硫酸锰溶液进行净化，提纯后的硫酸锰溶液喷入密封的反应罐中，同时向密封反应罐中释放氨气，并鼓入空气，反应后得到沉淀的含锰混合物；含锰混合物经酸洗、干燥后进行焙烧得到四氧化三锰。降低四氧化三锰的生产成本，工艺简单，投资少，并且通过独特的进一步的净化工序，提高了硫酸锰溶液的纯度，进而提高了四氧化三锰的品质。

深加工数据评测记录单（CP_AB）		
案例编号	CP_AB –3	
评测领域	化学	
申请号	200510031950	
发明名称	锰矿石直接制备四氧化三锰的方法	
原始 IPC	C01G45/02	
评测数据库	CPRSABS/CNABS	
检索过程		
CPRSABS 数据库	1. CPRSABS 3 C01G45/02/IC and 软磁铁氧体 /AB	
CNABS 数据库	2. CNABS 13 C01G45/02/IC and 软磁铁氧体 /CP_AB	
检索结果		
XY 文件	CPRSABS 数据库	无
	未检索到的	CN200410012578
	CNABS 数据库	CN200410012578
	未检索到的	无

续表

检索性分析

　　本申请是一种制备四氧化三锰的方法，四氧化三锰具有特定的用途用于生产软磁铁氧体。在 CNABS 数据库中使用分类号＋关键词的检索策略，检索到 13 篇对比文件，命中 X 类对比文件 CN200410012578。利用同样的检索式在 CPRSABS 数据库中检索，未检索到对比文件 CN200410012578。这是由于在 CNABS 数据库中，AB 字段包括 CP_AB（深加工摘要），深加工摘要在改写时将特定用途"四氧化三锰用作生产软磁铁氧体的原料"体现在深加工摘要中，因此在检索时命中了该文件，而 CPRSABS 中的摘要信息未体现"软磁铁氧体"的内容。

案例 4（申请号 200610114502）

【权利要求】

权利要求 1：一种治疗炎症的药物，其特征在于该药物处方中含有大黄、黄连、黄柏、黄芩、白及、白蔹、乳香、八角枫、地榆九味中药材。

【案情简介】

　　本发明涉及一种治疗炎症的药物及其制备方法，其特征在于该药物采用渗漉提取法得到主药，加入药剂学上可以接受的药用辅料，用常规制药工艺制备成制剂。本发明药物质量稳定，环境污染小，适于大工业生产。药理试验表明，本发明药物具有显著的消炎、消肿作用，治疗绿脓杆菌感染后的炎症以及治疗烧伤、烫伤伤口的炎症效果尤其显著。

深加工数据评测记录单（CP_AB）	
案例编号	CP_AB –4
评测领域	医药
申请号	200610114502
发明名称	一种治疗炎症的药物及其制备方法
原始 IPC	A61K36/898、A61K9/00、A61P17/02、A61K35/56、A61P31/00、A61K33/06、A61P29/00
评测数据库	CPRSABS/CNABS
检索过程	
CPRSABS 数据库	1.CPRSABS 2（大黄 or 川军）and（黄连 or 王连 or 川连）and（黄柏 or 黄檗）and 黄芩 and（白及 or 白芨）and（白蔹 or 白敛）and 乳香 and 八角枫 and 地榆
CNABS 数据库	1.CNABS 2 /CP_AB（大黄 or 川军）and（黄连 or 王连 or 川连）and（黄柏 or 黄檗）and 黄芩 and（白及 or 白芨）and（白蔹 or 白敛）and 乳香 and 八角枫 and 地榆

续表

	检索结果	
	CPRSABS 数据库	无
XY 文件	未检索到的	CN94111788
	CNABS 数据库	CN94111788
	未检索到的	无

检索性分析

采用相同的检索式，在 CPRSABS 未检索到 X 类文件文献，而在 CNABS 数据库检索到了 X 类文件 CN94111788。通过对 CN94111788 的分析得到：八角枫和地榆两味中药出现在从属权利要求中，故在原始摘要和关键词中没有体现，所以在 CPRSABS 数据库中检索不到。而在 CNABS 数据库的深加工数据中，深加工数据加工人员将优选的方案体现在了深加工摘要中，从而检索到对比文件。

案例 5（申请号 200510045731）

【权利要求】

权利要求 1：以网络为基础的信息检索系统，其特征在于：具备登录网站的 URL、显示上述网站所包含信息种类的网络资源标识、显示上述网站是否可以连接的状态标记及包含设定上述状态标记确认日期的数据库、按照所定时间间隔更新关于在上述数据库登录的网站信息的检索信息更新部；它依照连接于上述信息检索系统的使用者的要求，提供检索信息的检索信息输出部；并提供有关包含使用者所输入关键词的网站信息及相应网站是否可连接。

【案情简介】

针对现有的检索系统提供给使用者的检索结果中的一部分，实际上是在检索阶段就无效或者是使用者无法连接的，而且使用者只有直接连接所显示的网页或网站，一一确认该网页或网站提供的内容，才能获知该网站是否包含使用者所需的信息，导致使用者浪费时间，而且无法快捷准确地寻找所需信息的问题。本申请提供一种信息检索系统，可以防止使用者为了尝试连接不可能连接的网站而浪费时间，并且向使用者提供更加正确的检索信息。

深加工数据评测记录单（CP_AB）

案例编号	CP_AB -5
评测领域	电学

续表

深加工数据评测记录单（CP_AB）

申请号	200510045731
发明名称	以网络为基础的信息检索系统及其方法
原始 IPC	G06F17/30、G06F17/60
评测数据库	CPRSABS/CNABS

检索过程

CPRSABS 数据库	1. CPRSABS 36417 网站 or 网页 or web 2. CPRSABS 971817 状态 or 标记 or 标志 3. CPRSABS 1376754 日期 or 时间 or 间隔 4. CPRSABS 130004 检索 or 搜索 or 查询 5. CPRSABS 292 1 and 2 and 3 and 4 6. CPRSABS 32167 /ab 网站 or 网页 or web 7. CPRSABS 800082 /ab 状态 or 标记 or 标志 8. CPRSABS 1124786 /ab 日期 or 时间 or 间隔 9. CPRSABS 105790 /ab 检索 or 搜索 or 查询 10. CPRSABS 59 6 and 7 and 8 and 9
CNABS 数据库	1. CNABS 111686 网站 or 网页 or web 2. CNABS 1476670 状态 or 标记 or 标志 3. CNABS 2577042 日期 or 时间 or 间隔 4. CNABS 235045 检索 or 搜索 or 查询 5. CNABS 2923 1 and 2 and 3 and 4 6. CNABS 91270 /ab 网站 or 网页 or web 7. CNABS 864485 /ab 状态 or 标记 or 标志 8. CNABS 1474742 /ab 日期 or 时间 or 间隔 9. CNABS 127675 /ab 检索 or 搜索 or 查询 10. CNABS 185 6 and 7 and 8 and 9 11. CNABS 29172 /CP_AB 网站 or 网页 or web 12. CNABS 444575 /CP_AB 状态 or 标记 or 标志 13. CNABS 767169 /CP_AB 日期 or 时间 or 间隔 14. CNABS 86387 /CP_AB 检索 or 搜索 or 查询 15. CNABS 74 11 and 12 and 13 and 14

检索结果

XY 文件	CPRSABS 数据库	无
	未检索到的	CN200310120276

续表

	检索结果	
XY 文件	CNABS 数据库	CN200310120276
	未检索到的	无
检索性分析		

在 CPRSABS 数据库中，CN200310120276 采用原始摘要，其核心词汇"搜索"采用"搜寻"表示。由于该关键词不常用，在检索时，检索人员可能会对"搜索"这一词汇的同义词扩展有限，导致漏检。而 CNABS 数据库中，该文献经深加工改写后的摘要，将"搜寻"规范为"搜索"，进而命中该 X 类文件，避免不规范词汇导致的漏检。

案例 6（申请号 201310011516）

【权利要求】

权利要求 1：一种银行卡复合用粘合剂，其特征在于，该粘合剂由主剂和固化剂按 20：1 的质量比组成，其中：所述主剂为含有聚酯多元醇的乙酸乙酯溶液，其 25℃下旋转黏度为 300 ～ 500mPa·s、固含量为 30% ～ 40%；所述主剂中的聚酯多元醇是以对苯二甲酸、癸二酸和 1，2 - 丙二醇和乙二醇为原料，以辛酸亚锡或钛酸四正丁酯为催化剂，以亚磷酸三苯酯为抗氧化剂，各组分经一次酯化、缩聚反应后制成的聚酯多元醇；所述聚酯多元醇具体由以下步骤制得：各组份用量按质量比为：对苯二甲酸 11 ～ 22、癸二酸 6 ～ 12、1，2 - 丙二醇 6 ～ 11、乙二醇 2 ～ 6、辛酸亚锡或钛酸四正丁酯 0.003 ～ 0.008、亚磷酸三苯酯 0.006 ～ 0.016；一次酯化：将辛酸亚锡或钛酸四正丁酯中的任一种与对苯二甲酸、癸二酸、1，2 - 丙二醇、乙二醇和亚磷酸三苯酯加入到聚酯合成釜中，升温至 210 ～ 230℃，反应 2 ～ 3 小时，完成一次酯化，一次酯化后产物的酸值 ≤ 15mg$_{(KOH)}$/g；缩聚反应：一次酯化完成后，对所述聚酯合成釜内抽真空，按 -0.02MPa、-0.04MPa、-0.06MPa、-0.08MPa 依次各预抽 1 小时，釜温控制在 245 ～ 255℃，之后进行长抽真空操作，真空度达到 -0.1MPa，长抽时间为 6 ～ 8 小时，长抽真空后所述聚酯合成釜的馏出醇占原料总质量的 3% ～ 8%，出料得到羟值为 8 ～ 15mg$_{(KOH)}$/g，酸值 ≤ 2mg$_{(KOH)}$/g 的最终产物即为聚酯多元醇；所述固化剂为含有异氰酸酯预聚物的乙酸乙酯溶液，其 25℃下旋转黏度为 4000 ～ 6000mPa·s、固含量为 70% ～ 80%。

【案情简介】

本发明涉及一种银行卡复合用粘合剂及其制备方法，该粘合剂由主剂和固化剂构成；其中主剂是由对苯二甲酸、癸二酸、1,2-丙二醇、乙二醇、乙酸乙酯制成的含有聚酯多元醇的乙酸乙酯溶液；固化剂是由异氰酸酯、低分子多元醇、乙酸乙酯合成的含有异氰酸酯预聚物的乙酸乙酯溶液。主剂和固化剂按一定的比例混合后可直接用于普通的干式复合机进行银行卡等证卡材料的快速复合。由熟化后的产品制成的银行卡外观、剥离强度均能够达到了 ISO/IEC7810:2003 国际标准的要求，复合速度能够达到 30～40m/min，在很大程度上提高了制卡效率。

深加工数据评测记录单（CP_AB）	
案例编号	CP_AB-6
评测领域	化学
申请号	201310011516
发明名称	银行卡复合用粘合剂及其制备方法
原始 IPC	C09J175/06、C08G18/66、C08G63/78、C08G18/10、C08G63/183、C08G18/42
评测数据库	CPRSABS/CNABS
检索过程	
CPRSABS 数据库	1. CPRSABS 0（聚氨酯 and 对苯二甲酸 and 聚酯 and 癸二酸 and 乙二醇）/ab
CNABS 数据库	1. CNABS 9（聚氨酯 and 对苯二甲酸 and 聚酯 and 癸二酸 and 乙二醇）/cp_ab

检索结果		
XY 文件	CPRSABS 数据库	无
	未检索到的	CN200410099314、CN200710055908
	CNABS 数据库	CN200410099314、CN200710055908
	未检索到的	无

检索性分析

从上述检索结果看，CN200710055908 的原始名称及技术方案中写的是"聚胺酯"，其为错别字，因此用技术词汇"聚氨酯"是检索不到的。而数据深加工数据中，将带错别字的技术词汇"聚胺酯"改为了正确技术词汇"聚氨酯"，因此可以命中。CN200410099314 的独权 1 和摘要中未出现癸二酸和乙二醇的信息，而在深加工数据的摘要中写入了癸二酸和乙二醇的信息。

案例 7（申请号 200610054170）

【权利要求】

权利要求 1：具有多微孔燃烧体的全预混高强度燃气燃烧器，它有一个预混室（1），预混室（1）的进口端设有燃气进口（2）和空气进口（3），燃气进口（2）接燃气输送管，空气进口（3）接鼓风机；其特征在于：在预混室（1）的出口端是一个多微孔燃烧体（4）。

【案情简介】

本发明涉及一种具有多微孔燃烧体的全预混高强度燃气燃烧器，它有一个预混室，在预混室的出口端是一个多微孔燃烧体，多微孔燃烧体采用耐高温、抗腐蚀材料。另外，在预混室的气道内设有扰流器，在燃烧器内设有温度、火焰检测器。本燃烧器采用了无喷嘴、全预混燃烧结构，可提高燃烧器的燃烧效率，降低燃烧器成本，实现大流量热水器的小型化，增加产品的通用性。

深加工数据评测记录单（CP_AB）	
案例编号	CP_AB –7
评测领域	机械
申请号	200610054170
发明名称	具有多微孔燃烧体的全预混高强度燃气燃烧器
原始 IPC	F23D14/02
评测数据库	CPRSABS/CNABS

检索过程	
CPRSABS 数据库	1. CPRSABS 3703 F23D14/02/IC
	2. CPRSABS 2378（扰流器 or 扰流板 or 扰流片）/AB
	3. CPRSABS 14 1 and 2
CNABS 数据库	1. CNABS 4161 F23D14/02/IC
	2. CNABS 945（扰流器 or 扰流板 or 扰流片）/ CP_AB
	3. CNABS 14 1 and 2

检索结果		
XY 文件	CPRSABS 数据库	无
	未检索到的	CN200420061954
	CNABS 数据库	CN200420061954
	未检索到的	无

检索性分析
本申请权利要求 3 中，发明点在于预混室内设有扰流器，根据该特征确定检索式，在 CNABS 中检索，得到对比文件 CN200420061954，利用同样的检索式在 CPRSABS 数据库中检索，未检索到对比文件 CN200420061954。 通过分析发现，对比文件 CN200420061954 的说明书全文并未出现 "扰流器" "扰流板" 或 "扰流片" 的描述，而是使用了不规范的描述 "绕流器"，在 CNABS 数据库中，深加工数据将该不规范的词汇 "绕流器" 更正为 "扰流器"，同时在深加工摘要中增加了对检索有用的信息 "扰流器由交错设置的扰流片组成"，从而在深加工数据中命中了该对比文件。

3. 评测结论

深加工摘要是数据加工人员在阅读说明书全文的基础上，将原始专利文献一段式的摘要改写成更清晰的结构化摘要，并将隐藏在专利说明书中的重要技术信息提取到深加工摘要中，提高了摘要数据质量，进而提高了检索效率和准确性。此外，深加工摘要通过这种结构化的改写，使用户在阅读深加工数据的技术方案时非常便于阅读和理解，使摘要具有更好的浏览性。

（三）EFFECT（有益效果）的评测

1. 有益效果加工的特点

CNABS 数据库中的 EFFECT 字段对应于专利数据深加工的 "要解决的技术问题和有益效果" 类目。

"要解决的技术问题和有益效果" 类目准确、清楚地描述了发明或实用新型所要解决的现有技术的技术问题及其所要达到的有益效果。数据深加工过程中，会突出重点的实质性内容。

2. 评测案例

案例 1（申请号 200810082784）

【权利要求】

权利要求 1：一种管理与用户有关的数字身份的方法，包括：获得实体的身份政策；从数字身份中识别至少一个相关的数字身份，至少一个相关数字身份的每个包括身份政策所需的信息；获得至少一个相关数字身份的所选数字身份；以及提供符合实体的身份政策的所选数字身份的表示法。

【案情简介】

针对现有技术中跨网站的数字身份系统使得用户需要保持以不同格式表现

并与不同标准兼容的许多数字身份，导致用户会避开更安全的数字身份形式，而认同传统的用户名/密码身份的问题。本申请提供一种通过单一界面管理数字身份的方法和设备，能够利用单一的界面为用户管理不同格式的数字身份。

深加工数据评测记录单（EFFECT）	
案例编号	EFFECT -1
评测领域	电学
申请号	200810082784
发明名称	通过单一界面管理数字身份的方法和设备
原始 IPC	H04L9/32
评测数据库	CPRSABS/CNABS
检索过程	
CPRSABS 数据库	1. CPRSABS 1558 自动 s 认证 2. CPRSABS 437465 识别 or ID or 标识 or 身份 3. CPRSABS 1165091 PD<=20080319 4. CPRSABS 105 1 and 2 and 3
CNABS 数据库	1. CNABS 381 /effect 自动 s 认证 2. CNABS 736259 识别 or ID or 标识 or 身份 3. CNABS 2937263 PD<=20080319 4. CNABS 44 1 and 2 and 3

检索结果		
XY 文件	CPRSABS 数据库	无
	未检索到的	CN200610077636
	CNABS 数据库	CN200610077636
	未检索到的	无

检索性分析

本申请的权利要求及说明书摘要描述的技术方案都比较上位，使用技术特征类关键词进行检索得到的文献量很多，噪声很大。通过说明书背景技术和实施例可知，本申请能够自动选择数字身份，简化用户的操作，具有自动认证的效果。因此采用效果类关键词"自动 s 认证"在 CNABS 数据库中的 EFFECT 字段进行检索，并结合技术特征类关键词"识别 or ID or 标识 or 身份"，可以得到 44 篇文献，通过快速浏览能较快地找到对比文件 CN200610077636。

利用同样的检索式在 CPRSABS 数据库中进行检索，检索结果为 105 篇，且未检索到对比文件 CN200610077636。通过分析发现，在 CNABS 数据库中能检索到该篇对比文献是因为深加工数据对摘要进行了改写，在 EFFECT 字段中体现了原始摘要所未体现的效果信息。

3. 评测结论

有益效果字段清楚、全面地体现了一项专利解决现有技术中存在的问题以及带来的直接的实质性的技术效果，用户在构建检索式时，如果涉及效果、功能性检索要素时，可优先在问题和效果字段中进行检索，降低检索噪声。

（四）TECH（技术方案）的评测

1. 技术方案加工的特点

CNABS 数据库中的 TECH 字段对应于专利数据深加工的"技术方案"类目。

技术方案是准确、清楚地描述发明或者实用新型解决其技术问题所采取的技术手段的集合。技术方案类目采用结构化标引，分为"发明点""核心方案"和"其他技术方案中的发明信息"三个部分。

2. 评测案例

案例 1（申请号 200910002799）

【权利要求】

权利要求 1：一种半导体发光元件，其特征在于：具备半导体层；形成于所述半导体层上且形成有开口部的绝缘膜；形成于所述绝缘膜上的多层密合层；以及以在所述开口部与所述半导体层接触，还与所述多层密合层接触的方式形成的 Pd 电极，其中，所述多层密合层具有 Au 层作为最上层，在所述 Au 层与所述 Pd 电极的界面上形成有所述 Au 层的 Au 和所述 Pd 电极的 Pd 的合金。

【案情简介】

针对现有的半导体发光元件存在的使 Pd 电极和绝缘膜密合的力依然较弱，导致 Pd 电极部分剥落的问题，提供一种半导体发光元件及其制造方法，该半导体发光元件能够更牢固地密合 Pd 电极和绝缘膜，从而回避电极剥落的问题，并且通过使 Pd 电极的作为低电阻欧姆电极的特性提高，从而实现激光装置的高功率化和低工作电流化。

深加工数据评测记录单（TECH）	
案例编号	TECH −1
评测领域	电学
申请号	200910002799

续表

<table>
<tr><th colspan="2">深加工数据评测记录单（TECH）</th></tr>
<tr><td>发明名称</td><td>半导体发光元件及其制造方法</td></tr>
<tr><td>原始 IPC</td><td>H01L33/00</td></tr>
<tr><td>评测数据库</td><td>CPRSABS/CNABS</td></tr>
<tr><td colspan="2">检索过程</td></tr>
<tr><td rowspan="5">CPRSABS
数据库</td><td>1. CPRSABS 135610（发光元件 or 二极管 or 发光器件）/AB</td></tr>
<tr><td>2. CPRSABS 93126（密合 or 接合）/AB</td></tr>
<tr><td>3. CPRSABS 275825（电极 or 铂）/AB</td></tr>
<tr><td>4. CPRSABS 1369768 PD<=20090122</td></tr>
<tr><td>5. CPRSABS 69 1 and 2 and 3 and 4</td></tr>
<tr><td rowspan="5">CNABS
数据库</td><td>1. CNABS 102464（发光元件 or 二极管 or 发光器件）/TECH</td></tr>
<tr><td>2. CNABS 69017（密合 or 接合）/TECH</td></tr>
<tr><td>3. CNABS 187851（电极 or 铂）/TECH</td></tr>
<tr><td>4. CNABS 3407795 PD<=20090122</td></tr>
<tr><td>5. CNABS 96 1 and 2 and 3 and 4</td></tr>
<tr><td colspan="2">检索结果</td></tr>
</table>

<table>
<tr><td rowspan="4">XY 文件</td><td>CPRSABS 数据库</td><td>无</td></tr>
<tr><td>未检索到的</td><td>CN200410005806</td></tr>
<tr><td>CNABS 数据库</td><td>CN200410005806</td></tr>
<tr><td>未检索到的</td><td>无</td></tr>
</table>

检索性分析

　　本申请利用 CNABS 数据库中的技术方案 TECH 字段进行检索，检索到了 X 类对比文件。通过对检索结果的分析可知，由于该对比文件在进行数据深加工时，在核心方案中对技术主题"氮化物半导体元件"进行了下位技术概念的描述"如半导体激光二极管或发光二极管"，因此在使用 TECH 字段检索时，可以通过"二极管"检索到该对比文件。而在CPRSABS 中使用摘要字段 AB 进行检索时，由于原始摘要中没有体现"二极管"这一技术概念，因此无法检索到该对比文件。可见，在专利数据深加工过程中通过对较为上位的技术信息加以解释增强了数据的检索性。

案例 2（申请号 200610143448）

【权利要求】

　　权利要求 1：一种氯霉素软胶囊，其特征在于：其中包括：A、含量为 50 ～ 500mg 的氯霉素；B、含量为 25 ～ 1000mg 的基质；C、含量为 5 ～ 50mg 稳定剂；所述基质为聚乙二醇 400 或聚乙二醇 600 或 1, 2 - 丙二醇；稳定剂为甘油。

【案情简介】

本发明涉及一种氯霉素软胶囊及其制备方法，其中包括：含量为 50 ～ 500mg 的氯霉素；含量为 25 ～ 1000mg 的基质；含量为 5 ～ 50mg 稳定剂。所述基质为聚乙二醇 400 或聚乙二醇 600 或 1, 2 - 丙二醇；稳定剂为甘油。该含有氯霉素的软胶囊可以增强氯霉素的有益效果，且具有口感好、起效快、生物利用度高等优点。其制备方法简单，可设计各种形状、颜色、大小，有利于消费者辨别；分剂量准确、密封性好、稳定性高、携带存储方便。

深加工数据评测记录单（TECH）	
案例编号	TECH -2
评测领域	医药
申请号	200610143448
发明名称	一种氯霉素软胶囊及其制备方法
原始 IPC	A61K9/48、A61P31/04、A61K31/165
评测数据库	CPRSABS/CNABS
检索过程	
CPRSABS 数据库	1. CPRSABS 953 氯霉素 or 绿霉素 or 氯胺苯醇 or 左霉素 2. CPRSABS 9954（聚乙二醇 or 丙二醇）and（甘油 or 丙三醇） 3. CPRSABS 4826 软胶囊 4. CPRSABS 2 1 and 2 and 3
CNABS 数据库	1. CNABS 2300 氯霉素 or 绿霉素 or 氯胺苯醇 or 左霉素 2. CNABS 44414（聚乙二醇 or 丙二醇）and（甘油 or 丙三醇） 3. CNABS 3120 软胶囊 /CP_KW 4. CNABS 4275 软胶囊 /TECH 5. CNABS 3 1 and 2 and 3 6. CNABS 3 1 and 2 and 4

检索结果		
XY 文件	CPRSABS 数据库	无
	未检索到的	CN200410010643
	CNABS 数据库	CN200410010643
	未检索到的	无

续表

检索性分析

　　通过对 X 类文献分析得出：原始摘要和权利要求中都是描述一种治疗细菌性阴道炎的药物及制备方法，包括药物组成，及药物与辅料混合用溶胶罐熬胶，用压丸机压丸制备剂型的方法。从全文来看，该药物实际上就是一种软胶囊。因为原始摘要和权利要求中没有出现"软胶囊"的关键词，而导致使用 CPRSABS 数据库时漏检。而在 CNABS 数据库，因为深加工数据中，深加工数据标引人员直接标引为"治疗细菌性阴道炎的外用软胶囊"，明确其剂型，因而在检索时可以检索到 X 类文献。

3. 评测结论

　　如果专利文献（尤其是 PCT 专利申请）涉及的技术概念比较上位时，深加工数据技术方案会对说明书内容中涉及的下位概念进行补充描述，提高了数据质量。

（五）USE（用途）的评测

1. 用途加工的特点

CNABS 数据库中的 USE 字段对应于专利数据深加工的"用途"类目。

　　用途是发明或实用新型公开的技术方案在不同领域的实际应用，用途类目提取了说明书中明确公开的技术主题的用途信息。

2. 评测案例

案例 1（申请号 200810184235）

【权利要求】

权利要求 1：一种液化气气化方法，其特征在于，从液化气填充容器的气相部以气态向消耗设备供应液化气，在该填充容器中液相和气相气体共存，通过喷嘴往位于喷嘴和填充容器的底部之间的窄部分并往以与前述填充容器的底部和外周接触的方式设置的开放空间部循环供应温度受控的热媒，并且在前述液化气被以气态供应的状态下或者在供气停止的状态下，通过控制添加到加热部的热量，调整前述填充容器内的气相压力从而使其高于在前述热媒的受控温度下前述液化气的饱和蒸气压，该加热部安装于在前述开放空间部的底部邻近的空间内安装的热媒导入管的内部。

【案情简介】

　　本发明涉及具有高能量效率和优越功能的向气体消耗设备稳定地供应气态液化气的用于液化气的气化方法，具有：温度控制和循环供应热媒的热媒供应部；以与填充容器的底部和外周接触的方式设置的开放空间；安装在热媒导入管内部的加热部，该热媒导入管安装在开放空间的与底部邻近的开放空间或所述开放空间内以及控制这些部的控制部，并且同时，在前述液化气被以气态供应的状态下或者在供气停止的状态下，在所述控制部控制热媒供应部处热媒的控制温度和供应流量以及向加热部添加的热量，并且调整填充容器中的气相压力从而使其高于在热媒控制温度下液化气的饱和蒸气压。

深加工数据评测记录单（USE）		
案例编号	USE –1	
评测领域	机械	
申请号	200810184235	
发明名称	一种液化气气化方法	
原始 IPC	F17C7/04	
评测数据库	CNABS	
检索过程		
CNABS 数据库（BI 字段）	1. CNABS 1884 F17C7/04/IC 2. CNABS 1312647 加热 or 热媒 or 传热 or 热量 or 导热 3. CNABS 895 1 and 2	
CNABS 数据库（深加工字段）	1. CNABS 1884 F17C7/04/IC 2. CNABS 46186 半导体 /USE 3. CNABS 19 1 and 2	
检索结果		
XY 文件	CNABS 数据库（BI 字段）	CN03100521
	未检索到的	无
	CNABS 数据库（深加工字段）	CN03100521
	未检索到的	无
检索性分析		

　　本申请的分类号为 F17C7/04，其能准确地反映发明的技术主题，通过结合关键词在 CNABS 中进行检索，检索结果文献量很大，虽然其中存在 X 类对比文件 CN03100521，但巨大的文献浏览量耗费大量时间，检索效率低。

　　通过阅读说明书背景技术及发明内容可以发现，本申请的液化气气化方法是应用于半导体制造加工领域的，因此以用途信息"半导体"限定在 USE 字段中，同时结合分类号进行检索，可以发现检索结果仅为 19 篇，其中就包括 X 类对比文件 CN03100521，有效缩小了检索范围，检索效率大幅提高。

3. 评测结论

用途字段提取了专利文献中披露的该项专利的应用信息，用户在检索要素涉及用途信息时，可在用途字段中进行检索，提高检索的精准性。

（六）特殊类目的评测

1. 特殊类目加工的特点

对于医药、化学、生物及农业等特殊技术领域，在通用类目的基础上还包括特殊类目，特殊类目包括"活性""作用机制""给药"类目。

CNABS 数据库中的 MDAC 字段对应于专利数据深加工的"活性"类目，MDEF 字段对应于"作用机制"类目，MDDE 字段对应于"给药"类目。

用户在检索要素涉及活性、作用机制、给药信息时，可优先在相对应的 MDAC 字段、MDEF 字段、MDDE 字段中进行检索，若未获得理想检索结果，再扩展到 CP_AB 字段进行检索。

2. 评测案例

案例 1（申请号 200710138946）

【权利要求】

权利要求 1：一种治疗化脓性中耳炎的外用药物及制备方法，其特征在于该药物是由下述质量比的原料制成的：明矾 5 ～ 6g，冰片 2 ～ 3g，鲜猪胆汁 3 ～ 4g。

【案情简介】

一种治疗化脓性中耳炎的外用药物及制备方法，涉及治疗化脓性中耳炎的中草药配方，其药物是由明矾、冰片、鲜猪胆汁制成。本发明的特点是取材容易、制备方便、费用低廉、见效快。

深加工数据评测记录单（特殊类目）	
案例编号	特殊类目 – 1
评测领域	医药
申请号	200710138946
发明名称	一种治疗化脓性中耳炎的外用药物及制备方法
原始 IPC	A61K35/413、A61K33/06、A61K31/045、A61P27/16
评测数据库	CNABS

检索过程	
CNABS 数据库（BI 字段）	1. CNABS 33（明矾 or 白矾 or 枯矾）and（冰片 or 龙脑 or 梅片 or 梅冰 or 艾片）and 猪胆 2. CNABS 110 A61K35/413/IC and（明矾 or 白矾 or 枯矾）and（冰片 or 龙脑 or 梅片 or 梅冰 or 艾片） 3. CNABS 114 1 or 2 4. CNABS 17 3 and A61P27/16/IC
CNABS 数据库（深加工字段）	1. CNABS 33（明矾 or 白矾 or 枯矾）and（冰片 or 龙脑 or 梅片 or 梅冰 or 艾片）and 猪胆 2. CNABS 110 A61K35/413/IC and（明矾 or 白矾 or 枯矾）and（冰片 or 龙脑 or 梅片 or 梅冰 or 艾片） 3. CNABS 114 1 or 2 4. CNABS 5 3 and 外用 /MDAC

检索结果		
XY 文件	CNABS 数据库（BI 字段）	CN03111056
	未检索到的	无
	CNABS 数据库（深加工字段）	CN03111056
	未检索到的	无

检索性分析
通过常规 BI 字段和深加工给药字段检索，都可以检到 X 类文献，但是 BI 字段需要浏览 17 篇文献，而通过深加工给药字段的筛选，只需要浏览 5 篇文献即可找到对比文献，可见深加工特殊字段可减少浏览工作量，提高检索效率。

3. 评测结论

用户在检索要素涉及活性、作用机制、给药信息时，可优先在相对应的 MDAC 字段、MDEF 字段、MDDE 字段中进行检索，若未获得理想检索结果，再扩展到 CP_AB 字段进行检索。

（七）CP_KW（深加工关键词）的评测

1. 深加工关键词加工的特点

CNABS 数据库中的 CP_KW 字段对应于专利数据深加工的"关键词"类目。

关键词字段的标引遵循客观原则、整体原则、重点原则、规范原则。

每篇专利文献标引后的关键词类目关键词个数一般为 5 ～ 20 个，中药领域

（A61K36）和合金领域（C22）文献最多可标引 30 个关键词。

2. 评测案例

案例 1（申请号 03104633）

【权利要求】

权利要求 1：烟剂组合物，其配方为（质量比）：主剂：助燃剂：燃料 ＝ 12 ～ 45 ：22 ～ 35 ：30 ～ 40；所述主剂为二甲菌核利、敌敌畏或百菌清；所述助燃剂选自硝酸铵、硝酸钾、硝酸钠中一种或多种；所述燃料选自玉米芯、牛粪末、秸秆、甘蔗渣中一种或多种。

【案情简介】

本发明涉及一种新型农药防潮安全烟剂组合物及其制备方法。所述烟剂配方为（质量比）：主剂：助燃剂：燃料 ＝12 ～ 45 ：22 ～ 35 ：30 ～ 40。所述烟剂的制备方法是：筛分—粉碎—烘干—混合—包装。该烟剂是袋式包装，安全性好，在配制、贮运和使用的过程中，不会自燃；包装简单易行，成本低廉，有效地隔绝产品与外部水分接触；使用方便，对施药人员安全；生产设备不复杂，工艺简单易行；所用燃料是来自农业生产副产品和下脚料，成本低，节约木材，利于环保；所用辅料来源广泛，价格低廉。

深加工数据评测记录单（CP_KW）	
案例编号	CP_KW –1
评测领域	机械
申请号	03104633
发明名称	防潮安全型烟剂组合物及其制备方法
原始 IPC	A01M29/04、A01N25/18
评测数据库	CPRSABS/CNABS
检索过程	
CPRSABS 数据库	1. CPRSABS 41（烟剂 and（硝酸铵 or 硝酸钾 or 硝酸钠 or 高锰酸钾））/ kw
CNABS 数据库	1. CNABS 61（烟剂 and（硝酸铵 or 硝酸钾 or 硝酸钠 or 高锰酸钾））/ cp_kw
检索结果	

XY 文件	CPRSABS 数据库	CN88104286

续表

	检索结果	
XY 文件	未检索到的	CN90105577、CN91103474、CN93115780
	CNABS 数据库	CN88104286、CN90105577、CN91103474、CN93115780
	未检索到的	无

检索性分析

本申请涉及一种新型农药防潮安全烟剂组合物及其制备方法。在深加工数据中，该文献对于叙词"烟雾剂"同时标引了与其含义接近的另一个叙词"发烟剂"，使得利用"烟剂"在关键词检索时可以检索到该篇文献。深加工数据中的关键词为人工提取，能够体现与技术改进相关的技术特征，且依托中国专利文献词表，标引的关键词更加专业化、标准化，能够提高文献的查全率。

案例 2（申请号 200310107254）

【权利要求】

权利要求 1：一种发光衣，其特征在于：衣服上有发光体，发光体连接电池。

【案情简介】

一种发光衣，衣服上有发光体，发光体连接电池。衣服外有光电池片，光电池片连接电池，发光体可以是是灯泡、半导体发光管、场效应发光片。本发明效果是：本发光衣，可作旅游探险使用，白天储存电能，夜晚或进入山洞，使用照明。

深加工数据评测记录单（CP_KW）

案例编号	CP_KW –2
评测领域	机械
申请号	200310107254
发明名称	发光衣
原始 IPC	A41D1/00、A41D13/00、A41D27/08、A41D3/00
评测数据库	CPRSABS/CNABS
检索过程	
CPRSABS 数据库	1. CPRSABS 123（发光 and 衣 and 电池）/kw

续表

检索过程	
CNABS 数据库	1. CNABS 113（发光 and 衣 and 电池）/cp_kw 2. CNABS 1382295 Pd<20031209 3. CNABS 12 1 and 2

检索结果		
XY 文件	CPRSABS 数据库	CN97221481
	未检索到的	CN96211878、CN99236254、CN00238742
	CNABS 数据库	CN97221481、CN96211878、CN99236254、CN00238742
	未检索到的	无

检索性分析

在 CNABS 数据库中，采用 CP_KW 进行检索，在 12 篇最终检索结果中，全部命中 4 篇对比文献。而在 CPRSABS 数据库中，采用相同的检索式在 kw 中进行检索，仅命中一篇对比文献。这是由于在 CPRSABS 数据库中，关键词为自动取词，没有深加工关键词标引的专业度高。

案例 3（申请号 201210011094）

【权利要求】

权利要求 1：一种季鏻盐蒙脱土增强的聚烯烃纳米复合材料，其特征在于：是由以下质量比的原料制成：聚烯烃 80～95 份、相容剂 5～10 份、季鏻盐蒙脱土 0.5～5 份；季鏻盐蒙脱土是由钠基蒙脱土和通式为 PR3YX 的季鏻盐离子交换制成，通式中 P 为磷原子，R 为 C 1～4 的直链烷基或苯基，Y 为 C 12～18 的直链烷基，X 为氯原子或溴原子。

【案情简介】

本发明涉及一种季鏻盐蒙脱土增强的聚烯烃纳米复合材料及制备方法，其中季鏻盐蒙脱土增强的聚烯烃纳米复合材料是由聚烯烃、相容剂、季鏻盐蒙脱土制成；季鏻盐蒙脱土是由蒙脱土和季鏻盐制成。本发明的聚烯烃纳米复合材料，其中填充剂蒙脱土采用季鏻盐蒙脱土，采用季鏻盐对蒙脱土进行改性，提高了蒙脱土的层间距，在高温下不易分解变色，高温稳定性高，本发明的季鏻盐蒙脱土作为填充剂与聚烯烃高温熔融共混时不会使聚烯烃纳米复合材料颜色变深。

深加工数据评测记录单（CP_KW）

案例编号	CP_KW –3
评测领域	化学
申请号	201210011094
发明名称	一种季鏻盐蒙脱土增强的聚烯烃纳米复合材料及其制备方法
原始 IPC	C08L23/00、C08L23/06、C08L23/12、 C08L25/06、C08L51/06、C08K9/04、C08K3/34
评测数据库	CNABS

检索过程	
CNABS 数据库 （BI 字段）	1. CNABS 1317（季鏻盐 or 季磷盐 or 季膦盐） 2. CNABS 9518 蒙脱土 3. CNABS 76 1 and 2
CNABS 数据库 （深加工字段）	1. CNABS 448（季鏻盐 or 季磷盐 or 季膦盐）/CP_AB 2. CNABS 5831 蒙脱土 /CP_AB or 蒙脱石 /CP_KW 3. CNABS 36 1 and 2

检索结果		
XY 文件	CNABS 数据库（BI 字段）	CN200910213979
	未检索到的	CN201010293065
	CNABS 数据库（深加工字段）	CN201010293065、CN200910213979
	未检索到的	无

检索性分析

　　本申请的发明信息在于通过添加经季鏻盐改性的蒙脱土，使复合材料的物理机械性能得到提高。根据该特征在 CNABS 中进行 BI 检索，得到 Y 类对比文件 CN200910213979，遗漏另一篇 Y 类对比文件 CN201010293065。

　　分析其原因，是因为 CN201010293065 全文采用蒙脱石这一概念，而采用深加工关键词进行检索时，首先可依据中国专利文献词表对词汇进行规范，发现词汇"蒙脱土"规范为蒙脱石，因此在采用蒙脱土进行检索的基础上，利用"蒙脱石 /CP_KW"进行补充检索，能够检索到使用"蒙脱石"的同义词汇"蒙脱土"等撰写的对比文件，有效扩展同义词，提高查全率。

案例 4（申请号 200510037869）

【权利要求】

权利要求 1：一种羧酸类接枝共聚物混凝土保坍剂，其特征在于它由下列步骤制备而成，1）由通式（5-1）所述的单烷基聚醚、双羟基聚醚或单烷基聚醚和双羟基聚醚的混合物与二元不饱和羧酸或酸酐在酸催化剂条件下发生接枝反应生成带 C＝C 的大单体 a；

$$R_1 \!-\!\!\left(O\!-\!CHR_2\!-\!CH_2\right)_n\!OH \qquad\qquad (5\text{-}1)$$

通式（1）中所述的侧链聚醚大分子为重均分子量 200 到 2000 的氧化烯聚合物，R_1 和 R_2 为 H 或甲基，适合的氧化烯选自环氧乙烷、环氧丙烷及其混合物，它是均聚物、无规共聚物或嵌段共聚物；n 为氧化烯基的平均加成摩尔数，为 3～50；当 R_1 为 H 时，则为聚乙二醇或聚丙二醇或聚乙二醇和丙二醇共聚物，在接枝共聚物中充当交联作用；2）将 70%～97% 的步骤 1）制备的大单体 a 与 3%～30% 的单体 b、0～8% 的单体 c、0～30% 的单体 d、0～30% 的单体 e 混合共聚而成，上述含量百分比均为质量分数，组分 a、b、c、d、e 质量分数之和为 100%，其中单体 b 选自丙烯酸、甲基丙烯酸和这些不饱和酸的碱金属盐、碱土金属盐、铵盐和有机胺盐，这些单体单独使用或由两种或两种以上成份的混合物形式使用，单体 c、d 分别用通式（5-2）、（5-3）表示，单体 e 为苯乙烯磺酸钠盐；

$$\begin{array}{c} R_5 \\ | \\ CH_2 \!=\! C \!-\! COOR_4 \end{array} \qquad\qquad (5\text{-}2)$$

式中，R_4 为 C 1～4 烷基、CH_2CH_2OH 或 $CH_2CHOHCH_3$，R_5 是氢原子或甲基；

$$\begin{array}{c} R_6 \\ | \\ CH_2 \!=\! C \\ | \\ C \!=\! O \\ | \\ NR_7R_8 \end{array} \qquad\qquad (5\text{-}3)$$

式中，R_6 是氢原子或甲基，R_7 和 R_8 是氢原子或甲基、乙基、CH_2SO_3H 或 $CH_2CH_2SO_3H$。

【案情简介】

一种羧酸类接枝共聚物混凝土保坍剂，属于建筑材料中混凝土外加剂技术领域，由下列步骤制备而成：1）由通式（5-1）所述的单烷基聚醚或双羟基聚醚以及单烷基聚醚和双羟基聚醚的混合物与二元不饱和羧酸或酸酐在酸催化剂条件下发生接枝反应生成带 C＝C 的大单体 a；2）将步骤 1）制备的接枝大单体混合物 a 与单体 b 分别按 70%～97% 和 3%～30% 的质量分数混合共聚而成。本发明可以明显改善传统萘系减水剂的坍落度损失，同时提高其分散性能，且不延长混凝土的凝结时间，对中、低坍落度混凝土或大流动度混凝土都具有良好的保塑效果；对其它高效减水剂的适应性好，无论是与传统的萘系减水剂和三聚氰胺系减水剂还是对新型的聚羧酸系减水剂复配使用都具有良好的的坍落度保持能力；生产过程不产三废。

深加工数据评测记录单（CP_KW）		
案例编号	CP_KW -4	
评测领域	化学	
申请号	200510037869	
发明名称	一种羧酸类接枝共聚物混凝土保坍剂	
原始 IPC	C08F290/00、C04B24/24	
评测数据库	CPRSABS/CNABS	
检索过程		
CPRSABS 数据库	1.CPRSABS 76（（聚二醇 or 聚醚二醇 or 聚醚多元醇 or 聚乙二醇 or 聚丙二醇 or 聚二元醇）and（多元羧酸 or 二元羧酸 or 马来酸 or 酸酐 or 不饱和羧酸）and（水泥 or 混凝土））/kw	
CNABS 数据库	1.CNABS 142（（聚二醇 or 聚醚二醇 or 聚醚多元醇 or 聚乙二醇 or 聚丙二醇 or 聚二元醇）and（多元羧酸 or 二元羧酸 or 马来酸 or 酸酐 or 不饱和羧酸）and（水泥 or 混凝土））/cp_kw 2.CNABS 1688653 Pd<20050228 3.CNABS 3 1 and 2	
检索结果		
XY 文件	CPRSABS 数据库	无
	未检索到的	CN01821345
	CNABS 数据库	CN01821345
	未检索到的	无

续表

检索性分析

　　本申请是羧酸类接枝共聚物混凝土保坍剂，是由单烷基聚醚或双羟基聚醚与二元不饱和羧酸或酸酐制得，用作混凝土的保坍剂。检索时采用组分检索要素聚醚和二元不饱和羧酸或酸酐，用途检索要素混凝土。

　　在 CNABS 数据库中用 CP_KW 检索到 3 篇对比文件，命中 X 类对比文件 CN01821345。利用同样的检索式在 CPRSABS 数据库中检索（利用 bi 和 kw），未检索到对比文件 CN01821345。这是由于在 CPRSABS 数据库的原始数据（包括原始摘要和权利要求）中，体现的技术手段不完整，仅体现了"聚亚烷基亚胺型不饱和单体"的相关信息；而在 CNABS 数据库的深加工数据的摘要部分同时标引了"聚亚烷基亚胺型不饱和单体"和"聚二醇型不饱和单体"这两种单体，从而在检索时能够检索到 X 类对比文献 CN01821345。

3. 评测结论

　　由于深加工数据的关键词在提取时重点体现了专利文献所属的技术领域信息、核心的技术改进信息、特定用途信息等，通过从多个角度标引关键词，且依托中国专利文献词表，便于用户利用关键词进行检索，保证了用户在使用深加工数据时的查全率和查准率。

（八）CP_IC（IPC 再分类）的评测

1. IPC 再分类的特点

CP_IC 字段及 CP_ICST 字段均对应专利数据深加工的"IPC8 分类"类目。

"IPC8 分类"类目填写的是在原分类号基础上依据最新版 IPC 增加或修改的分类号，IPC 再分类过程会对不合适的原始分类号进行修改和补充，对于改版分类号，会根据最新版 IPC 进行重新分类。

2. 评测案例

案例 1（申请号 200910000075）

【权利要求】

　　权利要求 1：一种取样器，其特征在于，设有以下结构：中空的取样器主体，该取样器主体用于提取和贮存样品；取样器主体一端开口，另一端底部连接有取样头；取样头一端与取样器主体相通，另一端套接吸取管；推杆，推杆一端连接密封头，并部分伸入取样器主体内腔，另一端设有推座，置于取样器主体外部。

【案情简介】

　　本发明涉及一种取样器。该取样器设有中空的取样器主体和推杆结构；取样器主体用于提取和贮存样品。本发明由于装有吸取管，可一次大量取样。同时由于吸取管紧密套接在取样器主体上的吸取头上，因此不容易掉落在样品容器中，即使掉落，由于吸取管体积较大，也会容易找到。吸取管为橡胶软管材质，不会刺伤人体。本发明的取样器具有安全可靠、使用方便的特点，可广泛用于工业检测、医疗机构检测等需要液体取样化验的领域。

深加工数据评测记录单（CP_IC）		
案例编号	CP_IC –1	
评测领域	化学	
申请号	200910000075	
发明名称	一种取样器	
原始 IPC	G01N1/14	
评测数据库	CPRSABS/CNABS	
检索过程		
CPRSABS 数据库	1. CPRSABS 28 A61B5/15/ic and（软管 or 橡胶管）and（吸 or 抽）	
CNABS 数据库	1. CNABS 78 A61B5/15/ic and（软管 or 橡胶管）and（吸 or 抽）	
检索结果		
XY 文件	CPRSABS 数据库	无
	未检索到的	CN99237642
	CNABS 数据库	CN99237642
	未检索到的	无
检索性分析		

　　本申请分类号为 G01N1/14，采用该分类号进行检索噪声较大，通过扩展领域，将分类号 A61B5/15 作为检索要素之一，此外将本申请发明点"套接吸取管"作为另一检索要素并用关键词进行表达。

　　采用上述分类号和关键词在 CNABS 数据库中进行检索，获得对比文件 CN99237642。利用同样的检索式在 CPRSABS 数据库中检索，未检索到对比文件 CN99237642。这是由于 CNABS 数据库中的 IC 字段包括 CP_IC（深加工 IPC），深加工 IPC 是在原分类号基础上增加的或修改后的分类号，会对不合适的原始分类号进行修改和补充，对于改版分类号，会根据最新版 IPC 进行重新分类。本案的授权 IPC 为 A61B5/14，在第八版 IPC 分类表中，A61B5/14 已不存在，因此 CP_IC 对其进行了重新分类，分入 A61B5/15，因此采用 A61B5/15 进行检索命中了该对比文件。

案例 2（申请号 201010291935）

【权利要求】

权利要求 1：第三方定位方法，包括：接收位置业务客户端发送的请求消息，所述请求消息中包括客户端标识和目标终端的用户标识；对所述位置业务客户端和所述目标终端进行鉴权；鉴权通过后，向定位实体发送地理位置请求消息；响应于所述定位实体返回的定位结果，保存所述定位结果，并向所述位置业务客户端返回定位结果。

【案情简介】

本发明涉及一种第三方定位方法。针对现有技术中 MO（移动台发起）短信常常由于各种原因上传失败，导致 GPSOne 第三方定位的成功率下降，且浪费系统资源的问题，本申请提供了一种方法，只要能够接收到定位实体返回的定位结果，就能够实现成功定位，而无需等待目标终端发送的 MO 消息，从而改善了使用 GPSOne 定位服务的用户的使用感知。

深加工数据评测记录单（CP_IC）	
案例编号	CP_IC-2
评测领域	电学
申请号	201010291935
发明名称	第三方定位方法
原始 IPC	H04W4/02
评测数据库	CPRSABS/CNABS
检索过程	
CPRSABS 数据库	1. CPRSABS 1659 定位 and（鉴权 or 认证） 2. CPRSABS 10430 H04W4/02/ic 3. CPRSABS 1860837 PD<=20100926 4. CPRSABS 11 1 and 2 and 3
CNABS 数据库	1. CNABS 6582 定位 and（鉴权 or 认证） 2. CNABS 16169 H04W4/02/ic 3. CNABS 4780761 PD<=20100926 4. CNABS 102 1 and 2 and 3
检索结果	
XY 文件	CPRSABS 数据库　　　　无

续表

	检索结果	
XY 文件	未检索到的	CN200710126101
	CNABS 数据库	CN200710126101
	未检索到的	无

检索性分析

本申请的主分类号为 H04W4/02（·利用位置信息的业务），利用该分类号结合关键词构建检索式，在 CPRSABS 数据库中检索得到 11 篇文献，没有命中 X 类对比文件 CN200710126101；采用相同的检索策略在 CNABS 数据库中进行检索，得到 102 篇文献，命中 X 类对比文件 CN200710126101。

通过分析发现，对比文件 CN200710126101 的原始 IPC 分类号为 H04Q7/38、H04L12/28、H04L9/32、H04Q7/22，而在 2010 年改版后的 IPC 分类表中，H04Q7/38 已经转入 H04W4/00 至 H04W12/12、H04W28/00 至 H04W80/12，而 H04Q7/22 则转入 H04W84/00 至 H04W84/08、H04W88/14 至 H04W88/18、H04W92/00 至 H04W92/24；因此在 CPRSABS 数据库中使用 H04W4/02 无法检索到该对比文件。

而在 CNABS 数据库中，由于该对比文件的深加工数据在 IPC 再分类（CP_IC）字段中增加了分类号 H04W4/02，因此能够检索命中该对比文件。

3. 评测结论

IPC 再分类数据提高了 CNABS 数据库中 IC 字段检索的准确率，建议使用时直接采用 IC 字段进行检索，或采用 CP_IC 字段进行补充检索。

（九）UTLC（实用专利分类）的评测

1. 实用专利分类的特点

CNABS 数据库中的 UTLC 字段对应于专利数据深加工的"实用专利分类"类目。

实用专利分类优先从应用的角度进行分类，确定发明创造的技术主题所对应的应用分类位置，但如果功能位置是重要的，同时给出其相应的功能分类位置。实用专利分类符合公众的检索习惯，便于技术主题的检索，有助于公众统计检索。

2. 评测案例

案例 1（申请号 201310352820）

【权利要求】

权利要求 1：一种镇静安神的中药，由以下质量比的中药原料制备而成：酸枣仁 125 ～ 500g、川芎 50 ～ 200g、延胡索 85 ～ 340g、知母 50 ～ 200g、茯苓

100 ～ 400g、神曲 90 ～ 360g。

【案情简介】

本发明涉及一种镇静安神的中药，特别涉及以中药酸枣仁、川芎、延胡索、知母、茯苓、神曲为原料制备的中兽药，所述中药具有镇静安神、清热解毒、通关开窍、提高生产性能，并能够缓解或治疗在饲养和运输环节因应激造成的疾病、死亡。本发明还涉及该药物的制备方法。

深加工数据评测记录单（UTLC）	
案例编号	UTLC -1
评测领域	医药
申请号	201310352820
发明名称	一种镇静安神的中兽药
原始 IPC	A61K36/8964、A61P39/00、A61P25/20
评测数据库	CNABS
检索过程	
CNABS 数据库	1. CNABS 22091 镇静 or 安神 2. CNABS 103 酸枣仁 and 茯苓 and 神曲 3. CNABS 599 川芎 and 知母 and 茯苓 4. CNABS 27 延胡索 and 神曲 and 酸枣仁 5. CNABS 689 2 or 3 or 4 6. CNABS 127 1 and 5
CNABS 数据库	1. CNABS 4710 C120320/utlc 2. CNABS 103 酸枣仁 and 茯苓 and 神曲 3. CNABS 599 川芎 and 知母 and 茯苓 4. CNABS 27 延胡索 and 神曲 and 酸枣仁 5. CNABS 689 2 or 3 or 4 6. CNABS 59 1 and 5
检索结果	

XY 文件	CNABS 数据库	CN200610041989、CN201210308216
	未检索到的	无
	CNABS 数据库（深加工字段）	CN200610041989、CN201210308216
	未检索到的	无

检索性分析
根据以上结果，在 CNABS 数据库中使用常规字段检索，可能需要浏览 127 篇文献才可以找到 X 类对比文献，而涉及本案的药物组合物中的"安神"效果，在深加工数据库中有直接对应的实用分类号"C120320"。因此，通过实用分类号的筛选，只需要浏览最多 59 篇文献即可找到对比文件。对于中药领域申请文件来说，IPC 分类号中没有能准确反映中药治疗活性的分类号，而只使用关键词作为检索要素检索中药活性时噪声较大，通过实用分类号的限定，可以减少检索噪声，提高检索效率。

3. 评测结论

在医药生物、通信、热交换等特定领域中可作为 IPC 分类体系的有效补充。同时，实用专利分类密切结合了行业应用特点，符合行业应用习惯，非常有利于社会公众利用分类号进行检索。

（十）引文的评测

1. 引文加工的特点

参考引文包括专利文献和非专利文献，数据深加工过程中，按照标准的格式，根据统一性原则、客观性原则对参考引文进行结构化标引。

涉及深加工参考引文的检索字段包括 PAT_NO（引用的专利文献号）、PAT_TP（专利文献引证类型，如 X、Y、A 等）、PAT_DATE（引用的专利文献的日期）、NPL_AU（引用的非专利文献的作者）、NPL_STI（引用的非专利文献的题名）、NPL_TI（引用的文集 / 会议 / 连续出版物名称）、NPL_TP（非专利文献引证类型）、NPL_TXT（引用的非专利文献的文本）。

S 系统将专利申请人提交的专利申请文件中背景技术和发明内容提及的文献以及中国发明专利申请的实质审查过程中引用的对比文献进行了关联，构建了引证与被引证查询器，该查询器提供了所有中国专利文献的引证与被引证信息，并定期进行更新。

利用引证与被引证查询器进行相关专利文献的追踪检索，通过文献之间的引证和被引证关系能够快速找到对比文献，是目前审查员常用的检索手段。

2. 评测案例

案例 1（申请号 201110128167）

【评测领域】

化学

【权利要求】

权利要求 1：一种高性能烧结钕铁硼永磁体的混合制备方法，其特征为：由如下步骤实现：

（1）主相粉末的制备：按 Nd 28% ～ 30%，B 0.95% ～ 1.2%，Fe 为余量的质量分数混合的主相原料，经熔炼、甩带工艺冷却、破碎、制粉后得到主相粉末；

（2）富钕相粉末的制备：按 R 46% ～ 54.5%，B 0.95% ～ 1.2%，M 7.5% ～ 20%，Fe 为余量的质量分数混合的富钕相原料，经熔炼、铸锭工艺冷却、破碎、制粉后得到富钕相粉末；其中，R 为 Nd 或 Nd 与 Pr，Dy，Tb 中的一种或几种以任意比例混合，M 为 Al，Co，Cu，Nb，Zr，Ga 中的一种或以任意比例混合的几种；

（3）主相粉末与富钕相粉末以主相粉末 92% ～ 98%、富钕相粉末 2% ～ 8% 的质量分数进行混合，最后对经混合后的磁粉进行磁场取向、压制成型、烧结、回火，得到高性能的烧结钕铁硼永磁体。

【案情简介】

目前制作烧结 Nd-Fe-B 系永磁材料的工艺会降低主相和富钕相在其中分别所占的体积分数，甚至在磁体中隐藏无磁区，不利于烧结 Nd-Fe-B 系永磁合金的磁性能进一步提高。本案提供了一种烧结钕铁硼永磁体的混合制备方法，将主相与富钕相分开进行了配方设计、熔炼、冷却，主相熔炼后采用了甩带工艺，因此消除了 α-Fe 的产生，并且在主相的组分中没有添加对磁体力学性能有利但却影响甩带时熔液包晶反应温度的微量元素，所以同时避免了主相成份偏析，同时通过主相原料配比的精选，使主相成分非常接近 Nd2Fe14B 的理论组分，极为有利于磁体的剩磁和磁能积的提高。

【检索过程】

CNABS 43 烧结 and 钕铁硼 and（永磁 or 磁体 or 磁材料 or 磁性材料）and（主相 or 富钕相）

从上述检索式中找到一篇对比文献 CN200510050000，申请日 20050608。利用 S 系统中的引证与被引证查询器可以检索到 CN200510050000 的引证信息 CN01142261，经浏览该引证文献的全文信息不适合作为本案的对比文献。

进一步，利用引证与被引证查询器还可以检索到 CN200510050000 的被引证信息 CN200610116284、CN200710068486、CN200710116081、CN200710305291、CN200710116082、CN200810060843、CN200810052612、CN200810060360、CN200810249555、CN201010166459，经浏览上述被引证文献的全文信息，可确定出文献 CN200710305291 和 CN200810060843 适合作为本案的对比文献。

利用引证与被引证查询器对 CN200710305291 的引证信息进行检索，找到该文献的 Y 类对比文献 CN200610038444，而通过追踪 CN200610038444 的被引证信息又确定出文献 CN200810033255 适合作为本案的对比文献。

通过对文献之间的引证与被引证关系进行追踪检索，最终确定出本案的 3 篇对比文献：CN200710305291、CN200810060843 和 CN200810033255。

案例 2（申请号 200710116126）

【评测领域】

化学

【权利要求】

权利要求 1：一种纳米铝粉晶界改性制备高矫顽力、高耐蚀性磁体方法，其特征在于它的步骤为：

1）主相合金采用铸造工艺制成钕铁硼铸锭合金或用速凝薄片工艺制成钕铁硼速凝薄片，通过氢爆法或者破碎机将主相合金破碎，破碎后经气流磨磨料，制得平均颗粒直径为 2～10μm 的主相合金粉末；

2）晶界相合金采用铸造工艺制成铸锭合金或速凝薄片工艺制成速凝薄片或快淬工艺制成快淬带，通过氢爆法或者破碎机将晶界相合金破碎，破碎后经气流磨磨料，制得平均颗粒直径为 2～10μm 的晶界相合金粉末；

3）在 100 质量比的晶界相合金粉末中加入 2～20 质量比的纳米铝、1～10 质量比的抗氧化剂，在混料机中均匀混和得到纳米铝改性的晶界相合金粉末；

4）将纳米铝改性的晶界相合金粉末与主相合金粉末、汽油在混料机中均匀混合成混合粉末，其中纳米铝改性的晶界相合金粉末质量占总质量的 1%～20%，汽油占总质量的 0.5%～5%；

5）混合粉末在 1.2～2.0T 的磁场中压制成型坯件；

6）将型坯件放入高真空烧结炉内，在 1050～1125℃烧结 2～4h，再经过 500～650℃热处理回火 2～4h，制得烧结磁体。

【案情简介】

大量实验结果表明：烧结 NdFeB 磁体显微结构的不理想是造成矫顽力

比其理论值低的主要原因，矫顽力是一个结构敏感参数。本案提供了一种新的方法利用双合金工艺，通过添加纳米铝粉于晶界相中，并通过添加润滑剂、抗氧化剂，使混有纳米铝粉的非磁性晶界相均匀分散于主相 $Nd_2Fe_{14}B$ 晶粒表面层，由于铝熔点较低，耐腐蚀性好，起到了阻润滑晶界的作用，同时抑制了硬磁性相之间的交换耦合作用，改善了微观结构，从而提高了磁体的矫顽力，而且高耐腐性的铝改性了易腐蚀的富钕相，进而提高了磁体的耐蚀性。

【检索过程】

本案的说明书中引用了周寿增、董清飞撰写的《超强永磁体——稀土体系永磁材料（第二版）》一书中的工艺方法，利用该非专利文献信息检索到在本案申请日（2007 年 12 月 3 日）之前有 3 件专利文献的说明书中引用了这篇非专利文献，分别是 CN200510049962、CN20051005000、CN200710068485。

通过对上述三篇文献的技术方案进行浏览，快速确定出 CN200510049962 适合作为本案的对比文献。

3. 评测结论

引文数据可以使检索人员进行相关文献的追踪检索，在引文数据库中还可以通过专利文献之间的引证和被引证关系，找到某项技术的基本专利和技术发展动向。这些在专利检索和专利分析中特别有用。

（十）CP_PO（机构代码）的评测

1. 机构代码加工的特点

CP_PO 字段对应专利数据深加工的"机构代码"类目。

机构代码是由中国国家知识产权局赋予专利申请人的在中国范围内唯一的、固定的代码标识。当申请人进行过名称变更，或实质相同的专利申请人名称较多时，利用 CP_PO 进行检索，可有效避免漏检，提高检索效率。

2. 评测案例

案例 1：选取日立株式会社（也称株式会社日立制作所，其机构代码为 JP00012281）进行检索对比：

（AP：日立株式会社）　　　　命中：检索到相关专利 115 篇

（IX_COL2083：JP00012281）　　命中：检索到相关专利 10911 篇

查看结果，发现采用申请人检索时，其采用的是模糊检索，检索结果不光包括日立株式会社，还包括巴布科克—日立株式会社，后者实际上是日立公司与巴布科克公司共同成立的公司，和日立公司不同，并且后者的机构代码同前者不同，因此发现采用机构代码可以避免利用申请人检索无法精确匹配，导致产生检索噪声的问题。

并且可以发现采用机构代码检索，其检索结果数量大大超出利用某一申请人名称的检索结果数量。因为利用"日立株式会社"检索结果较少，发现其并不是常用申请人名称，其常用名称为株式会社日立制作所，用该名称进行检索，并与机构代码检索结果进行比较：

（AP：株式会社日立制作所）　　命中：检索到相关专利 10891 篇

（IX_COL2083：JP00012281）　　命中：检索到相关专利 10911 篇

发现其检索结果虽然与机构代码检索结果接近，但也有遗漏，因此采用机构代码检索结果更加全面。

3. 评测结论

对于实质上是同一个公司或机构的不同名称的申请人，赋予了唯一的机构代码，查询时只需查看其机构代码字段的内容即可得到唯一的机构代码，因此利用机构代码进行检索时，比利用某一申请人名称检索出的结果要更全面。

（十二）深加工字段联用的评测

1. 评测案例

案例 1（申请号 200310114415）

【权利要求】

权利要求 1：一种药物瓶盖，包括可以拧在瓶体上的盖体（1），其特征在于：盖体（1）上带有导管（2），导管（2）为空芯结构，其内腔与瓶体相通。

【案情简介】

目前生发护发的外用药大都是液体，装在瓶子里，使用时直接抹在头上或用梳子抹在头上。不仅药物浪费大，而且容易弄脏手。本案提供了一种药物瓶盖，采用标准尺寸，可与大多数药瓶配合使用，药物通过导管上的出液口直接到达头发根部，可以起到增强疗效的作用，避免了将药物从药瓶中倒进专用工具的时候产生的浪费；用完后瓶盖中的药物残留少，可以节约药物，导管顶端的按摩球还可以起到按摩头皮的作用。

深加工数据评测记录单（TECH、EFFECT 字段联用）	
案例编号	深加工字段联用 – 1
评测领域	机械
申请号	200310114415
发明名称	药物瓶盖
原始 IPC	B65D47/06，A61J1/20
评测数据库	CPRSABS/CNABS
检索过程	
CPRSABS 数据库	1. CPRSABS 1199（（导管 or 管 or 梳 or 空心）and（容器 or 瓶 or 盖 or 罐））/ab and（护发 or 生发 or 染发 or 洗发 or 头发）/ab 2. CPRSABS 50 52 and b65/ic
CNABS 数据库	1. CNABS 359（（导管 or 管 or 梳）and（容器 or 瓶）and（护发 or 生发 or 染发））/ab 2. CNABS 82（（导管 or 管 or 梳）and（容器 or 瓶）and（护发 or 生发 or 染发））/tech 3. CNABS 1938（（导管 or 管 or 梳 or 空心）and（容器 or 瓶 or 盖 or 罐））/ab and（护发 or 生发 or 染发 or 洗发 or 头发）/ab 4. CNABS 324 3 and b65/ic 5. CNABS 655（（导管 or 管 or 梳 or 空心）and（容器 or 瓶 or 盖 or 罐））/tech and（护发 or 生发 or 染发 or 洗发 or 头发）/effect 6. CNABS 88 b65/ic and 5
检索结果	

XY 文件	CPRSABS 数据库	CN03120020
	未检索到的	无
	CNABS 数据库	CN03120020
	未检索到的	无

检索性分析

　　由于"护发、生发、染发、洗发、头发"均为表示功能或效果的词语，因此在 CNABS 中检索时将这些词限定在 EFFECT 字段中，其余字段限定在 TECH 字段中进行检索。在 CPRSABS 中将上述词汇均在 AB 中检索，均可以找到 XY 类文献，但采用深加工特色字段（tech、effect）检索结果数量大大小于直接采用 AB 字段进行检索，因此采用深加工特色字段检索可以提高检索效率。

案例 2（申请号 200610156971）

【权利要求】

权利要求 1：一种缓冲自行车车架，包括前三角架（3），后三角架（1）和车头管（6），其特征在于所述的车头管（6）与前三角架（3）之间设有活动连接部件；在所述的车头管（6）与前三角架（3）之间设有一个避震器（5）。

【案情简介】

一种缓冲自行车车架，它属于自行车领域，包括前三角架，后三角架和车头管，车头管与前三角架之间设有活动连接部件；在车头管与前三角架之间设有一个避震器；在车头管和前三角架上分别设置连接件，由连接件连接构成一个活动转轴点；避震器为避震弹簧；避震弹簧通过连接件一端连接在前三角架上，另一端连接在车头管上。本发明解决了现有自行车车头部分与前三角架固定连接的方式，利用转轴和避震器，使得自行车实现了缓解吸收弹跳力，直冲阻力等，也缓解了骑行中因急刹车、碰撞等引起的各种危险，使得骑行更舒适，安全。由于前叉的承受力成倍的减少，缓解了各种震动或碰撞，也可以减少自行车受损，有效地延长自行车的使用寿命。

深加工数据评测记录单（TECH、EFFECT 字段联用）	
案例编号	深加工字段联用 – 2
评测领域	机械
申请号	200610156971
发明名称	缓冲自行车车架
原始 IPC	B62K3/02
评测数据库	CNABS
检索过程	
CNABS 数据库（深加工字段）	1. CNABS 34846 车架 /TECH
	2. CNABS 11339（避震器 or 减震器 or 减振器）/TECH
	3. CNABS 27464 缓冲 /EFFECT
	4. CNABS 42 1 and 2 and 3
CNABS 数据库（BI 字段）	1. CNABS 82913 车架 /AB
	2. CNABS 24684（避震器 or 减震器 or 减振器）/AB
	3. CNABS 222930 缓冲 /AB
	4. CNABS 256 1 and 2 and 3
检索结果	
XY 文件	CNABS 数据库（BI 字段）	CN200420062692
	未检索到的	无

续表

检索结果		
XY 文件	CNABS 数据库（深加工字段）	CN200420062692
	未检索到的	无
检索性分析		

本申请利用 CNABS 数据库中的深加工字段 EFFECT、TECH 字段进行检索。针对车架能够缓解各种震动或碰撞，利用效果类和技术方案类关键词分别在 EFFECT 字段和 TECH 字段进行检索，获得了对比文件 CN200420062692。若采用同样的关键词在 BI 字段中进行检索，检索结果文献量大，浏览文献需要花费大量时间。可见，利用 EFFECT、TECH 字段的结合，可以快速有效地实现特定范围的联合检索，减少需要浏览的文献量，提高检索效率。

案例 3（申请号 201510631649）

【权利要求】

权利要求 1：一种防羽绒移位钻绒并维持织物弹性的结构，包括两层面料层和羽绒，所述羽绒填充于两层面料层之间，其特征在于：还包括多个连接点，所述连接点用于定位羽绒、使所述羽绒呈网状分布，两层所述面料层均采用延伸、弹性织物，所述羽绒外包裹有弹性透气薄膜。

【案情简介】

本发明提供的一种防羽绒移位钻绒并维持织物弹性的结构，包括两层面料层和羽绒，羽绒填充于两层面料层之间，还包括多个连接点，连接点用于定位羽绒、使羽绒呈网状分布，两层所述面料层均采用延伸、弹性织物，羽绒外包裹有弹性透气薄膜。本发明使得弹性羽绒制品最大限度地维持织物弹性的同时，使得羽绒的分布始终保持均匀、防钻绒，不会因为重力等外力作用而发生移位。

深加工数据评测记录单（TECH、EFFECT 字段联用）	
案例编号	深加工字段联用 – 3
评测领域	机械
申请号	201510631649
发明名称	一种防羽绒移位钻绒并维持织物弹性的结构
原始 IPC	B32B9/02、B32B9/04、A41D31/02、B32B33/00、B32B27/02
评测数据库	CNABS

续表

检索过程	
CNABS 数据库 （BI 字段）	1. CNABS 244363（移位 or 跑毛 or 钻绒 or 漏绒 or 防钻 or 防跑 or 防漏 or 钻出 or 漏毛 or 转移 or 跑绒） 2. CNABS 630502（粘合 or 贴合 or 缝纫 or 绣花 or 绗棉 or 超声波 or 热熔） 3. CNABS 56799 A41D/IC 4. CNABS 162 1 and 2 and 3
CNABS 数据库 （深加工字段）	1. CNABS 28267（移位 or 跑毛 or 钻绒 or 漏绒 or 防钻 or 防跑 or 防漏 or 钻出 or 漏毛 or 转移 or 跑绒）/EFFECT 2. CNABS 100111（粘合 or 贴合 or 缝纫 or 绣花 or 绗棉 or 超声波 or 热熔）/TECH 3. CNABS 56799 A41D/IC 4. CNABS 27 1 and 2 and 3

检索结果		
XY 文件	CNABS 数据库（BI 字段）	CN201210062499、CN200620140767
	未检索到的	无
	CNABS 数据库（深加工字段）	CN201210062499、CN200620140767
	未检索到的	无

检索性分析
本申请利用 CNABS 数据库中的深加工字段 EFFECT、TECH 字段进行检索。针对织物的技术效果羽绒移位和连接方式，利用效果类关键词和技术特征类关键词分别在 EFFECT 字段和 TECH 字段进行检索，获得了对比文件 CN201210062499、CN200620140767。若采用同样的关键词在 BI 字段中进行检索，检索结果文献量大，浏览文献需要花费大量时间。可见，利用 EFFECT、TECH 字段的结合，可以快速有效地实现特定范围的联合检索，减少需要浏览的文献量，提高检索效率。

案例 4（申请号 201310101342）

【权利要求】

权利要求 1：一种隐形淋浴房，包括左立柱、左门板、右立柱、右门板、密封条、定联结板、动联结板、动铰链头、定铰链头、转轴和升降斜面，其特征是：升降铰链由定联结板、动联结板、定铰链头、动铰链头、转轴和升降斜面构成，定联结板和动联结板均为矩形板结构，定铰链头和动铰链头均为圆管形结构，定铰链头通过外管壁与定联结板连接，动铰链头通过外管壁与动联结板连接，动铰链头的下端面设置成前高后低的升降斜面结构，定铰链头设置在动铰链头的下方，动铰链头和定铰链头的中心孔相互对齐，定铰链头的上端面设置成与动铰链头的下端面相配合的升降斜面结构，转轴插入动铰链头和定铰链头的中心孔内，左立柱纵向连接在房屋的左墙面上，右立柱纵向连接在与左墙面相交的右墙面上，左门板和右门板均为矩形板结构，在左门板和右门板的门框边上均设置有密封条，在左门板和左立柱之间设置有若干个升降铰链，升降铰链的定联结板与左立柱连接，升降铰链的动联结板与左门板的左立边连接，在右门板和右立柱之间设置有若干个升降铰链，升降铰链的定联结板与右立柱连接，升降铰链的动联结板与右门板的右立边连接。

【案情简介】

一种能通过将淋浴房的墙面设置成平开式门板结构，从而通过门板的转动来节省房屋空间的隐形淋浴房。左墙面通过升降铰链与左门板的左立边连接，右墙面通过升降铰链与右门板的右立边连接，在左门板和右门板的门框边上均设置有密封条。展开淋浴房时，将左门板和右门板分别向外开启，当左门板和右门板开启到预定位置时，由于升降铰链的作用，左门板和右门板下横边的密封条即可与地面接触，同时左门板右立边上的密封条和右门板左立边上的密封条相互重叠。将左门板和右门板向内转动，在升降铰链的作用下，左门板和右门板下横边的密封条将自动与地面分离，当左门板和右门板分别与左墙面和右墙面平行时，淋浴房即可隐形。

深加工数据评测记录单（TECH、EFFECT、USE 字段联用）	
案例编号	深加工字段联用 – 4
评测领域	机械
申请号	201310101342
发明名称	隐形淋浴房
原始 IPC	A47K3/30、E05D3/02、E06B3/36
评测数据库	CNABS
检索过程	
CNABS 数据库（深加工字段）	1. CNABS 15 空间 /effect and（淋浴 and 门 and 铰）/tech
	2. CNABS 10 升降 /effect and 门 /use and 铰链 /tech
CNABS 数据库（BI 字段）	1. CNABS 120 空间 and 淋浴 and 门 and 铰
	2. CNABS 升降 and 门 and 铰链

续表

	检索结果	
	CNABS 数据库（BI 字段）	CN201120170472、CN200920040829
	未检索到的	无
XY 文件	CNABS 数据库（深加工字段）	CN201120170472、CN200920040829
	未检索到的	无

检索性分析
本申请尝试利用 CNABS 数据库中的深加工字段 EFFECT、TECH、USE 字段进行检索。首先，针对淋浴房门的开合、空间的节约，利用效果类和技术方案类关键词分别在 EFFECT 字段和 TECH 字段进行检索，获得了对比文件 CN201120170472。然后针对升降铰链，用于门，转动时下降以更好地实现密封，利用效果类、技术方案类和用途类关键词分别在 EFFECT 字段、TECH 字段、USE 字段中进行检索，获得对比文件 CN200920040829，两对比文件可作为 Y 类文件结合进行评述。若采用同样的关键词在 BI 字段中进行检索，检索结果文献量很大，浏览文献需要花费大量时间。可见，利用 EFFECT、TECH、USE 字段的结合，可以快速有效地实现特定范围的联合检索。

3. 评测结论

深加工数据的最大优势就在于丰富的检索字段的设置，这些检索字段的联合检索使用，可以得到适合浏览的文献量，且检索到对比文件的效率大大提高。

二、综合项目评测

（一）综合评测结果

1. 查全率和查准率

综合电学、医药、化学、机械四个领域的典型案例评测，得到涉及 CNABS 深加工数据 /CPRSABS/CNTXT 的查全率和查准率的综合评测表，见表 5-1 至表 5-12。

表 5-1　总查全率（CPRSABS/CNABS）

案例编号	总查全率（CPRSABS/CNABS）		
	CPRSABS	CNABS	改善率
化学 - 1	25%	75%	200%
化学 - 2	100%	100%	0
化学 - 3	0%	33.33%	NA

续表

案例编号	总查全率（CPRSABS/CNABS）		
	CPRSABS	CNABS	改善率
医药 – 1	50%	87.50%	75%
医药 – 2	50%	100%	100%
医药 – 3	50%	100%	100%
电学 – 1	77.78%	100%	28.57%
电学 – 2	83.33%	100%	20%
电学 – 3	100%	83.33%	−16.67%
机械 – 1	60%	90%	50%
机械 – 2	85.71%	100%	16.67%
机械 – 3	33.33%	83.33%	150.02%
平均	59.60%	87.71%	47.17%

注：改善率 =（CNABS – CPRSABS）/CPRSABS（以下各表均同）

表 5–2　XY 查全率（CPRSABS/CNABS）

案例编号	XY 查全率（CPRSABS/CNABS）		
	CPRSABS	CNABS	改善率
化学 – 1	0	66.67%	NA
化学 – 2	100%	100%	0
化学 – 3	0	33.33%	NA
医药 – 1	75%	75%	0
医药 – 2	50%	100%	100%
医药 – 3	66.67%	100%	50%
电学 – 1	50%	100%	100%
电学 – 2	66.67%	100%	50%
电学 – 3	100%	100%	0
机械 – 1	83.33%	83.33%	0
机械 – 2	100%	100%	0
机械 – 3	33.33%	66.67%	100%
平均	60.42%	85.42%	41.38%

表 5-3 A 查全率（CPRSABS/CNABS）

案例编号	A 查全率（CPRSABS/CNABS）		
	CPRSABS	CNABS	改善率
化学 - 1	40%	80%	100%
化学 - 2	100%	100%	0
化学 - 3	0	33.33%	NA
医药 - 1	25%	100%	300%
医药 - 2	50%	100%	100%
医药 - 3	33.33%	100%	200%
电学 - 1	60%	100%	66.67%
电学 - 2	100%	100%	0
电学 - 3	100%	66.67%	−33.33%
机械 - 1	25%	100%	300%
机械 - 2	75%	100%	33.33%
机械 - 3	33.33%	100%	200%
平均	53.47%	90%	68.31%

表 5-4 总查全率（CNTXT/CNABS）

案例编号	总查全率（CNTXT/CNABS）		
	CNTXT	CNABS	改善率
化学 - 1	62.50%	75%	20%
化学 - 2	25%	100%	300%
化学 - 3	16.67%	33.33%	100%
医药 - 1	25%	87.50%	250%
医药 - 2	50%	100%	100%
医药 - 3	83.33%	100%	20%
电学 - 1	100%	100%	0
电学 - 2	100%	100%	0
电学 - 3	100%	83.33%	−16.67%
机械 - 1	80%	90%	12.50%
机械 - 2	100%	100%	0
机械 - 3	50%	83.33%	66.67%
平均	66.04%	87.71%	32.81%

表 5-5　XY 查全率（CNTXT/CNABS）

案例编号	XY 查全率（CNTXT/CNABS）		
	CNTXT	CNABS	改善率
化学 – 1	33.33%	66.67%	100%
化学 – 2	66.67%	100%	50%
化学 – 3	33.33%	33.33%	0
医药 – 1	50%	75%	50%
医药 – 2	75%	100%	33.33%
医药 – 3	66.67%	100%	50%
电学 – 1	100%	100%	0
电学 – 2	100%	100%	0
电学 – 3	100%	100%	0
机械 – 1	100%	83.33%	−16.67%
机械 – 2	100%	100%	0
机械 – 3	66.67%	66.67%	0
平均	74.31%	85.42%	14.95%

表 5-6　A 查全率（CNTXT/CNABS）

案例编号	A 查全率（CNTXT/CNABS）		
	CNTXT	CNABS	改善率
化学 – 1	80%	80%	0
化学 – 2	0	100%	NA
化学 – 3	0	33.33%	NA
医药 – 1	0	100%	NA
医药 – 2	25%	100%	300%
医药 – 3	100%	100%	0
电学 – 1	100%	100%	0
电学 – 2	100%	100%	0
电学 – 3	100%	66.67%	−33.33%
机械 – 1	50%	100%	100%
机械 – 2	100%	100%	0
机械 – 3	33.33%	100%	200%
平均	57.36%	90%	56.90%

表 5-7 总查准率（CPRSABS/CNABS）

案例编号	总查准率（CPRSABS/CNABS）		
	CPRSABS	CNABS	改善率
化学 - 1	50%	46.15%	-7.70%
化学 - 2	10.96%	7.02%	-35.95%
化学 - 3	0	22.22%	NA
医药 - 1	16.67%	14%	-16.02%
医药 - 2	6.78%	5.59%	-17.55%
医药 - 3	6.82%	11.54%	69.21%
电学 - 1	28.00%	20.93%	-25.25%
电学 - 2	6.94%	6.74%	-2.88%
电学 - 3	4.65%	4.07%	-12.47%
机械 - 1	21.43%	19.57%	-8.67%
机械 - 2	14.63%	17.95%	22.69%
机械 - 3	7.41%	10.87%	46.69%
平均	14.52%	15.55%	7.09%

表 5-8 XY 查准率（CPRSABS/CNABS）

案例编号	XY 查准率（CPRSABS/CNABS）		
	CPRSABS	CNABS	改善率
化学 - 1	0	15.38%	NA
化学 - 2	8.57%	6.12%	-28.59%
化学 - 3	0	11.11%	NA
医药 - 1	12.50%	6%	-52%
医药 - 2	18.18%	20%	10.01%
医药 - 3	4.55%	5.77%	26.81%
电学 - 1	22.22%	21.05%	-5.27%
电学 - 2	9.09%	8.57%	-5.72%
电学 - 3	2.33%	2.44%	4.72%
机械 - 1	25%	19.23%	-23.08%
机械 - 2	12.50%	14.29%	14.32%
机械 - 3	3.70%	4.35%	17.56%
平均	9.89%	11.19%	13.21%

表 5-9 A 查准率（CPRSABS/CNABS）

案例编号	A 查准率（CPRSABS/CNABS）		
	CPRSABS	CNABS	改善率
化学 – 1	50%	30.77%	−38.46%
化学 – 2	13.16%	7.69%	−41.57%
化学 – 3	0%	11.11%	NA
医药 – 1	4.17%	8%	91.85%
医药 – 2	3.39%	2.80%	−17.40%
医药 – 3	2.27%	5.77%	154.19%
电学 – 1	12%	11.63%	−3.08%
电学 – 2	5.88%	5.45%	−7.31%
电学 – 3	2.33%	1.63%	−30.04%
机械 – 1	8.33%	14.29%	71.43%
机械 – 2	10%	11.43%	14.30%
机械 – 3	3.70%	6.52%	76.22%
平均	9.60%	9.76%	1.61%

表 5-10 总查准率（CNTXT/CNABS）

案例编号	总查准率（CNTXT/CNABS）		
	CNTXT	CNABS	改善率
化学 – 1	13.89%	46.15%	232.25%
化学 – 2	2.86%	7.02%	145.45%
化学 – 3	7.69%	22.22%	188.95%
医药 – 1	2.50%	14%	460%
医药 – 2	4.40%	5.59%	27.05%
医药 – 3	7.25%	11.54%	59.17%
电学 – 1	15.52%	20.93%	34.86%
电学 – 2	4.35%	6.74%	54.94%
电学 – 3	3.87%	4.07%	5.17%
机械 – 1	14.04%	19.57%	39.39%
机械 – 2	13.21%	17.95%	35.88%
机械 – 3	5.45%	10.87%	99.45%
平均	7.92%	15.55%	96.41%

表 5-11　XY 查准率（CNTXT/CNABS）

案例编号	XY 查准率（CNTXT/CNABS）		
	CNTXT	CNABS	改善率
化学 - 1	2.78%	15.38%	453.24%
化学 - 2	2.86%	6.12%	113.99%
化学 - 3	7.69%	11.11%	44.47%
医药 - 1	2.50%	6%	140%
医药 - 2	5.77%	20%	250.43%
医药 - 3	2.90%	5.77%	98.97%
电学 - 1	11.76%	21.05%	79%
电学 - 2	3.85%	8.57%	122.60%
电学 - 3	1.94%	2.44%	25.77%
机械 - 1	10.91%	19.23%	76.26%
机械 - 2	7.69%	14.29%	85.83%
机械 - 3	3.64%	4.35%	19.51%
平均	5.36%	11.19%	108.91%

表 5-12　A 查准率（CNTXT/CNABS）

案例编号	A 查准率（CNTXT/CNABS）		
	CNTXT	CNABS	改善率
化学 - 1	11.11%	30.77%	176.96%
化学 - 2	0	7.69%	NA
化学 - 3	0	11.11%	NA
医药 - 1	0	8%	NA
医药 - 2	2.33%	2.80%	20.17%
医药 - 3	4.35%	5.77%	32.64%
电学 - 1	8.62%	11.63%	34.92%
电学 - 2	4.23%	5.45%	28.84%
电学 - 3	1.94%	1.63%	-15.98%
机械 - 1	7.41%	14.29%	92.85%
机械 - 2	9.76%	11.43%	17.11%
机械 - 3	1.82%	6.52%	258.24%
平均	4.30%	9.76%	127.05%

2. 省时性

（1）浏览时间节省量。

通过字数统计与阅读时间的换算，阅读原始专利文献得到目标信息的时间与阅读深加工数据得到目标信息的时间进行对比。

综合电学、医药、化学、机械四个领域的典型案例评测，得到涉及浏览时间节省量的综合评测表，如表 5–13 所示。

表 5–13　浏览时间节省量

案例编号	浏览时间节省量		
	原始数据浏览用时（min）	深加工数据浏览用时（min）	节省量（min）
化学－1	4.85	1.11	3.74
化学－2	3.98	0.72	3.26
化学－3	6.30	1.02	5.28
医药－1	6.16	0.86	5.3
医药－2	10.11	0.87	9.24
医药－3	3.18	0.68	2.5
电学－1	3.30	0.75	2.55
电学－2	3.50	0.80	2.7
电学－3	3.94	0.77	3.17
机械－1	5.48	0.77	4.71
机械－2	2.17	0.64	1.53
机械－3	3.92	0.78	3.14
平均	4.74	0.81	3.93

（2）有效附图标记匹配度。

综合电学、医药、化学、机械四个领域的典型案例评测，得到涉及有效附图标记匹配度的综合评测表，如表 5–14 所示。

表 5–14　有效附图标记匹配度

案例编号	有效附图标记匹配度		
	原始数据	深加工数据	改善率
化学－1	5.49%	46.34%	744.08%
化学－2	无	无	无

续表

案例编号	有效附图标记匹配度		
	原始数据	深加工数据	改善率
化学－3	无	无	无
医药－1	无	无	无
医药－2	无	无	无
医药－3	无	无	无
电学－1	4.11%	91.78%	2133.09%
电学－2	2.34%	61.68%	2535.90%
电学－3	8.96%	64.45%	619.31%
机械－1	0	42.73%	NA
机械－2	4.22%	77.11%	1727.25%
机械－3	18.42%	67.98%	269.06%
平均	6.22%	64.58%	938.29%

3. 总体评价

通过对查全率、查准率和省时性综合评测可以看出，与 CPRSABS 数据库相比，利用 CNABS 数据库的深加工数据通过相同检索式进行检索，XYA 查全率（即总查全率）提高了 47.17%（注：提高的百分比采用改善率数值来表示，下同），其中，XY 查全率提高了 41.38%，A 查全率提高了 68.31%；XYA 查准率（即总查准率）提高了 7.09%，其中，XY 查准率提高了 13.21%，A 查准率提高了 1.61%。

与 CNTXT 数据库相比，利用 CNABS 数据库的深加工数据进行检索，通过对检索式进行适当调整，保证两个数据库检索结果的文献量相近的情况下，XYA 查全率提高了 32.81%，其中，XY 查全率提高了 14.95%，A 查全率提高了 56.90%；XYA 查准率提高了 96.41%，其中 XY 查准率提高了 108.91%，A 查准率提高了 127.05%。

在浏览性方面，通过字数统计与阅读时间的换算，与阅读原始专利文献得到目标信息的时间相比，阅读深加工数据得到目标信息的时间，平均每篇节省将近 4 分钟。同时，对于有摘要附图的专利文献，相比于原始摘要而言，深加工摘要的有效附图标记匹配度提高了 9.4 倍（938.29%）左右，表明深加工摘要结合摘要附图进行阅读的可读性很高。

（二）具体案例分析

1. 化学 – 1

【权利要求】

权利要求 1：一种密闭空气循环污泥干燥机，其特征在于，包含：一污泥干燥箱；一冷凝器；一热交换装置；一封闭式空气循环回路，连通该污泥干燥箱、该冷凝器与该热交换装置；一废热热源，以供应热能至该热交换装置；以及一冰水机，以移除该冷凝器产生的热能，其中该污泥干燥箱产生含水分的空气，该含水分的空气经由该冷凝器降温除湿与该热交换装置加热后，进入该污泥干燥箱带走该污泥干燥箱中的水分后，再产生该含水分的空气而循环使用。

【案情简介】

本发明涉及一种密闭空气循环污泥干燥机，包含污泥干燥箱、冷凝器、热交换装置、封闭式空气循环回路、废热热源与冰水机。封闭式空气循环回路连通污泥干燥箱、冷凝器与热交换装置。废热热源用以供应热能至热交换装置。冰水机用以移除冷凝器产生的热能。其中污泥干燥箱产生含水分的空气，含水分的空气经由冷凝器降温除湿与热交换装置加热后，进入污泥干燥箱带走污泥干燥箱中的水分后，再产生含水分的空气而循环使用。

深加工数据评测记录单（按综合项目评测）	
案例编号	化学 – 1
评测领域	化学
申请号	CN201210097194
发明名称	密闭空气循环污泥干燥机
原始 IPC	C02F11/12
评测数据库	CPRSABS/CNABS/CNTXT
检索过程	
CPRSABS 数据库	1. CPRSABS 52603 c02f11/ic or 污泥 2. CPRSABS 391 /AB（（干化 or 干燥 or 烘干）and 空气 and 循环 and（废热 or 余热）） 3. CPRSABS 6441240 pd<20120330 or prod<20120330 4. CPRSABS 4 1 and 2 and 3

续表

<table>
<tr><td colspan="3" align="center">深加工数据评测记录单（按综合项目评测）</td></tr>
<tr>
<td rowspan="4">CNABS
数据库</td>
<td colspan="2">1. CNABS 65636 c02f11/ic or 污泥</td>
</tr>
<tr><td colspan="2">2. CNABS 247 /CP_AB（（干化 or 干燥 or 烘干）and 空气 and 循环 and（废热 or 余热））</td></tr>
<tr><td colspan="2">3. CNABS 38 1 and 2</td></tr>
<tr><td colspan="2">5. CNABS 13 3 and pd<20120330</td></tr>
<tr>
<td rowspan="3">CNTXT
数据库</td>
<td colspan="2">1. CNTXT 346 污泥 and（干化 or 干燥 or 烘干）and（空气 s 循环）and（废热 or 余热）and（降温 or（温度 2d 降））and（热交换 or 换热）</td>
</tr>
<tr><td colspan="2">2. CNTXT 19376 /ic or c02f11/12，f26b3</td></tr>
<tr><td colspan="2">3. CNTXT 36 1 and 2 and pd<20120330</td></tr>
<tr><td colspan="3" align="center">检索结果</td></tr>
<tr>
<td rowspan="6">XY 文件</td>
<td>CPRSABS 数据库</td>
<td align="center">无</td>
</tr>
<tr><td>未检索到的</td><td align="center">CN201110151337、CN200810002143、CN201120022289</td></tr>
<tr><td>CNABS 数据库</td><td align="center">CN201110151337、CN200810002143</td></tr>
<tr><td>未检索到的</td><td align="center">CN201120022289</td></tr>
<tr><td>CNTXT 数据库</td><td align="center">CN200810002143</td></tr>
<tr><td>未检索到的</td><td align="center">CN201110151337、CN201120022289</td></tr>
<tr>
<td rowspan="6">A 文件</td>
<td>CPRSABS 数据库</td>
<td align="center">CN201010237297、CN201110137154</td>
</tr>
<tr><td>未检索到的</td><td align="center">CN201110023624、CN201120170216、CN201120075251</td></tr>
<tr><td>CNABS 数据库</td><td align="center">CN201010237297、CN201110137154、
CN201120170216、CN201120075251</td></tr>
<tr><td>未检索到的</td><td align="center">CN201110023624</td></tr>
<tr><td>CNTXT 数据库</td><td align="center">CN201110137154、CN201110023624、CN201120170216、
CN201120075251</td></tr>
<tr><td>未检索到的</td><td align="center">CN201010237297</td></tr>
<tr><td colspan="3" align="center">检索性分析</td></tr>
<tr><td colspan="3">在 CNABS 数据库中有一篇 X 类对比文件 CN201952337 没有检索到，分析其原因，由于其在摘要中和深加工摘要中均对空气的循环利用没有提及，需要阅读原文才能得知，因此造成漏检。</td></tr>
<tr><td colspan="3" align="center">评测结果</td></tr>
<tr>
<td rowspan="2" align="center">查全率</td>
<td>总查全率（CPRSABS）</td>
<td align="center">25%</td>
</tr>
<tr><td>总查全率（CNABS）</td><td align="center">75%</td></tr>
</table>

续表

评测结果		
查全率	总改善率（CNABS/CPRSABS）	200%
	XY 查全率（CPRSABS）	0
	XY 查全率（CNABS）	66.67%
	XY 改善率（CNABS/CPRSABS）	NA
	A 查全率（CPRSABS）	40%
	A 查全率（CNABS）	80%
	A 改善率（CNABS/CPRSABS）	100%
	总查全率（CNTXT）	62.5%
	总改善率（CNABS/CNTXT）	20%
	XY 查全率（CNTXT）	33.33%
	XY 改善率（CNABS/CNTXT）	100%
	A 查全率（CNTXT）	80%
	A 改善率（CNABS/CNTXT）	0
查准率	总查准率（CPRSABS）	50%
	总查准率（CNABS）	46.15%
	总改善率（CNABS/CPRSABS）	−7.7%
	XY 查准率（CPRSABS）	0
	XY 查准率（CNABS）	15.38%
	XY 改善率（CNABS/CPRSABS）	NA
	A 查准率（CPRSABS）	50%
	A 查准率（CNABS）	30.77%
	A 改善率（CNABS/CPRSABS）	−38.46%
	总查准率（CNTXT）	13.89%
	总改善率（CNABS/CNTXT）	232.25%
	XY 查准率（CNTXT）	2.78%
	XY 改善率（CNABS/CNTXT）	453.24%
	A 查准率（CNTXT）	11.11%
	A 改善率（CNABS/CNTXT）	176.96%

续表

	评测结果	
省时性	有效附图标记匹配度（原始数据）	5.49%
	有效附图标记匹配度（深加工数据）	46.34%
	有效附图标记匹配度改善率	744.08%
	原始数据浏览平均用时（min）	4.85
	深加工数据浏览平均用时（min）	1.11
	浏览时间节省量（深加工数据）(min)	3.74

2. 化学 – 2

【权利要求】

权利要求 1：一种海带多糖乙醇提取液在烟草中的应用，其特征在于，按照烟丝质量的 0.01% ～ 1.0%，通过喷洒方式将海带多糖乙醇提取液添加到烟丝或过滤嘴中；所述海带多糖乙醇提取液的制备方法包括如下步骤：（1）海带粉碎后加乙醇，在油浴 50 ～ 80℃下提取 2 ～ 5 小时；（2）过滤除去残渣，往提取液中加入活性炭；（3）过滤、浓缩，得到所述海带多糖乙醇提取液。所述海带粉碎为粉碎至 10 ～ 100 目；步骤（1）中，所述乙醇为乙醇质量分数为 10% ～ 80% 的乙醇水溶液；步骤（2）所述活性炭的添加量（质量）为提取液的 1% ～ 2%。

【案情简介】

本发明涉及一种海带多糖乙醇提取液的制备方法及其应用。所述海带多糖乙醇提取液由如下方法制备得到：海带粉碎后加乙醇溶液，在 50 ～ 80℃下提取 2 ～ 5 小时；过滤除去残渣，往提取液中加入活性炭脱色、除腥；过滤、浓缩，得海带多糖乙醇提取液。将所述的海带多糖乙醇提取液，按照烟丝质量的 0.01% ～ 1.0%，通过喷洒方式添加到烟丝或过滤嘴中，可有效降低卷烟主流烟气自由基含量，自由基下降幅度为 15% 以上。还可提高卷烟吸食品质，可降低对鼻腔、咽喉等刺激，可使烟气变细滑，口感变柔和，并保持香气，无任何副作用。所述的海带多糖乙醇提取液无明显腥味，容易获得。

深加工数据评测记录单（按综合项目评测）	
案例编号	化学 – 2
评测领域	化学

续表

深加工数据评测记录单（按综合项目评测）	
申请号	CN201110321907
发明名称	一种海带多糖乙醇提取液的制备方法及其应用
原始 IPC	C08B37/00、A24B15/30、A24D3/14
评测数据库	CPRSABS/CNABS/CNTXT
检索过程	
CPRSABS 数据库	1. CPRSABS 154（多糖 and 卷烟）/AB 2. CPRSABS 93（海藻 and 卷烟）/AB 3. CPRSABS 241 1 or 2 4. CPRSABS 6362063 pd<20120307 or prod<20120307 5. CPRSABS 35 3 and 4 6. CPRSABS 366（多糖 and（褐藻 or 岩藻））/AB 7. CPRSABS 15265 C08B/ic 8. CPRSABS 107 6 and 7 9. CPRSABS 38 4 and 8 10. CPRSABS 73 5 or 9
CNABS 数据库	1. CNABS 107（多糖 and 卷烟）/CP_AB 2. CNABS 62（海藻 and 卷烟）/CP_AB 3. CNABS 165 1 or 2 4. CNABS 6358852 pd<20120307 5. CNABS 49 3 and 4 6. CNABS 366（多糖 and（褐藻 or 岩藻））/CP_AB 7. CNABS 18142 C08B/ic 8. CNABS 120 6 and 7 9. CNABS 65 4 and 8 10. CNABS 114 5 or 9
CNTXT 数据库	1. CNTXT 9797（多糖 and（卷烟 or 烟草）） 2. CNTXT 19253（藻 and（卷烟 or 烟草）） 3. CNTXT 22845 1 or 2 4. CNTXT 5419755 pd<20120307 5. CNTXT 8670 3 and 4 6. CNTXT 22753（C08B）/ic 7. CNTXT 70 6 and 5

续表

检索结果		
XY 文件	CPRSABS 数据库	CN201010258712、CN200610011010、CN200610128282
	未检索到的	无
	CNABS 数据库	CN201010258712、CN200610011010、CN200610128282
	未检索到的	无
	CNTXT 数据库	CN201010258712、CN200610128282
	未检索到的	CN200610011010
A 文件	CPRSABS 数据库	CN201010157935、CN201010523526、CN200910142817、CN200810168281、CN200610068968
	未检索到的	无
	CNABS 数据库	CN201010157935、CN201010523526、CN200910142817、CN200810168281、CN200610068968
	未检索到的	无
	CNTXT 数据库	无
	未检索到的	CN201010157935、CN201010523526、CN200910142817、CN200810168281、CN200610068968

检索性分析

通过以上检索式检索相关文献，CPRSABS 数据库和 CNABS 数据库均能够检索出全部的 XYA 文献，且数量一致。

评测结果		
查全率	总查全率（CPRSABS）	100%
	总查全率（CNABS）	100%
	总改善率（CNABS/CPRSABS）	0
	XY 查全率（CPRSABS）	100%
	XY 查全率（CNABS）	100%
	XY 改善率（CNABS/CPRSABS）	0
	A 查全率（CPRSABS）	100%

评测结果		
查全率	A 查全率（CNABS）	100%
	A 改善率（CNABS/CPRSABS）	0
	总查全率（CNTXT）	25%
	总改善率（CNABS/CNTXT）	300%
	XY 查全率（CNTXT）	66.67%
	XY 改善率（CNABS/CNTXT）	50%
	A 查全率（CNTXT）	0
	A 改善率（CNABS/CNTXT）	NA
查准率	总查准率（CPRSABS）	10.96%
	总查准率（CNABS）	7.02%
	总改善率（CNABS/CPRSABS）	−35.95%
	XY 查准率（CPRSABS）	8.57%
	XY 查准率（CNABS）	6.12%
	XY 改善率（CNABS/CPRSABS）	−28.59%
	A 查准率（CPRSABS）	13.16%
	A 查准率（CNABS）	7.69%
	A 改善率（CNABS/CPRSABS）	−41.57%
	总查准率（CNTXT）	2.86%
	总改善率（CNABS/CNTXT）	145.45%
	XY 查准率（CNTXT）	2.86%
	XY 改善率（CNABS/CNTXT）	113.99%
	A 查准率（CNTXT）	0
	A 改善率（CNABS/CNTXT）	NA
省时性	有效附图标记匹配度（原始数据）	无
	有效附图标记匹配度（深加工数据）	无
	有效附图标记匹配度改善率	无
	原始数据浏览平均用时（min）	3.98
	深加工数据浏览平均用时（min）	0.72
	浏览时间节省量（深加工数据）(min)	3.26

3. 化学 – 3

【权利要求】

权利要求 1：一种端氨基聚氨酯的制备方法，其特征在于：选用异佛尔酮二胺（IPDA）封端官能化端异氰酸根聚氨酯，直接得到端氨基聚氨酯。

【案情简介】

本发明涉及活性端氨基功能化合物的制备方法，是一种位阻保护法制备端氨基聚氨酯的方法，具体为分别选用具有相似官能团和不同反应活性的异佛尔酮二异氰酸酯和异佛尔酮二胺为封端改性原料，通过位阻保护，实现反应速率梯度，直接在主体结构两端官能化氨基，制备端氨基聚氨酯。本发明通过位阻保护法直接高效制备端氨基聚氨酯，避免了异氰酸根和氨基快速反应的弊端，使反应过程具有一定的速率梯度，抑制了交联结构的产生，显著降低了生产风险和生产能耗，提高了产品性能和生产效率。

深加工数据评测记录单（按综合项目评测）	
案例编号	化学 – 3
评测领域	化学
申请号	CN201110382645
发明名称	一种端氨基聚氨酯的制备方法
原始 IPC	C08G18/66、C08G18/48、C08G18/42、C09D175/12、C08G18/10、C08G18/75、C08G18/32
评测数据库	CPRSABS/CNABS/CNTXT
检索过程	
CPRSABS 数据库	1. CPRSABS 11762（二异氰酸酯 or 多异氰酸酯）/AB 2. CPRSABS 50088（聚乙二醇 or 聚丙二醇 or 聚氧乙烯 or 聚氧丙烯 or 环氧乙烷 or 环氧丙烷 or 聚醚二元醇 or 聚醚多元醇 or 聚酯二元醇 or 聚酯多元醇）/AB 3. CPRSABS 171 异佛尔酮二胺 /AB 4. CPRSABS 6036531 pd<20111128 or prod<20111128 5. CPRSABS 1 1 and 2 and 3 and 4
CNABS 数据库	1. CNABS 13932（二异氰酸酯 or 多异氰酸酯）/CP_AB 2. CNABS 57840（聚乙二醇 or 聚丙二醇 or 聚氧乙烯 or 聚氧丙烯 or 环氧乙烷 or 环氧丙烷 or 聚醚二元醇 or 聚醚多元醇 or 聚酯二元醇 or 聚酯多元醇）/CP_AB 3. CNABS 313 异佛尔酮二胺 /CP_AB 4. CNABS 6033354 pd<20111128 5. CNABS 9 1 and 2 and 3 and 4

续表

	检索过程	
CNTXT 数据库	1. CNTXT 85560（二异氰酸酯 or 多异氰酸酯） 2. CNTXT 77974 聚氧乙烯醚 3. CNTXT 10940 异佛尔酮二胺 4. CNTXT 5161253 pd<20111128 5. CNTXT 102301 C08G/IC 6. CNTXT 13 1 and 2 and 3 and 4 and 5	

	检索结果	
XY 文件	CPRSABS 数据库	无
	未检索到的	CN200810020807、CN201010022473、CN200810016869
	CNABS 数据库	CN200810020807
	未检索到的	CN201010022473、CN200810016869
	CNTXT 数据库	CN200810020807
	未检索到的	CN201010022473、CN200810016869
A 文件	CPRSABS 数据库	无
	未检索到的	CN201010182843、CN200910273122、CN200880103371
	CNABS 数据库	CN200910273122
	未检索到的	CN201010182843、CN200880103371
	CNTXT 数据库	无
	未检索到的	CN201010182843、CN200910273122、CN200880103371

检索性分析

在 CNABS 数据库中，相对于 CPRSABS 数据库，在深加工数据改写后的核心方案中补充了发明信息（R 为二乙烯三胺、三乙烯四胺、四乙烯五胺、间苯二胺、异佛尔酮二胺、二氨基二苯基甲烷的本体）、及优选方案（胺类扩链剂为异佛尔酮二胺），使得能够通过深加工数据中的摘要检索到 X 类文献和 A 类文献。

	评测结果	
查全率	总查全率（CPRSABS）	0
	总查全率（CNABS）	33.33%
	总改善率（CNABS/CPRSABS）	NA
	XY 查全率（CPRSABS）	0
	XY 查全率（CNABS）	33.33%
	XY 改善率（CNABS/CPRSABS）	NA

续表

	评测结果	
查全率	A 查全率（CPRSABS）	0
	A 查全率（CNABS）	33.33%
	A 改善率（CNABS/CPRSABS）	NA
	总查全率（CNTXT）	16.67%
	总改善率（CNABS/CNTXT）	100%
	XY 查全率（CNTXT）	33.33%
	XY 改善率（CNABS/CNTXT）	0
	A 查全率（CNTXT）	0
	A 改善率（CNABS/CNTXT）	NA
查准率	总查准率（CPRSABS）	0
	总查准率（CNABS）	22.22%
	总改善率（CNABS/CPRSABS）	NA
	XY 查准率（CPRSABS）	0%
	XY 查准率（CNABS）	11.11%
	XY 改善率（CNABS/CPRSABS）	NA
	A 查准率（CPRSABS）	0
	A 查准率（CNABS）	11.11%
	A 改善率（CNABS/CPRSABS）	NA
	总查准率（CNTXT）	7.69%
	总改善率（CNABS/CNTXT）	188.95%
	XY 查准率（CNTXT）	7.69%
	XY 改善率（CNABS/CNTXT）	44.47%
	A 查准率（CNTXT）	0
	A 改善率（CNABS/CNTXT）	NA
省时性	有效附图标记匹配度（原始数据）	无
	有效附图标记匹配度（深加工数据）	无
	有效附图标记匹配度改善率	无
	原始数据浏览平均用时（min）	6.30
	深加工数据浏览平均用时（min）	1.02
	浏览时间节省量（深加工数据）(min)	5.28

4. 医药 – 1

【权利要求】

权利要求 1：一种包含注射用脂溶性维生素和注射用水溶性维生素的药物组合物，其特征在于注射用脂溶性维生素和注射用水溶性维生素为无菌冻干粉针剂，其中注射用脂溶性维生素选自注射用脂溶性维生素（I）或注射用脂溶性维生素（II）。

【案情简介】

本发明涉及一种注射用脂溶性维生素和注射用水溶性维生素的药物组合物，尤其是组合应用包装，包括注射用脂溶性维生素和注射用水溶性维生素两种。使用时为先用注射用水或葡萄糖注射液溶解，再分别静脉滴注。本发明的组合应用包装对人体所需要的维生素进行了全方面的补充，避免了使用单一维生素造成的缺陷，大大提高了治疗效果。

深加工数据评测记录单（按综合项目评测）	
案例编号	医药 – 1
评测领域	医药
申请号	CN201110387660
发明名称	一种注射用脂溶性维生素和注射用水溶性维生素的药物组合物及其制法
原始 IPC	A61K31/714、A61P3/02、A61K31/525、A61K31/519、A61K31/51、A61K31/455、A61K31/4415、A61K31/4188、A61K31/375、A61K31/355、A61K31/197、A61K31/122、A61K31/07、A61K9/19、A61K31/592
评测数据库	CPRSABS/CNABS/CNTXT
检索过程	
CPRSABS 数据库	1. CPRSABS 5365 维生素 A or A 族维生素 or 视黄醇 or 维他命 A or 视黄酸 2. CPRSABS 3096 维生素 D or D 族维生素 or 骨化醇 or 维他命 D or 骨化二醇 or 骨化三醇 or 钙化醇 3. CPRSABS 11508 维生素 E or 生育酚 or 维他命 E 4. CPRSABS 1113 维生素 K or K 族维生素 or 甲萘氢醌 or 维他命 K or 甲萘醌 5. CPRSABS 19564 维生素 B or B 族维生素 or 吡哆醇 or 吡多辛 or 维他命 B or 核黄素 or 硫辛酸 or 氰钴胺 or 生物素 or 维生素 H or 硫胺 or 烟酰胺 or 尼克酰胺 or 烟碱 or 烟酸 or 泛酸 or 叶酸 6. CPRSABS 21868 维生素 C or 抗坏血酸 or 维他命 C

检索过程	
CPRSABS 数据库	7. CPRSABS 1241 1 and 5 and 6
	8. CPRSABS 749 2 and 5 and 6
	9. CPRSABS 1330 3 and 5 and 6
	10. CPRSABS 237 4 and 5 and 6
	11. CPRSABS 867 1 and 5 and 2
	12. CPRSABS 1377 1 and 5 and 3
	13. CPRSABS 340 1 and 5 and 4
	14. CPRSABS 819 5 and 3 and 2
	15. CPRSABS 349 5 and 3 and 4
	16. CPRSABS 1336 1 and 3 and 6
	17. CPRSABS 272 4 and 3 6
	18. CPRSABS 1017 1 and 2 and 3
	19. CPRSABS 236 1 and 2 and 4
	20. CPRSABS 228 2 and 3 and 4
	21. CPRSABS 364 1 and 3 and 4
	22. CPRSABS 2804 7:21
	23. CPRSABS 94476 注射 or 针剂 or 粉针 or 静脉
	24. CPRSABS 51 22 and 23
	25. CPRSABS 24 24 and（pd<20111129 or prod<20111129）
CNABS 数据库	1. CNABS 3821（维生素 A or A 族维生素 or 视黄醇 or 维他命 A or 视黄酸）/ CP_AB
	2. CNABS 700（维生素 A or A 族维生素 or 视黄醇 or 维他命 A or 视黄酸）/ CP_TI
	3. CNABS 2975（维生素 A or A 族维生素 or 视黄醇 or 维他命 A or 视黄酸）/ CP_KW
	4. CNABS 4218（1 or 2 or 3）
	5. CNABS 2078（维生素 D or D 族维生素 or 骨化醇 or 维他命 D or 骨化二醇 or 骨化三醇 or 钙化醇）/CP_AB
	6. CNABS 590（维生素 D or D 族维生素 or 骨化醇 or 维他命 D or 骨化二醇 or 骨化三醇 or 钙化醇）/CP_TI
	7. CNABS 2000（维生素 D or D 族维生素 or 骨化醇 or 维他命 D or 骨化二醇 or 骨化三醇 or 钙化醇）/CP_KW
	8. CNABS 2610（5 or 6 or 7）
	9. CNABS 7398（维生素 E or 生育酚 or 维他命 E）/CP_AB
	10. CNABS 1550（维生素 E or 生育酚 or 维他命 E）/CP_TI

续表

检索过程	
CNABS 数据库	11. CNABS 6401（维生素 E or 生育酚 or 维他命 E）/CP_KW 12. CNABS 8205（9 or 10 or 11） 13. CNABS 598（维生素 K or K 族维生素 or 甲萘氢醌 or 维他命 K or 甲萘醌）/CP_AB 14. CNABS 103（维生素 K or K 族维生素 or 甲萘氢醌 or 维他命 K or 甲萘醌）/CP_TI 15. CNABS 366（维生素 K or K 族维生素 or 甲萘氢醌 or 维他命 K or 甲萘醌）/CP_KW 16. CNABS 670（13 or 14 or 15） 17. CNABS 13522（维生素 B or B 族维生素 or 吡哆醇 or 吡多辛 or 维他命 B or 核黄素 or 硫辛酸 or 氰钴胺 or 生物素 or 维生素 H or 硫胺 or 烟酰胺 or 尼克酰胺 or 烟碱 or 烟酸 or 泛酸 or 叶酸）/CP_AB 18. CNABS 4224（维生素 B or B 族维生素 or 吡哆醇 or 吡多辛 or 维他命 B or 核黄素 or 硫辛酸 or 氰钴胺 or 生物素 or 维生素 H or 硫胺 or 烟酰胺 or 尼克酰胺 or 烟碱 or 烟酸 or 泛酸 or 叶酸）/CP_TI 19. CNABS 10471（维生素 B or B 族维生素 or 吡哆醇 or 吡多辛 or 维他命 B or 核黄素 or 硫辛酸 or 氰钴胺 or 生物素 or 维生素 H or 硫胺 or 烟酰胺 or 尼克酰胺 or 烟碱 or 烟酸 or 泛酸 or 叶酸）/CP_KW 20. CNABS 14652（17 or 18 or 19） 21. CNABS 13284（维生素 C or 抗坏血酸 or 维他命 C）/CP_AB 22. CNABS 2611（维生素 C or 抗坏血酸 or 维他命 C）/CP_TI 23. CNABS 11225（维生素 C or 抗坏血酸 or 维他命 C）/CP_KW 24. CNABS 14542（21 or 22 or 23） 25. CNABS 1080 20 and 24 and 4
CNABS 数据库	26. CNABS 732 20 and 24 and 8 27. CNABS 1227 20 and 24 and 12 28. CNABS 158 20 and 24 and 16 29. CNABS 846 20 and 4 and 8 30. CNABS 1267 20 and 4 and 12 31. CNABS 205 20 and 4 and 16 32. CNABS 763 20 and 12 and 8 33. CNABS 223 20 and 12 and 16 34. CNABS 1235 4 and 12 and 24 35. CNABS 193 16 and 12 and 24 36. CNABS 1006 4 and 8 and 12

续表

检索过程	
CNABS 数据库	37. CNABS 213 4 and 8 and 16 38. CNABS 214 12 and 8 and 16 38. CNABS 272 12 and 4 and 16 39. CNABS 2518 25:38 40. CNABS 91904（注射 or 针剂 or 粉针 or 静脉）/CP_AB 41. CNABS 23699（注射 or 针剂 or 粉针 or 静脉）/CP_TI 42. CNABS 42088（注射 or 针剂 or 粉针 or 静脉）/CP_KW 43. CNABS 92831（37 or 38 or 39） 44. CNABS 103 39 and 43 45. CNABS 50 44 and pd<20111129
CNTXT 数据库	1. CNTXT 74796 维生素 A or A 族维生素 or 视黄醇 or 维他命 A or 视黄酸 2. CNTXT 26701 维生素 D or D 族维生素 or 骨化醇 or 维他命 D or 骨化二醇 or 骨化三醇 or 钙化醇 3. CNTXT 98829 维生素 E or 生育酚 or 维他命 E 4. CNTXT 13458 维生素 K or K 族维生素 or 甲萘氢醌 or 维他命 K or 甲萘醌 5. CNTXT 228175 维生素 B or B 族维生素 or 吡哆醇 or 吡多辛 or 维他命 B or 核黄素 or 硫辛酸 or 氰钴胺 or 生物素 or 维生素 H or 硫胺 or 烟酰胺 or 尼克酰胺 or 烟碱 or 烟酸 or 泛酸 or 叶酸 6. CNTXT 195877 维生素 C or 抗坏血酸 or 维他命 C 7. CNTXT 3904 1 and 2 and 3 and 4 and 5 and 6 8. CNTXT 96662 注射剂 or 针剂 9. CNTXT 224 7 and 8 10. CNTXT 80 9 and pd<20111129

检索结果		
XY 文件	CPRSABS 数据库	CN200910061812、CN200910088973、CN200910088972
	未检索到的	CN200510134992
	CNABS 数据库	CN200910061812、CN200910088973、CN200910088972
	未检索到的	CN200510134992
	CNTXT 数据库	CN200910088973、CN200910088972
	未检索到的	CN200910061812、CN200510134992
A 文件	CPRSABS 数据库	CN200710117723
	未检索到的	CN200710190669、CN200610054218、CN200510022449

	检索结果	
A 文件	CNABS 数据库	CN200710117723、CN200710190669、CN200610054218、CN200510022449
	未检索到的	无
	CNTXT 数据库	无
	未检索到的	CN200710117723、CN200710190669、CN200610054218、CN200510022449

检索性分析

通过以上检索式检索相关文献，在 CNABS 和 CPRSABS 数据库中都未能检索到 Y 类文献 CN1824309，这是因为 CN200510134992 文献是一种水溶性维生素制剂的配制方法，含有维生素 B 和维生素 C，而以上检索式的构建是以脂溶性维生素与水溶性维生素组配而成的，故没有检索到这篇文献。

对于 A 类文献的检索，CNABS 数据库可检索到全部 4 篇文献，而 CPRSABS 只能检索到一篇相关文献，未检索到的 3 篇文献为 CN200710190669、CN200610054218、CN200510022449，其 CPRSABS 中原始摘要和权利要求 1 只是提到复合维生素制剂，而没有涉及到具体的维生素，所以采用具体的维生素 A、维生素 B、维生素 C 等检索时，检索不到；而在 CNABS 数据库中，含有经过人工加工之后的摘要数据，故可以通过具体的生物素检索到文献。

评测结果

查全率	总查全率（CPRSABS）	50%
	总查全率（CNABS）	87.5%
	总改善率（CNABS/CPRSABS）	75%
	XY 查全率（CPRSABS）	75%
	XY 查全率（CNABS）	75%
	XY 改善率（CNABS/CPRSABS）	0
	A 查全率（CPRSABS）	25%
	A 查全率（CNABS）	100%
	A 改善率（CNABS/CPRSABS）	300%
	总查全率（CNTXT）	25%
	总改善率（CNABS/CNTXT）	250%
	XY 查全率（CNTXT）	50%
	XY 改善率（CNABS/ CNTXT）	50%
	A 查全率（CNTXT）	0
	A 改善率（CNABS/CNTXT）	NA

评测结果		
查准率	总查准率（CPRSABS）	16.67%
	总查准率（CNABS）	14%
	总改善率（CNABS/CPRSABS）	−16.02%
	XY 查准率（CPRSABS）	12.5%
	XY 查准率（CNABS）	6%
	XY 改善率（CNABS/CPRSABS）	−52%
	A 查准率（CPRSABS）	4.17%
	A 查准率（CNABS）	8%
	A 改善率（CNABS/CPRSABS）	91.85%
	总查准率（CNTXT）	2.5%
	总改善率（CNABS/CNTXT）	460%
	XY 查准率（CNTXT）	2.5%
	XY 改善率（CNABS/CNTXT）	140%
	A 查准率（CNTXT）	0
	A 改善率（CNABS/CNTXT）	NA
省时性	有效附图标记匹配度（原始数据）	无
	有效附图标记匹配度（深加工数据）	无
	有效附图标记匹配度改善率	无
	原始数据浏览平均用时（min）	6.16
	深加工数据浏览平均用时（min）	0.86
	浏览时间节省量（深加工数据）(min)	5.3

5. 医药 – 2

【权利要求】

权利要求 1：一种药用组合物，包含常规药用载体，其特征在于：由质量比为（20 ～ 24）：（7 ～ 4）：（1.5 ～ 0.5）的羟基红花黄色素 A、丹参素和阿魏酸作为药物有效成分。

【案情简介】

本发明涉及一种药用组合物，活性成分包含羟基红花黄色素 A、丹参素和阿魏酸。发明人通过实验发现传统冠心病药"冠心Ⅱ号"抗心肌细胞凋亡的有效成分是丹参素、羟基红花黄色素 A、阿魏酸三个成分（FTA），而不是吸收进入人体的五个成分。冠心Ⅱ号大剂量诱导的疗效是由吸收入体内的 FTA 引起的。因此，发明人用该三个活性成分（FTA）制备出新的治疗冠心病的抗心肌细胞凋亡的药物组合物，该药物用药剂量小，疗效更加稳定。

深加工数据评测记录单（按综合项目评测）	
案例编号	医药 – 2
评测领域	医药
申请号	CN200810031973
发明名称	一种药物组合物及其治疗冠心病的用途
原始 IPC	A61K31/351、A61P9/10、A61K9/08、A61K31/192
评测数据库	CPRSABS/CNABS/CNTXT
检索过程	
CPRSABS 数据库	XY 检索式： 1. CPRSABS 3241（冠心病 or 心脑血管）/TI 2. CPRSABS 10577（冠心病 or 心脑血管）/AB 3. CPRSABS 10654 1 or 2 4. CPRSABS 36 羟基红花黄色素 A/TI 5. CPRSABS 99 羟基红花黄色素 A/AB 6. CPRSABS 99 5 or 4 7. CPRSABS 110（丹参素 or 丹参酸甲 or 丹参酸 A）/TI 8. CPRSABS 297（丹参素 or 丹参酸甲 or 丹参酸 A）/AB 9. CPRSABS 297 8 or 7 10. CPRSABS 362（阿魏酸 or 当归素）/TI 11. CPRSABS 1032（阿魏酸 or 当归素）/AB 12. CPRSABS 1037 10 or 11 13. CPRSABS 10 6 and 9 14. CPRSABS 9 6 and 12 15. CPRSABS 9 9 and 12 16. CPRSABS 26 13 or 14 or 15 17. CPRSABS 11 3 and 16 A 类文献检索式： 1. CPRSABS 3241（冠心病 or 心脑血管）/TI

	检索过程
CPRSABS 数据库	2. CPRSABS 10577（冠心病 or 心脑血管）/AB 3. CPRSABS 10654 1 or 2 4. CPRSABS 505（羟基红花黄色素 A or 丹参素 or 丹参酸甲 or 丹参酸 A or 阿魏酸 or 当归素）/TI 5. CPRSABS 1399（羟基红花黄色素 A or 丹参素 or 丹参酸甲 or 丹参酸 A or 阿魏酸 or 当归素）/AB 6. CPRSABS 1404 5 or 4 7. CPRSABS 109 3 and 6 8. CPRSABS 1251454 pd<20080801 or prod<20080801 9. CPRSABS 59 7 and 8
CNABS 数据库	XY 检索式： 1. CNABS 3940（冠心病 or 心脑血管）/CP_TI 2. CNABS 12514（冠心病 or 心脑血管）/CP_AB 3. CNABS 12562 1 or 2 4. CNABS 30 羟基红花黄色素 A/CP_TI 5. CNABS 97 羟基红花黄色素 A/CP_AB 6. CNABS 97 5 or 4 7. CNABS 118（丹参素 or 丹参酸甲 or 丹参酸）/CP_TI 8. CNABS 327（丹参素 or 丹参酸甲 or 丹参酸）/CP_AB 9. CNABS 327 8 or 7 10. CNABS 372（阿魏酸 or 当归素）/CP_TI 11. CNABS 832（阿魏酸 or 当归素）/CP_AB 12. CNABS 832 10 or 11 13. CNABS 10 6 and 9 14. CNABS 12 6 and 12 15. CNABS 18 9 and 12 16. CNABS 38 13 or 14 or 15 17. CNABS 20 3 and 16 A 类文献检索式： 1. CNABS 3940（冠心病 or 心脑血管）/CP_TI 2. CNABS 12514（冠心病 or 心脑血管）/CP_AB 3. CNABS 12562 1 or 2 4. CNABS 511（羟基红花黄色素 A or 丹参素 or 丹参酸甲 or 丹参酸 A or 阿魏酸 or 当归素）/CP_TI

续表

检索过程	
CNABS 数据库	5. CNABS 1211（羟基红花黄色素 A or 丹参素 or 丹参酸甲 or 丹参酸 A or 阿魏酸 or 当归素）/CP_AB 6. CNABS 1211 5 or 4 7. CNABS 267 3 and 6 8. CNABS 3131201 pd<20080801 9. CNABS 143 7 and 8
CNTXT 数据库	XY 检索式： 1. CNTXT 28874 /ic A61P9/10 2. CNTXT 417 羟基红花黄色素 A 3. CNTXT 2483 丹参素 4. CNTXT 11627 阿魏酸 5. CNTXT 51 2 and 4 6. CNTXT 42 2 and 3 7. CNTXT 309 3 and 4 8. CNTXT 388 5 or 6 or 7 9. CNTXT 164 1 and 8 10. CNTXT 52 9 and pd<20080801 A 类文献检索式： 1. CNTXT 28874 /ic A61P9/10 2. CNTXT 73 羟基红花黄色素 A and A61K31/351/ic 3. CNTXT 162 丹参素 and A61K31/192/ic 4. CNTXT 263 阿魏酸 and A61K31/192/ic 5. CNTXT 463 2 or 3 or 4 6. CNTXT 196 1 and 5 7. CNTXT 43 6 and pd<20080801

检索结果		
XY 文件	CPRSABS 数据库	CN200610026793、CN200510044272
	未检索到的	CN200610075039、CN200610125937
	CNABS 数据库	CN200610026793、CN200610075039、 CN200510044272、CN200610125937
	未检索到的	无
	CNTXT 数据库	CN200610075039、CN200510044272、 CN200610125937
	未检索到的	CN200610026793

	检索结果	
A 文件	CPRSABS 数据库	CN200610128647、CN200410065378
	未检索到的	CN02111976、CN200510122821
	CNABS 数据库	CN200610128647、CN200410065378、CN200510122821、CN02111976
	未检索到的	无
	CNTXT 数据库	CN200610128647
	未检索到的	CN200410065378、CN200510122821、CN02111976

检索性分析

  Y 类专利文献 CN200610075039、CN200610125937 在 CPRSABS 数据库中未检索到的原因是：文献原始的摘要只提到红花提取物为活性成分，并没有具体到羟基红花黄色素 A，故检索不到。

  A 类文献 CN02111976、CN200510122821 的原因与上面类似，原始摘要中只说明活性成分为红花提取物、丹参的活性成分，而没有说明活性物质具体是什么，故检索不到；而 CNABS 数据库中的深加工摘要补充了具体的活性物质羟基红花黄色素 A、丹参素，可通过检索式检索到。

	评测结果	
查全率	总查全率（CPRSABS）	50%
	总查全率（CNABS）	100%
	总改善率（CNABS/CPRSABS）	100%
	XY 查全率（CPRSABS）	50%
	XY 查全率（CNABS）	100%
	XY 改善率（CNABS/CPRSABS）	100%
	A 查全率（CPRSABS）	50%
	A 查全率（CNABS）	100%
	A 改善率（CNABS/CPRSABS）	100%
	总查全率（CNTXT）	50%
	总改善率（CNABS/CNTXT）	100%
	XY 查全率（CNTXT）	75%
	XY 改善率（CNABS/CNTXT）	33.33%
	A 查全率（CNTXT）	25%
	A 改善率（CNABS/CNTXT）	300%

续表

	评测结果	
查准率	总查准率（CPRSABS）	6.78%
	总查准率（CNABS）	5.59%
	总改善率（CNABS/CPRSABS）	−17.55%
	XY 查准率（CPRSABS）	18.18%
	XY 查准率（CNABS）	20%
	XY 改善率（CNABS/CPRSABS）	10.01%
	A 查准率（CPRSABS）	3.39%
	A 查准率（CNABS）	2.80%
	A 改善率（CNABS/CPRSABS）	−17.40%
	总查准率（CNTXT）	4.40%
	总改善率（CNABS/CNTXT）	27.05%
	XY 查准率（CNTXT）	5.77%
	XY 改善率（CNABS/CNTXT）	250.43%
	A 查准率（CNTXT）	2.33%
	A 改善率（CNABS/CNTXT）	20.17%
省时性	有效附图标记匹配度（原始数据）	无
	有效附图标记匹配度（深加工数据）	无
	有效附图标记匹配度改善率	无
	原始数据浏览平均用时（min）	10.11
	深加工数据浏览平均用时（min）	0.87
	浏览时间节省量（深加工数据）(min)	9.24

6. 医药 – 3

【权利要求】

权利要求 1：一种治疗痤疮的中药组合物，其特征在于它是由下述原料药制成：蒲公英 30 ～ 50 份、夏枯草 30 ～ 50 份、红花菜 30 ～ 50 份、黄芩 20 ～ 40 份、牛膝 20 ～ 40 份、山茱萸 20 ～ 40 份、丹参 20 ～ 40 份、元胡 10 ～ 30 份、茯苓 10 ～ 30 份、大黄 10 ～ 30 份、水牛角 10 ～ 30 份、天花粉 10 ～ 30 份。

【案情简介】

一种治疗痤疮的中药组合物，该中药组合物是由蒲公英、夏枯草、红花菜、黄芩、牛膝、山茱萸、丹参、元胡、茯苓、川军、水牛角、天花粉制成。临床可用于治疗痤疮。

深加工数据评测记录单（按综合项目评测）	
案例编号	医药 – 3
评测领域	医药
申请号	CN201210076336
发明名称	一种治疗痤疮的中药组合物
原始 IPC	A61K36/708、A61K35/32、A61P17/10
评测数据库	CPRSABS/CNABS/CNTXT
检索过程	
CPRSABS 数据库	1. CPRSABS 4425（痤疮 or 粉刺 or 青春痘）/AB 2. CPRSABS 75（茯苓 and 夏枯草 and 山茱萸）/AB 3. CPRSABS 2064（（川军 or 大黄）and 丹参）/AB 4. CPRSABS 166（蒲公英 and 夏枯草 and 黄芩）/AB 5. CPRSABS 74（山茱萸 and 丹参 and（元胡 or 延胡索））/AB 6. CPRSABS 9（水牛角 and 天花粉 and 茯苓）/AB 7. CPRSABS 175（黄芩 and（川军 or 大黄）and 天花粉）/AB 8. CPRSABS 2506（2 or 3 or 4 or 5 or 6 or 7） 9. CPRSABS 95 1 and 8 10. CPRSABS 6402853 pd<20120315 or prod<20120315 11. CPRSABS 44 9 and 10
CNABS 数据库	1. CNABS 3324（痤疮 or 粉刺 or 青春痘）/CP_AB 2. CNABS 70（茯苓 and 夏枯草 and 山茱萸）/CP_AB 3. CNABS 1797（（川军 or 大黄）and 丹参）/CP_AB 4. CNABS 135（蒲公英 and 夏枯草 and 黄芩）/CP_AB 5. CNABS 70（山茱萸 and 丹参 and（元胡 or 延胡索））/CP_AB 6. CNABS 20（水牛角 and 天花粉 and 茯苓）/CP_AB 7. CNABS 180（黄芩 and（川军 or 大黄）and 天花粉）/CP_AB 8. CNABS 2183（2 or 3 or 4 or 5 or 6 or 7） 9. CNABS 74 1 and 8 10. CNABS 6399710 pd<20120315 11. CNABS 52 10 and 9

续表

检索过程	
CNTXT 数据库	1. CNTXT 350 茯苓 and 夏枯草 and 山茱萸 2. CNTXT 738 蒲公英 and 夏枯草 and 黄芩 3. CNTXT 423 山茱萸 and 丹参 and（元胡 or 延胡索） 4. CNTXT 89 水牛角 and 天花粉 and 茯苓 5. CNTXT 734 黄芩 and（川军 or 大黄）and 天花粉 6. CNTXT 2049 1 or 2 or 3 or 4 or 5 7. CNTXT 6006 /ic A61P17/10 8. CNTXT 69 6 and 7

检索结果		
XY 文件	CPRSABS 数据库	CN200810102910、CN200910012977
	未检索到的	CN200710304711
	CNABS 数据库	CN200810102910、CN200710304711、 CN200910012977
	未检索到的	无
	CNTXT 数据库	CN200810102910、CN200910012977
	未检索到的	CN200710304711
A 文件	CPRSABS 数据库	CN02117205
	未检索到的	CN201110078254、CN201010151524
	CNABS 数据库	CN02117205、CN201110078254、 CN201010151524
	未检索到的	无
	CNTXT 数据库	CN02117205、CN201110078254、 CN201010151524
	未检索到的	无

检索性分析

　　在 CPRSABS 数据库未检索到 Y 类文献 CN200710304711 和 A 类文献 CN201110078254、CN201010151524，分析其原因，是因为文献原始摘要中只说明为治疗某种疾病的组合物，并没有包含全部的组分信息，用中药组分作为关键词检索时，组分信息不全的文献检索不到。

评测结果		
查全率	总查全率（CPRSABS）	50%
	总查全率（CNABS）	100%

评测结果		
查全率	总改善率（CNABS/CPRSABS）	100%
	XY 查全率（CPRSABS）	66.67%
	XY 查全率（CNABS）	100%
	XY 改善率（CNABS/CPRSABS）	50%
	A 查全率（CPRSABS）	33.33%
	A 查全率（CNABS）	100%
	A 改善率（CNABS/CPRSABS）	200%
	总查全率（CNTXT）	83.33%
	总改善率（CNABS/CNTXT）	20%
	XY 查全率（CNTXT）	66.67%
	XY 改善率（CNABS/CNTXT）	50%
	A 查全率（CNTXT）	100%
	A 改善率（CNABS/CNTXT）	0
查准率	总查准率（CPRSABS）	6.82%
	总查准率（CNABS）	11.54%
	总改善率（CNABS/CPRSABS）	69.21%
	XY 查准率（CPRSABS）	4.55%
	XY 查准率（CNABS）	5.77%
	XY 改善率（CNABS/CPRSABS）	26.81%
	A 查准率（CPRSABS）	2.27%
	A 查准率（CNABS）	5.77%
	A 改善率（CNABS/CPRSABS）	154.19%
	总查准率（CNTXT）	7.25%
	总改善率（CNABS/CNTXT）	59.17%
	XY 查准率（CNTXT）	2.90%
	XY 改善率（CNABS/CNTXT）	98.97%
	A 查准率（CNTXT）	4.35%
	A 改善率（CNABS/CNTXT）	32.64%

续表

评测结果		
省时性	有效附图标记匹配度（原始数据）	无
	有效附图标记匹配度（深加工数据）	无
	有效附图标记匹配度改善率	无
	原始数据浏览平均用时（min）	3.18
	深加工数据浏览平均用时（min）	0.68
	浏览时间节省量（深加工数据）(min)	2.5

7. 电学 – 1

【权利要求】

权利要求 1：一种长距离输电线路的融冰方法，其特征是所述方法包括：一将工频变压器的一次侧与前级电网或发电机相连，构成融冰电源，二次侧与输电线路始端相连；一将电容器作为负载连接到输电线路终端并使电容器与工频变压器形成回路；设定电容器的阻抗 Z 满足 $Z = -jZ_c\tan(\pi L/\lambda)$，其中 Z_c 为输电线路的特征阻抗，L 为输电线路的长度，λ 为工频电源对应的波长；在线路覆冰时，前级电网或发电机停电，工频变压器接通电源并通过输电线路产生的欧姆损耗发热融冰。

【案情简介】

针对现有的交流短路融冰方法仅适于 220kV 及以下电压等级的输电线路，且变压器不能输出足够的用于输电线路融冰的有功功率，造成能源浪费；而直流短路融冰方法需要大容量直流电源，导致成本较高。本申请提供一种长距离输电线路的融冰方法与装置，能够改善长距离输电线路的沿线电流分布及欧姆损耗热功率分布的均匀性，并且提高输电线路始端的功率因数。

深加工数据评测记录单（按综合项目评测）	
案例编号	电学 – 1
评测领域	电学
申请号	CN201010128886
发明名称	长距离输电线路的融冰方法与装置
原始 IPC	H02J3/38、H02G7/16
评测数据库	CPRSABS/CNABS/CNTXT

	检索过程
CPRSABS 数据库	1. CPRSABS 1352（线路 or 输电）/ab and（融冰 or 除冰 or 去冰 or 融雪 or 除雪 or 除霜）/ab 2. CPRSABS 19884（变压器 or 发电机）/ab and（电容 or 无功）/ab 3. CPRSABS 46 1 and 2 4. CPRSABS 110（线路 or 输电）/ab and（融冰 or 除冰 or 去冰 or 融雪 or 除雪 or 除霜）/ab and（电容 or 无功）/ab 5. CPRSABS 38（长距离输电 or 远距离输电 or 高压直流输电 or 换流站）/ab and（融冰 or 除冰 or 去冰 or 融雪 or 除雪 or 除霜）/ab 6. CPRSABS 142 4 or 5 7. CPRSABS 9 3 and（pd<20100318 or prod<20100318） 8. CPRSABS 25 6 and（pd<20100318 or prod<20100318） 9. CPRSABS 25 7 or 8
CNABS 数据库	1. CNABS 772（线路 or 输电）/cp_ab and（融冰 or 除冰 or 去冰 or 融雪 or 除雪 or 除霜）/cp_ab 2. CNABS 15877（变压器 or 发电机）/cp_ab and（电容 or 无功）/cp_ab 3. CNABS 57 1 and 2 4. CNABS 102（线路 or 输电）/cp_ab and（融冰 or 除冰 or 去冰 or 融雪 or 除雪 or 除霜）/cp_ab and（电容 or 无功）/cp_ab 5. CNABS 36（长距离输电 or 远距离输电 or 高压直流输电 or 换流站）/cp_ab and（融冰 or 除冰 or 去冰 or 融雪 or 除雪 or 除霜）/cp_ab 6. CNABS 135 4 or 5 7. CNABS 19 3 and pd<20100318 8. CNABS 43 6 and pd<20100318 9. CNABS 43 7 or 8
CNTXT 数据库	1. CNTXT 6575（线路 or 输电）and（融冰 or 除冰 or 去冰 or 融雪 or 除雪 or 除霜） 2. CNTXT 207165（变压器 or 发电机）and（电容 or 无功） 3. CNTXT 565 1 and 2 4. CNTXT 1052（线路 or 输电）and（融冰 or 除冰 or 去冰 or 融雪 or 除雪 or 除霜）and（电容 or 无功） 5. CNTXT 1052（线路 or 输电）and（融冰 or 除冰 or 去冰 or 融雪 or 除雪 or 除霜）and（电容 or 无功） 6. CNTXT 1052 4 or 5 7. CNTXT 279 3 and（H02G1/02/ic or H02G7/16/ic） 8. CNTXT 432 6 and（H02G1/02/ic or H02G7/16/ic） 9. CNTXT 34 7 and pd<20100318 10. CNTXT 58 8 and pd<20100318 11. CNTXT 58 9 or 10

续表

	检索结果	
XY 文件	CPRSABS 数据库	CN200810098876、CN200810047181
	未检索到的	CN200810098879、CN200910058177
	CNABS 数据库	CN200810098876、CN200810047181、CN200810098879、CN200910058177
	未检索到的	无
	CNTXT 数据库	CN200810098876、CN200810047181、CN200810098879、CN200910058177
	未检索到的	无
A 文件	CPRSABS 数据库	CN200610065272、CN200810084580、CN200910072080
	未检索到的	CN200820067688、CN200810223583
	CNABS 数据库	CN200610065272、CN200810084580、CN200910072080、CN200810223583、CN200820067688
	未检索到的	无
	CNTXT 数据库	CN200610065272、CN200810084580、CN200910072080、CN200810223583、CN200820067688
	未检索到的	无

检索性分析

对于 4 件 XY 文件，CPRSABS 数据库能检出 2 件，未检出文件 CN200810098879、CN2009-10058177，均因原始摘要信息没有体现发明信息"变压器或发电机"而导致漏检；CNABS 数据库能检出 4 件，因改写后的深加工摘要包含了从属权利要求的发明信息，保证了重要发明信息的完整性，提高了查全率。

对于 5 件 A 文件，CPRSABS 数据库能检出 3 件，未检出文件 CN200820067688，因原始摘要信息没有体现发明信息"电容或无功"而导致漏检，未检出文件 CN200810223583，因原始摘要信息没有体现应用领域信息"线路或输电"而导致漏检；CNABS 数据库能检出 5 件，因改写后的深加工摘要提取了权利要求的核心发明信息，保证了重要发明信息的完整性，提高了查全率。

	评测结果	
查全率	总查全率（CPRSABS）	77.78%
	总查全率（CNABS）	100%
	总改善率（CNABS/CPRSABS）	28.57%
	XY 查全率（CPRSABS）	50%
	XY 查全率（CNABS）	100%
	XY 改善率（CNABS/CPRSABS）	100%

续表

评测结果		
查全率	A 查全率（CPRSABS）	60%
	A 查全率（CNABS）	100%
	A 改善率（CNABS/CPRSABS）	66.67%
	总查全率（CNTXT）	100%
	总改善率（CNABS/CNTXT）	0
	XY 查全率（CNTXT）	100%
	XY 改善率（CNABS/CNTXT）	0
	A 查全率（CNTXT）	100%
	A 改善率（CNABS/CNTXT）	0
查准率	总查准率（CPRSABS）	28%
	总查准率（CNABS）	20.93%
	总改善率（CNABS/CPRSABS）	−25.25%
	XY 查准率（CPRSABS）	22.22%
	XY 查准率（CNABS）	21.05%
	XY 改善率（CNABS/CPRSABS）	−5.27%
	A 查准率（CPRSABS）	12%
	A 查准率（CNABS）	11.63%
	A 改善率（CNABS/CPRSABS）	−3.08%
	总查准率（CNTXT）	15.52%
	总改善率（CNABS/CNTXT）	34.86%
	XY 查准率（CNTXT）	11.76%
	XY 改善率（CNABS/CNTXT）	79%
	A 查准率（CNTXT）	8.62%
	A 改善率（CNABS/CNTXT）	34.92%
省时性	有效附图标记匹配度（原始数据）	4.11%
	有效附图标记匹配度（深加工数据）	91.78%
	有效附图标记匹配度改善率	2133.09%
	原始数据浏览平均用时（min）	3.30
	深加工数据浏览平均用时（min）	0.75
	浏览时间节省量（深加工数据）(min)	2.55

8. 电学 – 2

【权利要求】

权利要求 1：一种立体影像撷取及播放装置，其特征在于，包括有：一立体影像撷取模块，用于自外界撷取一影像，并将其转换为一数字影像信号；一音讯撷取模块，用于自外界撷取一声音，并将其转换为一数字音讯信号；一控制单元，连接于并可控制该立体影像撷取模块及该音讯撷取模块，且可接收该数字影像信号及数字音讯信号，并据以整合为一可供电脑判读的数字影音资料；一存储模块，连接于该控制单元，可受控制单元的控制而将该数字影音资料储存于该存储模块中，或是自该存储模块中读取预先储存的数字影音资料；一影音播放模块，连结于该控制单元，可受控制单元的控制而将该数字影音资料播放至外界；其中，该影音播放模块更包括有：一影像转换器、一光学投影引擎、一液晶显示荧幕、以及一同步信号发射器；以及，一电源模块，用以提供立体影像撷取及播放装置所需的电源；其中，该影像转换器可接收来自该控制单元的该数字影音资料以及一影像播放控制信号，并依据来自控制单元的该影像播放控制信号，来决定是将该数字影音资料转换为 3D 影像播放信号或是2D 影像播放信号的其中之一、以及决定是将该 3D 影像播放信号或是该 2D 影像播放信号传送至该光学投影引擎或是该液晶显示荧幕的至少其中之一进行播放；其中，当该光学投影引擎或是该液晶显示荧幕所播放的是该 3D 影像播放信号时，该同步信号发射器会播出对应于该 3D 影像播放信号的一同步控制信号。

【案情简介】

针对现有的 3D 照相或摄影机以及播放 3D 照片或 3D 影像的投影机，都是两台独立存在的机器设备，导致消费者必须购买两台规格相容的装置才能使用，且操作不方便的问题。本申请提供一种立体影像撷取及播放装置，仅需单一装置便能符合消费者拍摄 3D 影像与播放及投影 3D 影像的需求，且操作上更为方便。

深加工数据评测记录单（按综合项目评测）

案例编号	电学 – 2
评测领域	电学
申请号	CN201010194656

续表

深加工数据评测记录单（按综合项目评测）	
发明名称	立体影像撷取及播放装置
原始 IPC	H04N13/00、G03B31/00、G03B35/08
评测数据库	CPRSABS/CNABS/CNTXT
检索过程	
CPRSABS 数据库	1. CPRSABS 10272 H04N13/IC 2. CPRSABS 36876 立体 /TI 3. CPRSABS 19633 （（投影 or 电视）and 图像）/AB 4. CPRSABS 175822 （（图像 or 影像）and（撷取 or 提取））/AB or 摄像 /AB 5. CPRSABS 4460352 pd<20100607 or prod<20100607 6. CPRSABS 22 1 and 2 and 3 and 4 and 5 7. CPRSABS 54726 （三维 or "3D"）/TI 8. CPRSABS 63819 投影 /ab 9. CPRSABS 51 1 and 5 and 7 and 8
CNABS 数据库	1. CNABS 10409 H04N13/GK_IC/SQ_IC 2. CNABS 18365 立体 /CP_TI 3. CNABS 21542 （（投影 or 电视）and 图像）/CP_AB 4. CNABS 96409 （（图像 or 影像）and（撷取 or 提取））/CP_AB or 摄像 /CP_AB 5. CNABS 4460858 pd<20100607 6. CNABS 35 1 and 2 and 3 and 4 and 5 7. CNABS 26240 （三维 or "3D"）/CP_TI 8. CNABS 40591 投影 /cp_ab 9. CNABS 55 1 and 5 and 7 and 8
CNTXT 数据库	1. CNTXT 13225 （H04N13/00 or H04N13/04）/IC 2. CNTXT 26045 立体 S（投影 or 电视） 3. CNTXT 637162 （图像 S 提取）or 摄像 4. CNTXT 493870 液晶显示 or 液晶眼镜 or 眼镜式 5. CNTXT 3846335 pd<20100607 6. CNTXT 78 1 and 2 and 3 and 4 and 5 7. CNTXT 2814 投影 S 三维图像 8. CNTXT 71 1 and 5 and 7
检索结果	

XY 文件	CPRSABS 数据库	CN98123342、CN200820205398
	未检索到的	CN01103535
	CNABS 数据库	CN98123342、CN01103535、CN200820205398

续表

检索结果		
XY 文件	未检索到的	无
	CNTXT 数据库	CN98123342、CN01103535、CN200820205398
	未检索到的	无
A 文件	CPRSABS 数据库	CN200410092189、CN02826027、CN200510072788
	未检索到的	无
	CNABS 数据库	CN200410092189、CN02826027、CN200510072788
	未检索到的	无
	CNTXT 数据库	CN200410092189、CN02826027、CN200510072788
	未检索到的	无

检索性分析

　　本案例的 XY 类文件和 A 类文件各有 3 篇，在 CNABS 中能够检索到全部 6 篇对比文件，而在 CPRSABS 中未能检索到 XY 类对比文件 CN01103535。未能检索到该对比文件的原因是，该对比文件的原始摘要中描述了较多的背景技术和有益效果信息"目前日本各大公司推出眼镜式电视，竞争的方向在于减轻机子质量和提高清晰度，但可惜还是平面的。本发明的目的在于使专业或家用摄像机加装本装置后可以轻松地将任意的景色拍成立体效果，再用经改装后的"平面－立体"两用眼镜式电视观看，犹如置身其中"。但是缺少"图像""影像"等必要的技术概念信息，而本案例的检索式所涉及的关键词均来自于技术特征，因此未能在 CPRSABS 中检索到该对比文件。

　　该对比文件已进行了数据深加工，深加工数据体现在 CNABS 中，在深加工数据中包含了"图像""影像"这一技术概念，因此在 CNABS 中通过深加工数据能够检索到该对比文件。

评测结果		
查全率	总查全率（CPRSABS）	83.33%
	总查全率（CNABS）	100%
	总改善率（CNABS/CPRSABS）	20%
	XY 查全率（CPRSABS）	66.67%
	XY 查全率（CNABS）	100%
	XY 改善率（CNABS/CPRSABS）	50%
	A 查全率（CPRSABS）	100%
	A 查全率（CNABS）	100%
	A 改善率（CNABS/CPRSABS）	0

评测结果		
查全率	总查全率（CNTXT）	100%
	总改善率（CNABS/CNTXT）	0
	XY 查全率（CNTXT）	100%
	XY 改善率（CNABS/CNTXT）	0
	A 查全率（CNTXT）	100%
	A 改善率（CNABS/CNTXT）	0
查准率	总查准率（CPRSABS）	6.94%
	总查准率（CNABS）	6.74%
	总改善率（CNABS/CPRSABS）	−2.88%
	XY 查准率（CPRSABS）	9.09%
	XY 查准率（CNABS）	8.57%
	XY 改善率（CNABS/CPRSABS）	−5.72%
	A 查准率（CPRSABS）	5.88%
	A 查准率（CNABS）	5.45%
	A 改善率（CNABS/CPRSABS）	−7.31%
	总查准率（CNTXT）	4.35%
	总改善率（CNABS/CNTXT）	54.94%
	XY 查准率（CNTXT）	3.85%
	XY 改善率（CNABS/CNTXT）	122.60%
	A 查准率（CNTXT）	4.23%
	A 改善率（CNABS/CNTXT）	28.84%
省时性	有效附图标记匹配度（原始数据）	2.34%
	有效附图标记匹配度（深加工数据）	61.68%
	有效附图标记匹配度改善率	2535.90%
	原始数据浏览平均用时（min）	3.50
	深加工数据浏览平均用时（min）	0.80
	浏览时间节省量（深加工数据）(min)	2.70

9. 电学 – 3

【权利要求】

权利要求 1：一种视频会议认证方法，其特征在于，包括：接收会议终端上传的认证信息和与会人识别信息，所述认证信息为会议信息图像，或所述认证信息是根据会议信息图像得到的信息，所述会议信息图像用于指示包括会议标识的会议信息，所述会议信息图像指示的会议信息包括与会人标识；根据所述认证信息获得会议标识，根据所述与会人识别信息获得与会人标识；将预置的会议信息中，与上传的与会人识别信息对应的与会人标识，和所述会议信息图像指示会议信息中的与会人标识进行匹配；若上传的与会人识别信息对应的与会人标识和所述会议信息图像指示会议信息中的与会人标识匹配，将获得的所述会议标识与预置的会议标识进行匹配，若相匹配，将该会议终端加入会议。

【案情简介】

针对现有技术中需要在会议终端输入会议 ID 和会议密码，一旦出错则需要重新进行输入，给与会人员造成不便的问题，本申请提供一种视频会议认证方法及相关装置，会议终端只需采集与会者通过手机或打印在纸上等方式展示的会议信息图像，即可从网络侧终端进行认证，从而加入会议。

深加工数据评测记录单（按综合项目评测）	
案例编号	电学 – 3
评测领域	电学
申请号	CN201210106709
发明名称	视频会议认证方法及相关装置
原始 IPC	H04L9/32、H04N7/15、H04N7/14
评测数据库	CPRSABS/CNABS/CNTXT
检索过程	
CPRSABS 数据库	1. CPRSABS 11803 会议 /ab
	2. CPRSABS 506556（认证 or 验证 or 加入）/ab
	3. CPRSABS 95773 标识 /ab
	4. CPRSABS 58 1 and 2 and 3
	5. CPRSABS 12404 二维码 /ab
	6. CPRSABS 1556 5 and 2

续表

检索过程	
CPRSABS 数据库	7. CPRSABS 38144 身份 /ab 8. CPRSABS 957 5 and 7 9. CPRSABS 6476735 pd<20120412 or prod<20120412 10. CPRSABS 129（4 or 6 or 8）and 9
CNABS 数据库	1. CNABS 9915 会议 /cp_ab 2. CNABS 396178（认证 or 验证 or 加入）/cp_ab 3. CNABS 71368 标识 /cp_ab 4. CNABS 78 1 and 2 and 3 5. CNABS 5469 二维码 /cp_ab 6. CNABS 959 5 and 2 7. CNABS 26320 身份 /cp_ab 8. CNABS 532 5 and 7 9. CNABS 6478968 PD<20120412 10. CNABS 123（4 or 6 or 8）and 9
CNTXT 数据库	1. CNTXT 128508 会议 2. CNTXT 3756167 验证 or 加入 3. CNTXT 774870 标识 4. CNTXT 398 1 S 2 S 3 5. CNTXT 52325 二维码 6. CNTXT 6071 5 S 2 7. CNTXT 248908 身份 8. CNTXT 5588 5 S 7 9. CNTXT 5519363 PD<20120412 10. CNTXT 151011（H04L12/18 or G07C9/00 or G07F7/08 or H04L29/06）/ic 11. CNTXT 155（4 or 6 or 8）and 9 and 10

检索结果		
XY 文件	CPRSABS 数据库	CN200810186416、CN200910176553、CN200820213672
	未检索到的	无
	CNABS 数据库	CN200810186416、CN200910176553、CN200820213672
	未检索到的	无
	CNTXT 数据库	CN200810186416、CN200910176553、CN200820213672
	未检索到的	无
A 文件	CPRSABS 数据库	CN201010255000、CN201110101449、CN201110110189

续表

检索结果		
A 文件	未检索到的	无
	CNABS 数据库	CN201010255000、CN201110110189
	未检索到的	CN201110101449
	CNTXT 数据库	CN201010255000、CN201110101449、CN201110110189
	未检索到的	无

检索性分析

本案例的 XY 类文件和 A 类文件各有 3 篇，在 CPRSABS 数据库中能够检索到全部 6 篇对比文件，而在 CNABS 数据库中未能检索到 A 类对比文件 CN201110101449。未检索到该文件的原因是，该文件的原始摘要中描述了"合法性验证"这一技术概念，并说明了进行合法性验证的具体步骤，而在深加工数据中只体现了该具体步骤的内容，没有出现"验证"这个词汇，因此在检索中进行关键词匹配时没有获取到该文件。

评测结果		
查全率	总查全率（CPRSABS）	100%
	总查全率（CNABS）	83.33%
	总改善率（CNABS/CPRSABS）	−16.67%
	XY 查全率（CPRSABS）	100%
	XY 查全率（CNABS）	100%
	XY 改善率（CNABS/CPRSABS）	0
	A 查全率（CPRSABS）	100%
	A 查全率（CNABS）	66.67%
	A 改善率（CNABS/CPRSABS）	−33.33%
	总查全率（CNTXT）	100%
	总改善率（CNABS/CNTXT）	−16.67%
	XY 查全率（CNTXT）	100%
	XY 改善率（CNABS/CNTXT）	0
	A 查全率（CNTXT）	100%
	A 改善率（CNABS/CNTXT）	−33.33%
查准率	总查准率（CPRSABS）	4.65%
	总查准率（CNABS）	4.07%
	总改善率（CNABS/CPRSABS）	−12.47%

续表

评测结果		
查准率	XY 查准率（CPRSABS）	2.33%
	XY 查准率（CNABS）	2.44%
	XY 改善率（CNABS/CPRSABS）	4.72%
	A 查准率（CPRSABS）	2.33%
	A 查准率（CNABS）	1.63%
	A 改善率（CNABS/CPRSABS）	−30.04%
	总查准率（CNTXT）	3.87%
	总改善率（CNABS/CNTXT）	5.17%
	XY 查准率（CNTXT）	1.94%
	XY 改善率（CNABS/CNTXT）	25.77%
	A 查准率（CNTXT）	1.94%
	A 改善率（CNABS/CNTXT）	−15.98%
省时性	有效附图标记匹配度（原始数据）	8.96%
	有效附图标记匹配度（深加工数据）	64.45%
	有效附图标记匹配度改善率	619.31%
	原始数据浏览平均用时（min）	3.94
	深加工数据浏览平均用时（min）	0.77
	浏览时间节省量（深加工数据）(min)	3.17

10. 机械 – 1

【权利要求】

权利要求 1：一种嵌合式墨水匣负压调节气袋，包括：一气袋，由一可伸缩变化容积的袋体构成；一扣环，与所述气袋密接，所述扣环具有一可嵌入墨水匣上预留的小洞的外突部位，扣环的中央设有一可供空气跑进或跑出所述气袋的气孔；一扭力弹簧，一端与所述墨水匣相接；一平板，所述平板的一面与所述扭力弹簧的另一端相接，另一面以借助扭力弹簧的力量压迫住所述气袋的方式与所述气袋相接。

【案情简介】

喷墨打印机的墨水匣的匣内压力调节非常重要，若匣内无压力调节装置，墨水匣在运送过程如高空中的飞机货仓中会发生渗墨现象；在喷墨机构的持续运作过程中当墨水消耗导致匣内的负压力量加大，若无适当的调节机制，则负压的力量将会削减或抵过喷墨芯片的喷墨力量，使墨滴的喷点精确度逐渐失去，影响喷墨打印机性能。目前已有许多墨水匣负压的专利，但大多只着重于各种调压机构的设计，对于如何提升喷墨匣与调压组件的组装效率的设计，却尚是空白。本案提供一种嵌合式墨水匣负压调节气袋及其组装方法，可轻易且迅速实现气袋与墨水匣的组装。

深加工数据评测记录单（按综合项目评测）	
案例编号	机械 – 1
评测领域	机械
申请号	CN02102555
发明名称	嵌合式墨水匣负压调节气袋及其组装方法
原始 IPC	B41J2/175
评测数据库	CPRSABS/CNABS/CNTXT
检索过程	
CPRSABS 数据库	1. CPRSABS 6645 B41J2/175/ic 2. CPRSABS 69185 /ti 弹性 or 弹力 or 弹簧 or 簧件 or 伸缩簧 or 弹件 or 弹动件 or 簧片 or 片簧 or 弹片 3. CPRSABS 945954 /ab 弹性 or 弹力 or 弹簧 or 簧件 or 伸缩簧 or 弹件 or 弹动件 or 簧片 or 片簧 or 弹片 4. CPRSABS 152033 /ti 大气 or 空气 or 气体 5. CPRSABS 825319 /ab 大气 or 空气 or 气体 6. CPRSABS 844416 /ti 调节 or 可调 or 调控 or 调整 or 控制 or 负压 or 压力 7. CPRSABS 4057133 /ab 调节 or 可调 or 调控 or 调整 or 控制 or 负压 or 压力 8. CPRSABS 4146 /ti 墨盒 or 墨液室 or 墨水盒 or 墨水匣 or 墨箱 or 墨匣 9. CPRSABS 6328 /ab 墨盒 or 墨液室 or 墨水盒 or 墨水匣 or 墨箱 or 墨匣 10. CPRSABS 948002 2 or 3 11. CPRSABS 830718 4 or 5 12. CPRSABS 4085325 6 or 7 13. CPRSABS 7137 8 or 9 14. CPRSABS 48 10 and 11 and 12 and 13 15. CPRSABS 1305011 pd<2003–08–13 or prod<2003–08–13 16. CPRSABS 20 15 and 14 17. CPRSABS 212 10 and 12 and 13

	检索过程
	18. CPRSABS 1018862 pd<2002-01-28 or prod<2002-01-28 19. CPRSABS 12 18 and 17 20. CPRSABS 28 19 and 16
CNABS 数据库	1. CNABS 506713 /CP_AB 弹性 or 弹力 or 弹簧 or 簧件 or 伸缩簧 or 弹件 or 弹动件 or 簧片 or 片簧 or 弹片 2. CNABS 470676 /CP_AB 大气 or 空气 or 气体 3. CNABS 2116907 /CP_AB 调节 or 可调 or 调控 or 调整 or 控制 or 负压 or 压力 4. CNABS 140543 /CP_TI 弹性 or 弹力 or 弹簧 or 簧件 or 伸缩簧 or 弹件 or 弹动件 or 簧片 or 片簧 or 弹片 5. CNABS 661874 /CP_TI 调节 or 可调 or 调控 or 调整 or 控制 or 负压 or 压力 6. CNABS 105765 /CP_TI 大气 or 空气 or 气体 7. CNABS 4385 /CP_AB 墨盒 or 墨液室 or 墨水盒 or 墨水匣 or 墨箱 or 墨匣 8. CNABS 2617 /CP_TI 墨盒 or 墨液室 or 墨水盒 or 墨水匣 or 墨箱 or 墨匣 9. CNABS 2143269 3 or 5 10. CNABS 509846 1 or 4 11. CNABS 476260 2 or 6 12. CNABS 4405 7 or 8 13. CNABS 67 9 and 10 and 11 and 12 14. CNABS 992957 pd<2003-08-13 15. CNABS 26 13 and 14 16. CNABS 210 9 and 10 and 12 17. CNABS 799410 pd<2002-01-28 18. CNABS 28 16 and 17 19. CNABS 46 15 and 18
CNTXT 数据库	1. CNTXT 3281158 弹性 or 弹力 or 弹簧 or 簧件 or 伸缩簧 or 弹件 or 弹动件 or 簧片 or 片簧 or 弹片 2. CNTXT 12054295 调节 or 可调 or 调控 or 调整 or 控制 or 负压 or 压力 3. CNTXT 3981843 大气 or 空气 or 气体 4. CNTXT 24804 墨盒 or 墨液室 or 墨水盒 or 墨水匣 or 墨箱 or 墨匣 5. CNTXT 146124 气袋 or 气囊 6. CNTXT 1119404 pd<2003-08-13 7. CNTXT 254 1 and 2 and 3 and 4 and 5 8. CNTXT 55 7 and 6 9. CNTXT 276 1 and 2 and 4 and 5 10. CNTXT 886827 pd<2002-01-28 11. CNTXT 27 10 and 9 12. CNTXT 57 8 and 11

续表

	检索结果	
XY 文件	CPRSABS 数据库	CN00135955、CN00136841、CN01125165、CN00133881、CN00100898
	未检索到的	CN01103984
	CNABS 数据库	CN00135955、CN00136841、CN01125165、CN01103984、CN00133881
	未检索到的	CN00100898
	CNTXT 数据库	CN00135955、CN01125165、CN00136841、CN01103984、CN00133881、CN00100898
	未检索到的	无
A 文件	CPRSABS 数据库	CN00201268
	未检索到的	CN99218646、CN99103202、CN98116197
	CNABS 数据库	CN00201268、CN99218646、CN99103202、CN98116197
	未检索到的	无
	CNTXT 数据库	CN00201268、CN99103202
	未检索到的	CN98116197、CN99218646

检索性分析

对于 XY 类文献：在 CPRSABS 数据库中检索，命中 5 篇 XY 类文献，缺失 CN01103984，在 CNABS 数据库中命中 5 篇文献，而缺失 CN00100898。

经分析，在 CNABS 数据库中缺失 CN00100898 的原因在于改写后的摘要及关键词中均未出现与弹性或弹簧相关的词汇，而在文献 CN00100898 的从属权利要求中其实提到压力调节装置包括一弹性元件，且该弹性元件为弹簧。

评测结果

查全率	总查全率（CPRSABS）	60%
	总查全率（CNABS）	90%
	总改善率（CNABS/CPRSABS）	50%
	XY 查全率（CPRSABS）	83.33%
	XY 查全率（CNABS）	83.33%
	XY 改善率（CNABS/CPRSABS）	0
	A 查全率（CPRSABS）	25%
	A 查全率（CNABS）	100%

评测结果		
查全率	A 改善率（CNABS/CPRSABS）	300%
	总查全率（CNTXT）	80%
	总改善率（CNABS/CNTXT）	12.5%
	XY 查全率（CNTXT）	100%
	XY 改善率（CNABS/CNTXT）	−16.67%
	A 查全率（CNTXT）	50%
	A 改善率（CNABS/CNTXT）	100%
查准率	总查准率（CPRSABS）	21.43%
	总查准率（CNABS）	19.57%
	总改善率（CNABS/CPRSABS）	−8.67%
	XY 查准率（CPRSABS）	25%
	XY 查准率（CNABS）	19.23%
	XY 改善率（CNABS/CPRSABS）	−23.08%
	A 查准率（CPRSABS）	8.33%
	A 查准率（CNABS）	14.29
	A 改善率（CNABS/CPRSABS）	71.43%
	总查准率（CNTXT）	14.04%
	总改善率（CNABS/CNTXT）	39.39%
	XY 查准率（CNTXT）	10.91%
	XY 改善率（CNABS/CNTXT）	76.26%
	A 查准率（CNTXT）	7.41%
	A 改善率（CNABS/CNTXT）	92.85%
省时性	有效附图标记匹配度（原始数据）	0
	有效附图标记匹配度（深加工数据）	42.73%
	有效附图标记匹配度改善率	NA
	原始数据浏览平均用时（min）	5.48
	深加工数据浏览平均用时（min）	0.77
	浏览时间节省量（深加工数据）(min)	4.71

11. 机械 – 2

【权利要求】

权利要求 1：一种冰箱用门封，其特征在于，包括隔热气囊和安装部，所述安装部的内部中空且与所述隔热气囊相连，安装部包括一端与隔热气囊连接的连接部和与另一端相连的卡勾部，所述卡勾部包括一对沿安装部的中心线镜像相背设置的卡勾，卡勾向后倾斜延伸，卡勾的后边沿与前边沿彼此成夹角且后边沿到前边沿的最小距离大于零。

【案情简介】

现有冰箱的门封卡入门胆安装槽以达到将门封安装在门胆上的目的。然而随着大体量冰箱的出现，特别是大单门和对开门冰箱的门体由于体积大，因而对门封与门胆的卡扣力要求很高，现有的门封不能满足要求，容易造成门封脱落等问题，严重影响了冰箱的正常使用。由此，本案提出了一种具有良好强度和卡扣力的冰箱用门封及使用该门封的冰箱。

深加工数据评测记录单（按综合项目评测）	
案例编号	机械 – 2
评测领域	机械
申请号	CN201210468143
发明名称	冰箱用门封以及冰箱
原始 IPC	F25D23/02
评测数据库	CPRSABS/CNABS/CNTXT
检索过程	
CPRSABS 数据库	1. CPRSABS 10954 /ti 气囊 or 气密囊 or 气压囊 or 气体压力囊 or 充气软囊 2. CPRSABS 53499 /ab 气囊 or 气密囊 or 气压囊 or 气体压力囊 or 充气软囊 3. CPRSABS 689 /ti 磁条 or 磁性条 or 条形磁铁 or 条形磁体 or 磁体条 or 磁性胶条 4. CPRSABS 8099 /ab 磁条 or 磁性条 or 条形磁铁 or 条形磁体 or 磁体条 or 磁性胶条 5. CPRSABS 675 /ti 门封 6. CPRSABS 2032 /ab 门封 7. CPRSABS 53746 1 or 2 8. CPRSABS 8138 3 or 4

检索过程	
CPRSABS 数据库	9. CPRSABS 2051 5 or 6 10. CPRSABS 91 7 and 8 and 9 11. CPRSABS 7942631 pd<2013–02–13 or prod<2013–02–13 12. CPRSABS 24 10 and 11 13. CPRSABS 294938 /ti 密封 or 密闭性 or 封闭性 or 隔热 or 保温 or 冷量 or 冷损 or 隔温 or 保冷 or 隔热 or 阻热 or 隔绝热量 or 抑制热传递 or 节能 or 能耗 or 节省能量 or 电耗 14. CPRSABS 1371018 /ab 密封 or 密闭性 or 封闭性 or 隔热 or 保温 or 冷量 or 冷损 or 隔温 or 保冷 or 隔热 or 阻热 or 隔绝热量 or 抑制热传递 or 节能 or 能耗 or 节省能量 or 电耗 15. CPRSABS 1381263 13 or 14 16. CPRSABS 156 7 and 9 and 15 17. CPRSABS 7484295 pd<2012–11–19 or prod<2012–11–19 18. CPRSABS 30 16 and 17 19. CPRSABS 41 12 or 18
CNABS 数据库	1. CNABS 5633941 pd<20130213 2. CNABS 24690 /CP_AB 气囊 or 气密囊 or 气压囊 or 气体压力囊 or 充气软囊 3. CNABS 14218 /CP_TI 气囊 or 气密囊 or 气压囊 or 气体压力囊 or 充气软囊 4. CNABS 3317 /CP_AB 磁条 or 磁性条 or 条形磁铁 or 条形磁体 or 磁体条 or 磁性胶条 5. CNABS 1173 /CP_TI 磁条 or 磁性条 or 条形磁铁 or 条形磁体 or 磁体条 or 磁性胶条 6. CNABS 987 /CP_AB 门封 7. CNABS 358 /CP_TI 门封 8. CNABS 24756 2 or 3 9. CNABS 3334 4 or 5 10. CNABS 989 6 or 7 11. CNABS 34 8 and 9 and 10 12. CNABS 21 1 and 11 13. CNABS 74 8 and 10 14. CNABS 190953 /cp_ti 密封 or 密闭性 or 封闭性 or 隔热 or 保温 or 冷量 or 冷损 or 隔温 or 保冷 or 隔热 or 阻热 or 隔绝热量 or 抑制热传递 or 节能 or 能耗 or 节省能量 or 电耗

续表

检索过程	
CNABS 数据库	15. CNABS 751335 /cp_ab 密封 or 密闭性 or 封闭性 or 隔热 or 保温 or 冷量 or 冷损 or 隔温 or 保冷 or 隔热 or 阻热 or 隔绝热量 or 抑制热传递 or 节能 or 能耗 or 节省能量 or 电耗 16. CNABS 754971 14 or 15 17. CNABS 66 16 and 13 18. CNABS 5311977 pd<20121119 19. CNABS 35 16 and 17 and 18 20. CNABS 39 12 and 19
CNTXT 数据库	1. CNTXT 126237 气囊 or 气密囊 or 气压囊 or 气体压力囊 or 充气软囊 2. CNTXT 32526 磁条 or 磁性条 or 条形磁铁 or 条形磁体 or 磁体条 or 磁性胶条 3. CNTXT 8966 门封 4. CNTXT 6755134 pd<2013-02-13 5. CNTXT 227 1 and 2 and 3 6. CNTXT 62 4 and 5 7. CNTXT 7896 F25D23/02/ic 8. CNTXT 39 6 and 7 9. CNTXT 4396909 密封 or 密闭性 or 封闭性 or 隔热 or 保温 or 冷量 or 冷损 or 隔温 or 保冷 or 隔热 or 阻热 or 隔绝热量 or 抑制热传递 or 节能 or 能耗 or 节省能量 or 电耗 10. CNTXT 271 1 and 3 and 7 and 9 11. CNTXT 6380489 pd<20121119 12. CNTXT 41 10 and 11 13. CNTXT 53 8 or 12

检索结果		
XY 文件	CPRSABS 数据库	CN201110269695、CN201210380281、CN201020259887
	未检索到的	无
	CNABS 数据库	CN201110269695、CN201210380281、CN201020259887
	未检索到的	无
	CNTXT 数据库	CN201110269695、CN201210380281、CN201020259887
	未检索到的	无

续表

	检索结果	
A 文件	CPRSABS 数据库	CN200820069372、CN201020635068、CN201210247768
	未检索到的	CN201210038019
	CNABS 数据库	CN200820069372、CN201020635068、CN201210038019、CN201210247768
	未检索到的	无
	CNTXT 数据库	CN200820069372、CN201020635068、CN201210038019、CN201210247768
	未检索到的	无

检索性分析

本案是一种冰箱的门封，具有安装部、隔热气囊、磁条安装框等，使门封具有足够的强度，使卡钩部的卡扣力足以胜任大体量冰箱门对门封卡扣力的要求。

对于 A 类文献：在 CPRSABS 数据库中缺失文献 CN201210038019，是由于在该文献的名称、原始摘要及权利要求中均未提及气囊。而在 CNABS 数据库改写后的深加工摘要中，增加了对门封条使用的说明，其中提到"门封条安装后，在门体关闭后，通过磁性胶条（6）带动气囊（7）打开，将门封吸附在箱体（8）上，达到密封的效果"，即改写后的深加工摘要中提供了说明书中的更多的信息，从而通过这些增加的信息检索到该文献，而在 CPRSABS 数据库中则漏检了该文献。

	评测结果	
查全率	总查全率（CPRSABS）	85.71%
	总查全率（CNABS）	100%
	总改善率（CNABS/CPRSABS）	16.67%
	XY 查全率（CPRSABS）	100%
	XY 查全率（CNABS）	100%
	XY 改善率（CNABS/CPRSABS）	0
	A 查全率（CPRSABS）	75%
	A 查全率（CNABS）	100%
	A 改善率（CNABS/CPRSABS）	33.33%
	总查全率（CNTXT）	100%
	总改善率（CNABS/CNTXT）	0
	XY 查全率（CNTXT）	100%

续表

评测结果		
查全率	XY 改善率（CNABS/CNTXT）	0
	A 查全率（CNTXT）	100%
	A 改善率（CNABS/CNTXT）	0
查准率	总查准率（CPRSABS）	14.63%
	总查准率（CNABS）	17.95%
	总改善率（CNABS/CPRSABS）	22.69%
	XY 查准率（CPRSABS）	12.5%
	XY 查准率（CNABS）	14.29%
	XY 改善率（CNABS/CPRSABS）	14.32%
	A 查准率（CPRSABS）	10%
	A 查准率（CNABS）	11.43%
	A 改善率（CNABS/CPRSABS）	14.3%
	总查准率（CNTXT）	13.21%
	总改善率（CNABS/CNTXT）	35.88%
	XY 查准率（CNTXT）	7.69%
	XY 改善率（CNABS/CNTXT）	85.83%
	A 查准率（CNTXT）	9.76%
	A 改善率（CNABS/CNTXT）	17.11%
省时性	有效附图标记匹配度（原始数据）	4.22%
	有效附图标记匹配度（深加工数据）	77.11%
	有效附图标记匹配度改善率	1727.25%
	原始数据浏览平均用时（min）	2.17
	深加工数据浏览平均用时（min）	0.64
	浏览时间节省量（深加工数据）(min)	1.53

12. 机械 – 3

【权利要求】

权利要求 1：一种菲涅尔式聚光反射器，其特征在于包括菲涅尔式反射镜装置。所述菲涅尔式反射镜装置包括一系列不连续的具有不同倾角的条形反射镜，所述条形反射镜并排排列形成锯齿状且共焦点。

【案情简介】

目前的太阳能热水器能量利用率低、温度低且无追日功能，而菲涅尔太阳能热水系统由一系列共焦点但面型参数不同的不连续槽式抛物面组成，各不连续槽式抛物面由离散的条形平面镜拟合而成，且具有一维追日功能，因此提高了能量利用效率。其中菲涅尔式反射镜的设计是整个菲涅尔式太阳能热水系统的关键。本案提供了一种菲涅尔式聚光反射器及菲涅尔式太阳能热水系统，该菲涅尔式聚光反射器制造成本低，使大面积的光斑反射到小面积的吸热板上，提高了聚光比，减少了吸热板面积，提高了吸热效率；该菲涅尔式太阳能热水系统有追日功能，一天之内使反射镜上的光最大效率地照射到吸热板上，提高了能量利用效率。

深加工数据评测记录单（按综合项目评测）	
案例编号	机械 – 3
评测领域	机械
申请号	CN201110452000
发明名称	菲涅尔式聚光反射器及菲涅尔式太阳能热水系统
原始 IPC	G02B5/08、F24J2/10、F24J2/38、G02B7/182
评测数据库	CPRSABS/CNABS/CNTXT
检索过程	
CPRSABS 数据库	1. CPRSABS 379（（（（（条形 or 条状 or 条型）s 多）or 菲涅尔 or 菲涅耳）and 反射）and 太阳）/ab 2. CPRSABS 1572691（跟踪 or 追日 or（角度 and（调整 or 调节 or 改变））or 旋转 or 转动）/ab 3. CPRSABS 70606（f24j2 or h02s or h02n6）/ic 4. CPRSABS 118 1 and 2 and 3 5. CPRSABS 27 4 and pd<20120613
CNABS 数据库	1. CNABS 302（（（（（条形 or 条状 or 条型）s 多）or 菲涅尔 or 菲涅耳）and 反射）and 太阳）/cp_ab 2. CNABS 673018（跟踪 or 追日 or（角度 and（调整 or 调节 or 改变））or 旋转 or 转动）/cp_ab 3. CNABS 78288（f24j2 or h02s or h02n6）/ic 4. CNABS 83 1 and 2 and 3 5. CNABS 46 4 and pd<20120613
	1. CNTXT 82367（f24j2 or h02s or h02n6）/ic

续表

检索过程	
CNTXT 数据库	2. CNTXT 389515（跟踪 or 追日 or（（角度 or 斜度）5d（调整 or 调节 or 改变））or 旋转 or 转动）and（（支撑 or 支承）w（框架 or 架 or 装置 or 件））） 3. CNTXT 2263（（（（条形 or 条状 or 条型）s 多）or 菲涅尔 or 菲涅耳）p（反射镜 or 反射件 or 反射元件 or 反射器 or 反射板 or 反射装置））and 太阳 4. CNTXT 229 1 and 2 and 3 5. CNTXT 55 4 and pd<20120613

检索结果		
XY 文件	CPRSABS 数据库	CN200710047309
	未检索到的	CN200720010458、CN200710093980
	CNABS 数据库	CN200710047309、CN200720010458
	未检索到的	CN200710093980
	CNTXT 数据库	CN200710047309、CN200720010458
	未检索到的	CN200710093980
A 文件	CPRSABS 数据库	CN201010188124
	未检索到的	CN200980145771、CN201120211990
	CNABS 数据库	CN201010188124、CN200980145771、CN201120211990
	未检索到的	无
	CNTXT 数据库	CN201120211990
	未检索到的	CN201010188124、CN200980145771

检索性分析

　　对比文献 CN201021852Y 是 CPRSABS 数据库没有检索到，而 CNABS 中检索到的 Y 类文献，分析其原因主要在于其摘要经过深加工改写后，增加了从属权利要求的内容，因此增加了查全率。

评测结果		
查全率	总查全率（CPRSABS）	33.33%
	总查全率（CNABS）	83.33%
	总改善率（CNABS/CPRSABS）	150.02%
	XY 查全率（CPRSABS）	33.33%
	XY 查全率（CNABS）	66.67%
	XY 改善率（CNABS/CPRSABS）	100%

评测结果		
查全率	A 查全率（CPRSABS）	33.33%
	A 查全率（CNABS）	100%
	A 改善率（CNABS/CPRSABS）	200%
	总查全率（CNTXT）	50%
	总改善率（CNABS/CNTXT）	66.67%
	XY 查全率（CNTXT）	66.67%
	XY 改善率（CNABS/CNTXT）	0
	A 查全率（CNTXT）	33.33%
	A 改善率（CNABS/CNTXT）	200%
查准率	总查准率（CPRSABS）	7.41%
	总查准率（CNABS）	10.87%
	总改善率（CNABS/CPRSABS）	46.69%
	XY 查准率（CPRSABS）	3.70%
	XY 查准率（CNABS）	4.35%
	XY 改善率（CNABS/CPRSABS）	17.56%
	A 查准率（CPRSABS）	3.70%
	A 查准率（CNABS）	6.52%
	A 改善率（CNABS/CPRSABS）	76.22%
	总查准率（CNTXT）	5.45%
	总改善率（CNABS/CNTXT）	99.45%
	XY 查准率（CNTXT）	3.64%
	XY 改善率（CNABS/CNTXT）	19.51%
	A 查准率（CNTXT）	1.82%
	A 改善率（CNABS/ CNTXT）	258.24%
省时性	有效附图标记匹配度（原始数据）	18.42%
	有效附图标记匹配度（深加工数据）	67.98%
	有效附图标记匹配度改善率	269.06%
	原始数据浏览平均用时（min）	3.92
	深加工数据浏览平均用时（min）	0.78
	浏览时间节省量（深加工数据)(min)	3.14

第六节　小结

提高专利文献的检索性和浏览省时性是中国专利深加工数据价值的重点表现。一方面，通过对中国专利文献进行结构化的标引，提高了数据质量，丰富了检索入口；另一方面，采用概括、简洁的语言对专利文献的技术信息重新进行梳理得到的深加工摘要，可读性得到显著增强，便于检索人员根据实际的需要选择阅读某些类目的内容，提高阅读的效率。

本章对深加工数据进行检索性及浏览省时性评测，结果显示，与 CPRSABS 数据库相比，利用 CNABS 数据库的深加工数据通过相同检索式进行检索，XYA 查全率提高了 47.17%，其中，XY 查全率提高了 41.38%；XYA 查准率提高了 7.09%，其中，XY 查准率提高了 13.21%。

与 CNTXT 数据库相比，利用 CNABS 数据库的深加工数据进行检索，在两个数据库检索结果的文献量相近的情况下，XYA 查全率提高了 32.81%，其中，XY 查全率提高了 14.95%；XYA 查准率提高了 96.41%，其中 XY 查准率提高了 108.91%。

在浏览省时性方面，通过字数统计与阅读时间的换算，与阅读原始专利文献得到目标信息的时间相比，阅读深加工数据得到目标信息的时间，平均每篇节省将近 4 分钟；同时深加工摘要结合摘要附图进行阅读的可读性很高。

综上所述，通过对深加工数据的七个类目及 23 个检索字段进行评测，采用深加工名称、深加工摘要、深加工关键词进行检索，可以有效缩小检索范围，提高查全率和查准率，采用 IPC 再分类和实用分类进行检索，可作为 IPC 分类体系的有效补充，采用机构代码和引文进行检索，丰富了检索手段。此外，深加工数据通过结构化的标引以及摘要中附图标记的标注，节省了浏览时间。

中国专利深加工数据的分析性评测

专利分析主要是由专利文献信息结合非专利文献信息来获得专利情报。在专利分析过程中，专利分析检索及专利技术分析、市场主体分析、区域分析等专利分析方式都需要高质量的专利检索数据。其中，专利分析检索数据质量的好坏直接影响报告结论的可靠性和准确性；专利分析方法的多维度分析也需要依靠高质量专利数据及相应的检索分析字段。中国专利深加工数据由于其结构化标引以及拥有23个丰富的检索字段，为专利分析检索的检索入口和分析角度提供了有力的数据支撑。为了量化深加工数据在专利分析方面的作用，本章开展了深加工数据的分析性评测工作。

第一节　专利分析性评测的目的

对专利分析的定义为："专利情报分析就是在对专利文献进行筛选、鉴定、整理的基础上，利用情报计量学的各种方法和手段，对其中所含的各种情报要素进行统计、排序、对比、分析和研究，从而揭示专利流的深层动态特征，了解技术、经济发展的过去及现状，进行技术评价和技术预测"。❶ 从对象和目的来看，专利分析就是指以某一技术领域的专利文献信息为分析样本，结合网络、报纸、期刊、学位论文等各类非专利文献信息，对该技术领域的专利技术的整

---

❶　彭爱东. 专利引文分析在企业竞争情报中的应用. [J]. 情报理论与实践. 2004，27（3）：22.

体概况、发展态势、分布状况、竞争力量等内容进行多维度分析，以获取技术情报、法律情报、商业情报。❶

专利分析基本流程包括技术分解、专利分析检索、数据处理、分析工具的使用、图表制作、分析方式的使用等环节。其中格式统一、规范、便于检索和浏览的专利信息，在专利分析检索、数据处理、分析方式的使用等环节发挥了越来越重要的作用。

专利分析检索是专利分析的基石，检索结果的质量直接影响专利分析的可靠性。因此，中国专利技术开发公司组织技术专家，从用户的角度，选择机械、电学、化学、医药中的特色领域，以查全率、查准率为指标，通过专利分析检索对深加工数据进行专利分析性评测。对采用深加工数据、原始数据及全文数据的专利分析检索的检索结果进行评价和对比，同时给出定量的评测结果，以验证深加工数据在专利分析方面的使用效果。

第二节　评测对象

一、评测数据库

专利分析性评测是以 S 系统中的 CNABS 数据库、CNTXT 数据库为评测平台，在 CNABS 数据库中进行深加工数据和原始数据的评测，在 CNTXT 数据库中进行全文数据的评测。本次评测的原始数据包括原始摘要和全部权利要求。

二、评测领域

评测领域的选择和专利检索案例选择的标准相适应，从领域广泛、领域特有、检索要素多样等方面考虑。共选择了机械领域中的风力发动机的降噪技术、汽车离合器技术，电学领域中的质子交换膜燃料电池、手机无线充电技术，化学领域中的航空航天涂料、杀菌消毒用光催化剂，医药领域中的治疗中暑的药品或保健药品、治疗脚气的天然药物八个特色领域进行深加工数据专利分析性评测。

---

❶　杨铁军. 专利分析实务手册［M］. 北京：知识产权出版社，2012：3.

第三节　评测指标

一、指标选择

评测指标包括：查全率、查准率。

二、指标计算方式

（一）查全率

$$查全率 = 筛选结果 / 检索合并后结果 \times 100\%$$

其中筛选结果为专利分析检索后，人工筛选去噪后的结果，检索合并后结果为深加工数据检索、原始数据检索、全文数据检索后，去重并人工筛选后的总结果。

（二）查准率

查准率是衡量信息检索系统检出文献准确度的尺度。

$$查准率 = 筛选结果 / 检索结果 \times 100\%$$

式中的筛选结果和对应的检索结果均指同一数据源。

第四节　评测方法

评测方法包括以下六个步骤：

步骤 1. 选择评测领域；

步骤 2. 构建及调整检索式；

步骤 3. 采用相同的检索策略，在 CNABS 数据库中使用深加工数据和原始数据、在 CNTXT 数据库中使用全文数据，分别进行检索，得到检索结果；其中，在 CNTXT 数据库中进行全文数据检索后，采用转库到 CNABS 数据库的方式，保证数据评测的一致性；

步骤 4. 对检索结果进行人工筛选去噪；

步骤 5. 针对检索结果和人工筛选去噪后结果，计算查全率、查准率。

第五节　评测结果及其分析

一、评测结果

（一）查全率和查准率

综合风力发动机的降噪技术、汽车离合器技术、质子交换膜燃料电池、手机无线充电技术、航空航天涂料、杀菌消毒用光催化剂、治疗中暑的药品或保健药品、治疗脚气的天然药物八个领域的专利分析性评测，得到涉及深加工数据/原始数据/全文数据的查全率和查准率的评测表见表6-1至表6-4。

表 6-1　查全率（原始数据/深加工数据）

案例编号	查全率（原始数据/深加工数据）		
	原始数据	深加工数据	改善率
机械1	59.82%	87.79%	47%
机械2	65.75%	93.37%	42%
电学1	22.35%	90.17%	304%
电学2	35.61%	96.83%	172%
化学1	36.39%	93.67%	157%
化学2	59.14%	86.12%	46%
医药1	71.01%	89.94%	27%
医药2	78.99%	95.06%	20%
平均	53.63%	91.62%	71%

注：改善率=（深加工数据－原始数据）/原始数据（以下各表均同）

表 6-2　查全率（全文数据/深加工数据）

案例编号	查全率（全文数据/深加工数据）		
	全文数据	深加工数据	改善率
机械1	96.64%	87.79%	−9%
机械2	73.76%	93.37%	27%
电学1	98.89%	90.17%	−9%
电学2	98.87%	96.83%	−2%

续表

案例编号	查全率（全文数据 / 深加工数据）		
	全文数据	深加工数据	改善率
化学 1	81.84%	93.67%	14%
化学 2	87.03%	86.12%	−1%
医药 1	91.42%	89.94%	−2%
医药 2	98.11%	95.06%	−3%
平均	90.82%	91.62%	1%

表 6–3　查准率（原始数据 / 深加工数据）

案例编号	查准率（原始数据 / 深加工数据）		
	原始数据	深加工数据	改善率
机械 1	66.14%	79.23%	20%
机械 2	84.40%	89.18%	6%
电学 1	81.50%	95.31%	17%
电学 2	53.33%	86.79%	63%
化学 1	84.56%	96.86%	15%
化学 2	91.02%	95.13%	5%
医药 1	87.91%	97.75%	11%
医药 2	95.67%	98.19%	3%
平均	80.57%	92.30%	15%

表 6–4　查准率（全文数据 / 深加工数据）

案例编号	查准率（全文数据 / 深加工数据）		
	全文数据	深加工数据	改善率
机械 1	21.06%	79.23%	276%
机械 2	68.34%	89.18%	30%
电学 1	10.16%	95.31%	838%
电学 2	19.07%	86.79%	355%
化学 1	35.84%	96.86%	170%
化学 2	27.78%	95.13%	242%

续表

案例编号	查准率（全文数据／深加工数据）		
	全文数据	深加工数据	改善率
医药 1	9.88%	97.75%	889%
医药 2	6.63%	98.19%	1380%
平均	24.85%	92.30%	271%

（二）总体评价

对深加工数据进行分析性评测，结果显示，与原始数据相比，利用深加工数据通过相同检索式进行检索，查全率提高了 71%，查准率提高了 15%。

与全文数据相比，利用深加工数据通过相同检索式进行检索，查全率与全文数据的查全率基本相同（查全率提高 1%），而查准率提高了 2.7 倍（查准率提高 271%）。

二、具体案例分析

（一）风力发电机的降噪技术

1. 领域概况

风能是一种绿色可再生能源，取之不尽，用之不竭，随着风力机的迅速发展与应用，风轮尺寸越来越大，运行过程中产生的噪声也越来越严重，并且风力机也可能会接近人口密集区域，因而风力机产生的噪声问题已经引起了世界各国的普遍关注，美国的可再生能源实验室、NASA 的 Langley 研究中心，荷兰的国家航空实验室，英国的风能协会等都对风力机的噪声问题进行了大量研究。❶

寻求高效、低噪声风力机是人们一直追求的目标。按照不同声源风力机噪声可分为机械噪声和气动噪声．由于目前的机械制造水平及技术的不断提高，机械噪声可以得到较好的控制，而降低风力机的气动噪声成为目前研究的关键问题。❷风力机气动噪声是由人流风轮扰动、塔架扰动、叶尖涡流、叶片后

---

❶ 司海青，王同光，吴晓军. 参数对风力机气动噪声的影响研究［J］. 空气动力学报，2014，32（1）：131–135.

❷ 汪泉，陈进，程江涛，等. 低噪声风力机翼型设计方法及实验分析［J］. 北京航空航天大学学报，2015，41（1）：23–28.

缘分离及边界层分离等引发。噪声不仅引起环境污染，还会造成结构的疲劳和破坏。❶

目前，美国、欧盟等发达国家已经立法鼓励家庭安装小型风力发电系统，近两年，我国提出了"绿色照明""节能、减排"工程，这为小型家用风力发电系统的推广应用和发展提供了广阔的前景。小型家用风力发电系多安装于居民区建筑物顶部，安装高度低、置于居民居住环境内，在工作过程中，由于风及运动部件的激励，风轮机、发电机及其他运动部件都将产生较大的噪声。在市政工程推广中对小型风力发电机的低噪声要求较高，随着环境质量要求的日益提高，消音降噪成为小型风力发电系统推广应用和发展过程中亟待解决的问题。小型风力发电系统噪声的频率主要集中在低、中频范围内，对噪声进行频谱分析，实施有效的噪声控制，是研制小型风力发电系统过程的重要环节。❷

近些年，由于我国制造业相比欧美发达国家还有一定差距，随着风力发电机国产化程度的不断提高，国产风力发电机的振动噪声问题更加凸显，同时振动和噪声直接影响到风力发电机的使用性能和使用寿命，从而对正常国产产业化造成不良影响，因此，风力发电机的减振降噪控制是非常必要和迫切的。

通过对风电降噪技术领域的相关专利进行分析，从专利视角探索解决该问题的途径，对加强风力发电产业的深入研究，提升风力发电装置的性能，以及促进国产风力发电装置的技术进步具有重要的现实意义。

2.评测结果

深加工数据评测记录单 - 专利分析	
案例编号	机械 –1
评测领域	机械
领域名称	风力发电机的降噪技术
评测数据库	CNABS/CNTXT

---

❶ 司海青，王同光，吴晓军. 参数对风力机气动噪声的影响研究［J］. 空气动力学报，2014，32（1）：131-135.

❷ 王洪玲. 小型风力发电系统噪声的有源控制［D］. 山东：山东建筑大学，2012：3.

续表

检索过程			
CNABS 数据库（原始数据）	1 CNABS	7279431	cp_ab=yes
	2 CNABS	32430	/ic f 03d
	3 CNABS	15209	/gk_ab or 风能发动, 风力驱动, 风能动力, 风力发动, 风力发电
	4 CNABS	22701	/sq_ab or 风能发动, 风力驱动, 风能动力, 风力发动, 风力发电
	5 CNABS	34430	/clms or 风能发动, 风力驱动, 风能动力, 风力发动, 风力发电
	6 CNABS	115499	/gk_ab 噪声 or 噪声 or 降噪 or 消噪 or 消音 or 除噪 or 吸声 or 声噪 or 避噪 or 隔音 or 隔声 or 隔噪 or 声音隔离 or 减噪
	7 CNABS	183744	/sq_ab 噪声 or 噪声 or 降噪 or 消噪 or 消音 or 除噪 or 吸声 or 声噪 or 避噪 or 隔音 or 隔声 or 隔噪 or 声音隔离 or 减噪
	8 CNABS	172727	/clms 噪声 or 噪声 or 降噪 or 消噪 or 消音 or 除噪 or 吸声 or 声噪 or 避噪 or 隔音 or 隔声 or 隔噪 or 声音隔离 or 减噪
	9 CNABS	38838	3 or 4 or 5
	10 CNABS	336887	6 or 7 or 8
	11 CNABS	1072	2 and 10
	12 CNABS	1157	9 and 10
	13 CNABS	1568	11 or 12
	14 CNABS	1022	1 and 13
CNABS 数据库（深加工数据）	1 CNABS	32430	/ic f 03d
	2 CNABS	23199	/cp_ab or 风能发动, 风力驱动, 风能动力, 风力发动, 风力发电
	3 CNABS	177831	/cp_ab 噪声 or 噪声 or 降噪 or 消噪 or 消音 or 除噪 or 吸声 or 声噪 or 避噪 or 隔音 or 隔声 or 隔噪 or 声音隔离 or 减噪
	4 CNABS	951	1 and 3
	5 CNABS	881	2 and 3
	6 CNABS	1252	4 or 5
CNTXT 数据库（全文数据）	1 CNTXT	37093	/ic f 03d
	2 CNTXT	88891	or 风能发动, 风力驱动, 风能动力, 风力发动, 风力发电
	3 CNTXT	1272089	噪声 or 噪声 or 降噪 or 消噪 or 消音 or 除噪 or 吸声 or 声噪 or 避噪 or 隔音 or 隔声 or 隔噪 or 声音隔离 or 减噪
	4 CNTXT	4619	1 and 3
	5 CNTXT	9280	2 and 3
	6 CNTXT	10392	4 or 5

续表

检索过程			
CNTXT 数据库 （全文数据）	转库至 CNABS 7 CNABS 4751 *m1 /fn/all 8 CNABS 4765 *m2 /fn/all 9 CNABS 434 *m3 /fn/all 10 CNABS 8620 7 or 8 or 9 11 CNABS 7279431 cp_ab=yes 12 CNABS 5184 11 and 10		

检索结果				
	检索结果	属于	不属于	合并后总结果
原始数据	1022	676	346	1605
深加工数据	1252	992	260	1605
全文库	5184	1092	38	1605

评测结果		
查全率	查全率（原始数据）	59.82%
	查全率（深加工数据）	87.79%
	查全率（全文数据）	96.64%
	改善率（深加工数据 / 原始数据）	46.76%
	改善率（深加工数据 / 全文数据）	−9.16%
查准率	查准率（原始数据）	66.14%
	查准率（深加工数据）	79.23%
	查准率（全文数据）	21.06%
	改善率（深加工数据 / 原始数据）	19.79%
	改善率（深加工数据 / 全文数据）	276.21%

检索结果分析

　　检索时间为 20180702。其中，相对于原始数据，深加工数据的查全率提高 46.76%，查准率提高 19.79%，相对于全文数据，深加工数据的查全率降低 9.16%，而查准率提高了 1.76 倍。

　　深加工数据相比原始数据，查全率提高的原因在于深加工数据的效果（EFFECT）字段的使用：评测 EFFECT 字段采用 SQ_AB or GK_AB 与 EFFECT 字段的对比，采用效果信息关键词进行对比验证。结果显示：在 1130 篇文献的深加工数据中，采用 EFFECT 进行检索，共检索到 975 篇文献，查全率为 86.28%；而在 1130 篇的原始摘要中采用 SQ_AB or GK_AB 字段进行检索，共检索到 596 篇文献，查全率为 52.74%，因此可见，由于深加工数据的 EFFECT 字段信息，导致深加工数据查全率大大提高。

（二）汽车离合器技术

1. 领域概况

汽车离合器是手动汽车和电控换挡机械式自动变速器汽车传动系统中的一个重要组成，位于发动机和变速箱之间的飞轮壳内。在汽车行驶过程中，通过离合器使发动机与变速箱暂时分离和逐渐接合，以切断或传递发动机向变速器输入的动力，从而保证汽车正常行驶。

汽车离合器通常分为电磁离合器、摩擦式离合器、液力离合器等几种，摩擦式离合器又分为干式和湿式两种，液力离合器靠工作液（油液）传递力矩。汽车离合器通常由主动部分、从动部分、压紧部分和操纵机构组成，离合器操纵机构按照分离时所需的能源不同可分为机械式、液压式、电子式、弹簧助力式、气压助力机械式及气压助力液压式等，其中机械式、液压式、电子式目前应用的最为广泛。❶

在国外，汽车离合器得到了系统的研究，形成了成熟的研发体系。Lucas借助计算机仿真技术详细地分析了机械产品中存在的运动学、动力学问题。Ost利用小型试验台架详细地研究了相关机械参数对湿式离合器运行性能的影响。Lim等提出采用显式时间积分与有限元相结合的方法解决刚柔耦合的多体动力学系统问题。Cappetti等研究了离合器膜片弹簧在载荷挠度曲线下热应力的变化情况进行了相关分析，为干式离合器的设计与应用提供参考。

在国内，1995年，蒋开苏探讨了离合器的扭矩传递特性，分析了将发动机扭矩特性与离合器的扭矩特性结合建立一体化扭矩分配平台的问题，并提出了综合评价离合器扭矩特性的综合结构系数的新概念。2000年，习纲分析了离合器的电控系统，提出了充分使用硬件条件提高电控系统的控制精度的方法。2008年，陈国金等通过多学科仿真平台建立了离合器的虚拟样机模型，分析了离合器的接合规律，并研究了离合器的摩擦片参数化设计。2011年，刘海鸥研究了超速离合器结合过程中的冲击载荷，探讨了离合器差速接合工况下结构的承载能力。2012年郭新华通过整车工作模式和离合器数学模型的研究，基于联合仿真平台实现了整车工作模式的模拟，验证了控制策略，减少了调试和实验时间。❷

---

❶　扈静. 基于舒适性指数的汽车离合器操纵舒适性研究［D］. 合肥：合肥工业大学，2014：17-19.

❷　王敏龙. 基于典型道路的汽车离合器关键零部件可靠性研究［D］. 上海：上海工程技术大学，2016：2-3.

离合器作为汽车传动系统中的一个重要部件，起着传递扭矩、分离传动、减振和过载保护等多重功用，其品质关系汽车的性能。随着汽车发动机转速和功率的不断提高，以及汽车电子技术的高速发展，业内对汽车离合器的性能要求也越来越高。从目前发展来看，提高离合器的可靠性和使用寿命，以适应高转速，增加传递转矩的能力并且简化操作，已经成为离合器发展的趋势，是离合器相关技术研究的重要方向。

因此，对汽车离合器领域进行专利分析，来分析领域发展的问题，对促进汽车离合器研究的深入开展，不断提升汽车离合器的性能具有重要的现实意义。

2. 评测结果

深加工数据评测记录单 – 专利分析	
案例编号	机械 –2
评测领域	机械
领域名称	汽车离合器技术
评测数据库	CNABS/CNTXT
检索过程	
CNABS 数据库（原始数据）	1. CNABS 7455997 cp_ab=yes 2. CNABS 24102（B60K6/38 or B60K6/383 or B60K6/387 or B60K17/02 or F16D11 or F16D13 or F16D15 or F16D17 or F16D19 or F16D21 or F16D25 or F16D27 or F16D28 or F16D29 or F16D31 or F16D33 or F16D35 or F16D37 or F16D41 or F16D43 or F16D45 or F16D47 or F16H39 or F16H41 or F16H43 or F16H45）/ic 3. CNABS 36571（离合 or 液力耦合 or 液力偶合 or 液压耦合 or 液压偶合 or 液力变矩 or 液压变矩 or 液力联轴 or 液压联轴）/gk_ab 4. CNABS 62190（离合 or 液力耦合 or 液力偶合 or 液压耦合 or 液压偶合 or 液力变矩 or 液压变矩 or 液力联轴 or 液压联轴）/sq_ab 5. CNABS 119024（离合 or 液力耦合 or 液力偶合 or 液压耦合 or 液压偶合 or 液力变矩 or 液压变矩 or 液力联轴 or 液压联轴）/clms 6. CNABS 124008 3 or 4 or 5 7. CNABS 653414（车 or 公交 or 交通）/gk_ab 8. CNABS 1082722（车 or 公交 or 交通）/sq_ab 9. CNABS 1501711（车 or 公交 or 交通）/clms 10. CNABS 1733980 7 or 8 or 9 11. CNABS 5656 1 and 2 and 6 and 10 12. CNABS 2836570 pd=20160101 : 20161231 13. CNABS 846 11 and 12

续表

检索过程	
CNABS 数据库 （深加工数据）	1. CNABS 7455997 cp_ab=yes 2. CNABS 24102（B60K6/38 or B60K6/383 or B60K6/387 or B60K17/02 or F16D11 or F16D13 or F16D15 or F16D17 or F16D19 or F16D21 or F16D25 or F16D27 or F16D28 or F16D29 or F16D31 or F16D33 or F16D35 or F16D37 or F16D41 or F16D43 or F16D45 or F16D47 or F16H39 or F16H41 or F16H43 or F16H45）/ic 3. CNABS 51434（离合 or 液力耦合 or 液力偶合 or 液压耦合 or 液压偶合 or 液力变矩 or 液压变矩 or 液力联轴 or 液压联轴）/cp_ab 4. CNABS 844040（车 or 公交 or 交通）/cp_ab 5. CNABS 2836570 pd=20160101：20161231 6. CNABS 1137 1 and 2 and 3 and 4 and 5
CNTXT 数据库 （全文数据）	1. CNTXT 24098（B60K6/38 or B60K6/383 or B60K6/387 or B60K17/02 or F16D11 or F16D13 or F16D15 or F16D17 or F16D19 or F16D21 or F16D25 or F16D27 or F16D28 or F16D29 or F16D31 or F16D33 or F16D35 or F16D37 or F16D41 or F16D43 or F16D45 or F16D47 or F16H39 or F16H41 or F16H43 or F16H45）/ic 2. CNTXT 249935 离合 or 液力耦合 or 液力偶合 or 液压耦合 or 液压偶合 or 液力变矩 or 液压变矩 or 液力联轴 or 液压联轴 3. CNTXT 3978633 车 or 公交 or 交通 4. CNTXT 2382795 pd=20160101：20161231 5. CNTXT 1781 1 and 2 and 3 and 4 6. FN 转 CNABS 库

检索结果				
	检索结果	属于	不属于	合并后总结果
原始数据	846	714	132	1086
深加工数据	1137	1014	123	1086
全文库	1172	801	371	1086

评测结果		
查全率	查全率（原始数据）	65.75%
	查全率（深加工数据）	93.37%
	查全率（全文数据）	73.76%
	改善率（深加工数据 / 原始数据）	42%
	改善率（深加工数据 / 全文数据）	27%

续表

评测结果		
查准率	查准率（原始数据）	84.40%
	查准率（深加工数据）	89.18%
	查准率（全文数据）	68.34%
	改善率（深加工数据 / 原始数据）	6%
	改善率（深加工数据 / 全文数据）	30%
检索结果分析		

检索时间为 20180730。其中，相对于原始数据，深加工数据的查全率提高 42%，查准率提高 6%；相对于全文数据，深加工数据的查全率提高 27%，查准率提高 30%。

检索结果经人工筛选去噪发现，"机动车"和"车辆"的信息主要在深加工数据的 use 字段中，且检索噪声小，人工浏览时间少。同时，对 use 字段进行评测，采用 SQ_AB or GK_AB 与 use 字段对比，采用用途信息的关键词进行对比验证，结果发现由于深加工数据的 use 字段信息，导致深加工数据的查全率大大提高。

（三）车用质子交换膜燃料电池

1. 领域概况

面对能源危机和坏境污染的严峻挑战，开发利用新的清洁可再生能源的呼声愈来愈高。从科学的角度来说，能源的革命是脱碳的革命，这个革命的最高点是用氢。对于汽车氢能源而言，燃料电池技术无疑是最有前景的技术之一。❶

2010 年 10 月发布的《国务院关于加快培育和发展战略性新兴产业的决定》、2012 年 4 月发布的《电动汽车科技发展"十二五"专项规划》、2014 年 7 月发布的《国务院办公厅关于加快新能源汽车推广应用的指导意见》等政府导向性文件，对燃料电池汽车发展给予了高度重视。❷

燃料电池是一种能量转换装置。它按电化学原理，即原电池（如 R 常所用的锌锰干电池）的工作原理，等温地把贮存在燃料和氧化剂中的化学能直接转

---

❶ 陆仲君. 质子交换膜燃料电池性能的试验研究 [D]. 上海：同济大学，2008：1.
❷ 甄子健. 日本燃料电池车辆及加氢基础设施产业化最新进展及其技术、产品、标准、政策研究：第十八届中国电动车辆学术年会论文集 [C]. 武汉：中国电工技术学会电动车辆专业委员会，2015：1-13.

化为电能。燃料电池具备能量转化效率高，可实现零排放，运行噪声低，可靠性高，维护方便，发电效率受负荷变化的影响很小，容易获得等优点。❶

目前燃料电池有质子交换膜燃料电池（PEMFC）、碱性燃料电池（AFC）、磷酸燃料电池（PAFC）、熔融碳酸盐燃料电池（MCFC）、固体氧化物燃料电池（SOFC）等种类。由于质子交换膜燃料电池结构紧凑、工作温度低、启动迅速，并且其构成材料均为固态物质，电池可以在任何方位、任何角度运行，因此目前作为车载燃料电池的首选。❷

在实际应用中，PEMFCs 通常需要使用高活性的电催化剂以降低电极反应（尤其是阴极反应）缓慢的动力学所引起的高过电势，而稀缺贵金属 Pt 依然是最常用且高效的电催化材料。要实现 PEMFCs 被大规模地应用为汽车的动力电源，则需要将其电极中的 Pt 用量降低至目前内燃机汽车尾气处理的 Pt 用量水平。因此，设计开发低成本、高活性和长寿命的阴极 ORR 低 Pt 电催化剂一直是 PEMF—Cs 技术研究领域的热点。❸

并且在质子交换膜燃料电池运行过程中，活化损失、欧姆损失和传质损失是造成电压降的主要原因。活化极化和欧姆极化与物性及初始条件相关，传质损失与结构和过程相关。优化电池结构，强化传质过程，是提高电池效率的有效途径。❹

车用质子交换膜燃料电池作为现代科技的产物，虽然技术方面在不断进步，但其在汽车上的应用还远没有传统内燃机汽车完善，并且目前成本较高，市场相对较小，其面临的问题和挑战还很巨大。但随着科技的进步，在国家的扶持下，相信技术难点都将得到解决，车用质子交换膜燃料电池技术将会越来越完善。

在此，我们通过对车用质子交换膜燃料电池技术领域的相关专利进行全面分析，从专利角度探索解决相关领域焦点问题的方法，对促进车用质子交换膜燃料电池技术更快地发展及更好地解决全球能源和环境问题有重要的现实意义。

---

❶ 陆仲君. 质子交换膜燃料电池性能的试验研究［D］. 上海：同济大学，2008：3-4.

❷ 陆仲君. 质子交换膜燃料电池性能的试验研究［D］. 上海：同济大学，2008：2.

❸ 朱红，骆明川，蔡业政，等. 核壳结构催化剂应用于质子交换膜燃料电池氧还原的研究进展［J］. 物理化学学报，2016，32（10）：2462-2474.

❹ 沈俊，周兵，邱子朝，等. 质子交换膜燃料电池强化传质［J］. 化工学报，2014，65（S1）：421-425.

2. 评测结果

深加工数据评测记录单 – 专利分析	
案例编号	电学 –1
评测领域	电学
领域名称	车用质子交换膜燃料电池
评测数据库	CNABS/CNTXT
检索过程	
CNABS 数据库（原始数据）	1. CNABS 86（质子交换膜 or 质子透过膜 or 质子膜 or 质子传导膜 or 质子传导性膜 or（聚合物 3w 电解）or 聚合物型 or（高分子 3w 膜）or（聚合物 3w 膜）or pem or PEMFC）/gk_ab and（车 or 公交 or 交通）/gk_ab and（燃料 and 电池）/gk_ab 2. CNABS 71（质子交换膜 or 质子透过膜 or 质子膜 or 质子传导膜 or 质子传导性膜 or（聚合物 3w 电解）or 聚合物型 or（高分子 3w 膜）or（聚合物 3w 膜）or pem or PEMFC）/gk_ab and（车 or 公交 or 交通）/gk_ab and h01m8/ic 3. CNABS 68（质子交换膜 or 质子透过膜 or 质子膜 or 质子传导膜 or 质子传导性膜 or（聚合物 3w 电解）or 聚合物型 or（高分子 3w 膜）or（聚合物 3w 膜）or pem or PEMFC）/sq_ab and（车 or 公交 or 交通）/sq_ab and（燃料 and 电池）/sq_ab 4. CNABS 54（质子交换膜 or 质子透过膜 or 质子膜 or 质子传导膜 or 质子传导性膜 or（聚合物 3w 电解）or 聚合物型 or（高分子 3w 膜）or（聚合物 3w 膜）or pem or PEMFC）/sq_ab and（车 or 公交 or 交通）/sq_ab and h01m8/ic 5. CNABS 166（质子交换膜 or 质子透过膜 or 质子膜 or 质子传导膜 or 质子传导性膜 or（聚合物 3w 电解）or 聚合物型 or（高分子 3w 膜）or（聚合物 3w 膜）or pem or PEMFC）/clms and（车 or 公交 or 交通）/clms and（燃料 and 电池）/clms 6. CNABS 125（质子交换膜 or 质子透过膜 or 质子膜 or 质子传导膜 or 质子传导性膜 or（聚合物 3w 电解）or 聚合物型 or（高分子 3w 膜）or（聚合物 3w 膜）or pem or PEMFC）/clms and（车 or 公交 or 交通）/clms and h01m8/ic 7. CNABS 7205780cp_ab=yes 8. CNABS 242 1 or 2 or 3 or 4 or 5 or 6 9. CNABS 173 9 and 10
CNABS 数据库（深加工数据）	CNABS 597（质子交换膜 or 质子透过膜 or 质子膜 or 质子传导膜 or 质子传导性膜 or（聚合物 3w 电解）or 聚合物型 or（高分子 3w 膜）or（聚合物 3w 膜）or pem or PEMFC）/cp_ab and（车 or 公交 or 交通）/cp_ab and（（燃料 and 电池）/cp_ab or h01m8/ic）
CNTXT 数据库（全文数据）	1. CNTXT 12305（质子交换膜 or 质子透过膜 or 质子膜 or 质子传导膜 or 质子传导性膜 or（聚合物 3w 电解）or 聚合物型 or（高分子 3w 膜）or（聚合物 3w 膜）or pem or PEMFC）and（车 or 公交 or 交通）and（（燃料 and 电池）or h01m8/ic） 2. FN 转 CNABS 库

续表

检索结果				
	检索结果	属于	不属于	合并后总结果
原始数据	173	141	32	631
深加工数据	597	569	28	631
全文库	6134	624	7	631

评测结果		
查全率	查全率（原始数据）	22.35%
	查全率（深加工数据）	90.17%
	查全率（全文数据）	98.89%
	改善率（深加工数据/原始数据）	303.15%
	改善率（深加工数据/全文数据）	-8.82%
查准率	查准率（原始数据）	81.50%
	查准率（深加工数据）	95.31%
	查准率（全文数据）	10.16%
	改善率（深加工数据/原始数据）	16.94%
	改善率（深加工数据/全文数据）	838.09%

检索结果分析

　　检索时间为20180622。其中，相对于原始数据，深加工数据的查全率提高3倍，查准率提高16.94%，相对于全文数据，深加工数据的查全率仅降低8.82%，而查准率提高了7.38倍。

　　深加工数据相比原始数据，查全率大大提高的原因在于深加工数据的用途字段的使用：评测use字段采用SQ_AB or GK_AB与use字段的对比，采用用途信息的关键词进行对比验证。结果显示：在631篇文献的深加工数据中，采用use进行检索，共检索到521篇文献，查全率为82.56%；而在631篇的原始摘要中进行SQ_AB or GK_AB检索，共检索到111篇文献，查全率仅为17.59%，由此可见深加工数据的用途字段的优势明显。

（四）手机无线充电技术

1. 领域概况

　　无线充电技术（WCT）源于无线电能传输技术，该技术应用法拉第电磁感应定律，在空间形成变化的电磁场将发射端的电能传输到接收端，即通过电磁感应使线圈中的磁通量发生变化，从而产生电流来充电，而无需通过物理连接。❶

---

❶　贾红梅. 手机无线充电系统的研究［D］. 合肥：安徽工业大学，2017：7.

无线充电技术按照原理可以分为三种，分别是电磁感应、无线电波、电磁共振。其中，电磁感应方式是在发送端（例如充电器）与接收端（例如手机）各有一个线圈，当交流电通过发送端的发射线圈后，会在空间产生磁场，接收端的接收线圈接收磁场后产生电磁感应，进而产生感应电动势，有了电压之后便可产生感应电流，经过整流后的电流就可以为设备充电。这种技术的传输功率为几瓦到几百瓦，传输距离小于10毫米，接收端的线圈和电路之间要求屏蔽。

无线电波方式的基本原理类似于矿山收音机，其中的微型高效接收器可以接收空间传输的无线电波。这种技术的传输功率不超过100毫瓦，传输距离不超过10米，由于存在巨大的空间损耗，所以一般只用在小功率电子设备上。

电磁共振方式是在线圈两端各放置一个平板电容器组成谐振回路，线圈接通电流后以相同的频率进行振动，从而产生强大的电磁场，通过共振将能量传递出去。这种技术的传输功率可达几千瓦，传输距离达到3～4米，需要对特定频率进行保护。❶

基于以上三种技术各自的特点能够确定，电磁感应技术应该是现阶段手机无线充电可应用的最合理技术。现行的手机无线充电行业标准主要有3种，分别是Qi标准、WiPower标准、Power Matters Alliance标准。其中：

Qi无线标准为电磁感应式。Qi标准是由世界无线充电联盟（WPC）在2010年推出的标准，WPC联盟成立于2008年，其目的是达成无线充电技术标准的统一，并确保任何成员公司之间的产品兼容性。WPC联盟的成员目前已经超过100多家，大量的手机厂商（摩托罗拉、诺基亚、三星等）、芯片制造商（飞思卡尔、德州仪器）和许多运营商都是WPC的成员。

WiPower标准为电磁共振方式。该标准主要被高通和三星两家全球最大的半导体企业所开发，其主打的功能是不受位置的限制。

PMA标准为电磁感应式。目前已经有AT&T、谷歌和星巴克采用了该标准。❷

手机无线充电技术一直是最近几年的热门话题，目前还处在技术的起步阶段，主要研究方向包括如何增大传输距离、如何在系统稳定的前提下进一步增大传输效率、如何提高手机充电时的灵活度，还有就是研究其辐射问题，要在

---

❶ 孟庆奎. 手机无线充电技术的研究［D］. 北京：北京邮电大学，2012：9-10.
❷ 袁浩博. 浅析手机无线充电技术［J］. 数字通信世界，2017（9）：192.

安全范围内对系统进行可靠稳定性的研究。❶

目前投放市场的手机无线充电设备基本上都采用的是电磁感应无线充电技术，该技术虽然取得了较大进展，但是仍然存在着转换效率不够高、可充电区域过小等问题，离大规模实际应用还有一定差距。从目前发展来看，未来几年将会出现电子产品配备无线充电功能的浪潮，不仅包括手机，还包括 PC、数字相机等电子产品。无线充电是未来手机充电的趋势，不断提高无线充电器的充电效率和使用寿命、扩大可充电区域等是今后的重要研究方向。

因此，对手机无线充电技术领域进行专利分析，对促进手机无线充电技术研究的深入开展，使手机无线充电技术更加普及具有重要的现实意义。

2. 评测结果

深加工数据评测记录单 – 专利分析	
案例编号	电学 –2
评测领域	电学
领域名称	手机无线充电技术
评测数据库	CNABS/CNTXT
检索过程	
CNABS 数据库 （原始数据）	1. CNABS 6872（无线充电 or 无线式充电 or 感应充电 or 感应式充电 or 藕合充电 or 耦合充电 or 非接触充电 or 非接触式充电 or 非接触供电 or 非接触式供电 or 感应功率传输 or 充电线圈 or 无线供电 or 无线能量传输 or 射频充电 or 无线电力传输 or 无线功率传输）/gk_ab 2. CNABS 1792（发射线圈 or 接收线圈 or 感应线圈 or 耦合线圈 or 磁藕合 or 磁耦合 or 磁共振 or 磁谐振 or 磁感应）/gk_ab and 充电 /gk_ab 3. CNABS 1594（发射线圈 or 接收线圈 or 感应线圈 or 耦合线圈 or 磁藕合 or 磁耦合 or 磁共振 or 磁谐振 or 磁感应）/gk_ab and H02J7/ic 4. CNABS 824（6 or 7 or 3 or 8）and（手机 or 移动电话 or 手持电话 or 无线电话 or 蜂窝电话 or 便携式电话 or 携带式电话 or 行动电话 or 移动终端 or 手持终端 or 移动通信终端）/gk_ab 5. CNABS 8499（无线充电 or 无线式充电 or 感应充电 or 感应式充电 or 藕合充电 or 耦合充电 or 非接触充电 or 非接触式充电 or 非接触供电 or 非接触式供电 or 感应功率传输 or 充电线圈 or 无线供电 or 无线能量传输 or 射频充电 or 无线电力传输 or 无线功率传输）/sq_ab

❶　贾红梅. 手机无线充电系统的研究［D］. 合肥：安徽工业大学，2017：61–62.

	检索过程
CNABS 数据库 （原始数据）	6. CNABS 2564（发射线圈 or 接收线圈 or 感应线圈 or 耦合线圈 or 磁藕合 or 磁耦合 or 磁共振 or 磁谐振 or 磁感应）/sq_ab and 充电 /sq_ab 7. CNABS 1930（发射线圈 or 接收线圈 or 感应线圈 or 耦合线圈 or 磁藕合 or 磁耦合 or 磁共振 or 磁谐振 or 磁感应）/sq_ab and H02J7/ic 8. CNABS 1604（10 or 11 or 3 or 12）and（手机 or 移动电话 or 手持电话 or 无线电话 or 蜂窝电话 or 便携式电话 or 携带式电话 or 行动电话 or 移动终端 or 手持终端 or 移动通信终端）/sq_ab 9. CNABS 17952（无线充电 or 无线式充电 or 感应充电 or 感应式充电 or 藕合充电 or 耦合充电 or 非接触充电 or 非接触式充电 or 非接触供电 or 非接触式供电 or 感应功率传输 or 充电线圈 or 无线供电 or 无线能量传输 or 射频充电 or 无线电力传输 or 无线功率传输）/clms 10. CNABS 7790（发射线圈 or 接收线圈 or 感应线圈 or 耦合线圈 or 磁藕合 or 磁耦合 or 磁共振 or 磁谐振 or 磁感应）/clms and 充电 /clms 11. CNABS 4617（发射线圈 or 接收线圈 or 感应线圈 or 耦合线圈 or 磁藕合 or 磁耦合 or 磁共振 or 磁谐振 or 磁感应）/clms and H02J7/ic 12. CNABS 3199（14 or 15 or 3 or 16）and（手机 or 移动电话 or 手持电话 or 无线电话 or 蜂窝电话 or 便携式电话 or 携带式电话 or 行动电话 or 移动终端 or 手持终端 or 移动通信终端）/clms 13. CNABS 3898 9 or 13 or 17 14. CNABS 947 18 and cp_ab=yes
CNABS 数据库 （深加工数据）	1. CNABS 4868（无线充电 or 无线式充电 or 感应充电 or 感应式充电 or 藕合充电 or 耦合充电 or 非接触充电 or 非接触式充电 or 非接触供电 or 非接触式供电 or 感应功率传输 or 充电线圈 or 无线供电 or 无线能量传输 or 射频充电 or 无线电力传输 or 无线功率传输）/cp_ab 2. CNABS 1689（发射线圈 or 接收线圈 or 感应线圈 or 耦合线圈 or 磁藕合 or 磁耦合 or 磁共振 or 磁谐振 or 磁感应）/cp_ab and 充电 /cp_ab 3. CNABS 14291（H02J17/00 or H02J50）/ic 4. CNABS 1303（发射线圈 or 接收线圈 or 感应线圈 or 耦合线圈 or 磁藕合 or 磁耦合 or 磁共振 or 磁谐振 or 磁感应）/cp_ab and H02J7/ic 5. CNABS 1582（1 or 2 or 3 or 4）and（手机 or 移动电话 or 手持电话 or 无线电话 or 蜂窝电话 or 便携式电话 or 携带式电话 or 行动电话 or 移动终端 or 手持终端 or 移动通信终端）/cp_ab
CNTXT 数据库 （全文数据）	1. CNTXT 36635 无线充电 or 无线式充电 or 感应充电 or 感应式充电 or 藕合充电 or 耦合充电 or 非接触充电 or 非接触式充电 or 非接触供电 or 非接触式供电 or 感应功率传输 or 充电线圈 or 无线供电 or 无线能量传输 or 射频充电 or 无线电力传输 or 无线功率传输

续表

检索过程	
CNTXT 数据库（全文数据）	2. CNTXT 38986（发射线圈 or 接收线圈 or 感应线圈 or 耦合线圈 or 磁藕合 or 磁耦合 or 磁共振 or 磁谐振 or 磁感应）and 充电 3. CNTXT 14667（H02J17/00orH02J50）/ic 4. CNTXT 9165（发射线圈 or 接收线圈 or 感应线圈 or 耦合线圈 or 磁藕合 or 磁耦合 or 磁共振 or 磁谐振 or 磁感应）and H02J7/ic 5. CNTXT 22089（1 or 2 or 3 or 4）and（手机 or 移动电话 or 手持电话 or 无线电话 or 蜂窝电话 or 便携式电话 or 携带式电话 or 行动电话 or 移动终端 or 手持终端 or 移动通信终端） 6. FN 转 CNABS 库

检索结果

	检索结果	属于	不属于	合并后总结果
原始数据	947	505	442	1418
深加工数据	1582	1373	209	1418
全文库	7350	1402	5948	1418

评测结果

查全率	查全率（原始数据）	35.61%
	查全率（深加工数据）	96.83%
	查全率（全文数据）	98.87%
	改善率（深加工数据 / 原始数据）	172%
	改善率（深加工数据 / 全文数据）	−2%
查准率	查准率（原始数据）	53.33%
	查准率（深加工数据）	86.79%
	查准率（全文数据）	19.07%
	改善率（深加工数据 / 原始数据）	63%
	改善率（深加工数据 / 全文数据）	355%

检索结果分析

　　检索时间 20180801。其中，相对于原始数据，深加工数据的查全率提高 172%，查准率提高 63%；相对于全文数据，深加工数据的查全率仅降低 2%，而查准率提高了 3.55 倍。

　　检索结果经人工筛选去噪声发现，"手机"、"移动终端"的信息主要出现在深加工数据的 use 字段中，且检索噪声小，人工浏览时间少。同时，对 use 字段进行评测，采用 SQ_AB or GK_AB 与 use 字段进行对比，采用用途信息的关键词进行对比验证，结果发现由于深加工数据的 use 字段信息，导致深加工数据的查全率大大提高。

（五）航空航天涂料

1. 领域概况

航空航天器在运行和维护过程中，由于温度、湿度、介质、磨损冲击等因素的影响，航空航天器的腐蚀防护非常重要，适宜的航空航天涂料的选择和应用对延长使用寿命、保持运行的良好状态是非常重要的。

根据涂装部位，如：机身机翼蒙皮、内舱、短舱、雷达罩、机舱地面、起落架、油箱、电机等，涂料的分类有：飞机蒙皮和内舱涂料、防滑及耐磨涂料、防火涂料、防静电涂料、耐雨蚀涂料、绝缘涂料、整体油箱涂料等。根据航空航天涂料树脂的种类分为：环氧树脂涂料、聚氨酯树脂涂料、有机硅树脂涂料、丙烯酸树脂涂料、氟碳树脂涂料、硝基漆涂料、酚醛树脂涂料等。❶

航空航天涂料对于制造航空航天器的各种金属和非金属材料，能够起到防护作用、装饰作用、伪装作用、表面温度调节作用、阻尼作用、示温作用、吸收电磁波作用等。❷

航空航天技术的进步是一个国家工业体系是否完善、工业技术发展水平及研发能力建设是否健全的重要评判依据，而涂料技术是材料科学的重要分支，功能性涂料技术进步甚至影响航空航天器的发展水平，如国际上通常认为隐身涂料的技术水平是五代机技术水平的重要标志之一。随着我国航空航天事业的发展，高速、高空、远太空等发展方向必然会对涂料界提出更高的要求，因此，我国涂料技术水平还有极大的发展空间，还需从业人员共同努力。

涂料是航空航天产品中的一个重要组成部分，不仅是机体的外部装饰材料，还是延长航空器使用寿命、保证飞行安全的重要材料，航空航天涂料在某种程度上代表着一个国家近代航空航天工业的发展水平。但是我国现有航空航天涂料存在技术程度低、环境污染严重、VOC 排放量大、施工效率低等多种问题，限制了我国在航空航天领域的发展。因此，关注此类特种涂料的发展，从专利分析的角度对技术问题进行深入研究，具有现实意义。

---

❶ 王黎，郭年华，阮润琦. 航空涂料概述标准［C］. 青岛：海洋化工研究院有限公司第六届学术研讨会论文集，2014：23-29.

❷ 何𫟼，雷骏志，华信浩. 航空涂料与涂装技术［M］. 北京：化学工业出版社，2000：134-136.

2. 评测结果

<table>
<tr><th colspan="5">深加工数据评测记录单 – 专利分析</th></tr>
<tr><td>案例编号</td><td colspan="4">化学 –1</td></tr>
<tr><td>评测领域</td><td colspan="4">化学</td></tr>
<tr><td>领域名称</td><td colspan="4">航空航天涂料</td></tr>
<tr><td>评测数据库</td><td colspan="4">CNABS/CNTXT</td></tr>
<tr><td colspan="5">检索过程</td></tr>
<tr>
<td>CNABS 数据库
（原始数据）</td>
<td colspan="4">1. CNABS 1138（（飞机 or 航空 or 航天 or 飞行 or 航行 or 宇航 or 火箭）and（涂料 or 涂层 or 漆 or 涂覆 or 涂敷 or 涂液 or 涂布））/sq_ab
2. CNABS 1711（（飞机 or 航空 or 航天 or 飞行 or 航行 or 宇航 or 火箭）and（涂料 or 涂层 or 漆 or 涂覆 or 涂敷 or 涂液 or 涂布））/gk_ab
3. CNABS 3157（（飞机 or 航空 or 航天 or 飞行 or 航行 or 宇航 or 火箭）and（涂料 or 涂层 or 漆 or 涂覆 or 涂敷 or 涂液 or 涂布））/clms
4. CNABS 4544 1 or 2 or 3
5. CNABS 7279431 cp_ab=yes
6. CNABS 110503 C09D/IC
7. CNABS 680 4 and 5 and 6</td>
</tr>
<tr>
<td>CNABS 数据库
（深加工数据）</td>
<td colspan="4">1. CNABS 5082（（飞机 or 航空 or 航天 or 飞行 or 航行 or 宇航 or 火箭）and（涂料 or 涂层 or 漆 or 涂覆 or 涂敷 or 涂液 or 涂布））/cp_ab
2. CNABS 110503 C09D/IC
3. CNABS 1528 1 and 2</td>
</tr>
<tr>
<td>CNTXT 数据库
（全文数据）</td>
<td colspan="4">1. CNTXT 57732（飞机 or 航空 or 航天 or 飞行 or 航行 or 宇航 or 火箭）and（涂料 or 涂层 or 漆 or 涂覆 or 涂敷 or 涂液 or 涂布）
2. CNTXT 6244 1 and C09D/IC
3. FN 转 CNABS 库</td>
</tr>
<tr><td colspan="5">检索结果</td></tr>
<tr><td></td><td>检索结果</td><td>属于</td><td>不属于</td><td>合并后总结果</td></tr>
<tr><td>原始数据</td><td>680</td><td>575</td><td>105</td><td>1580</td></tr>
<tr><td>深加工数据</td><td>1528</td><td>1480</td><td>58</td><td>1580</td></tr>
<tr><td>全文库</td><td>3608</td><td>1293</td><td>277</td><td>1580</td></tr>
<tr><td colspan="5">评测结果</td></tr>
<tr><td rowspan="2">查全率</td><td colspan="3">查全率（原始数据）</td><td>36.39%</td></tr>
<tr><td colspan="3">查全率（深加工数据）</td><td>93.67%</td></tr>
</table>

续表

评测结果		
查全率	查全率（全文数据）	81.84%
	改善率（深加工数据 / 原始数据）	157%
	改善率（深加工数据 / 全文数据）	14%
查准率	查准率（原始数据）	84.56%
	查准率（深加工数据）	96.86%
	查准率（全文数据）	35.84%
	改善率（深加工数据 / 原始数据）	15%
	改善率（深加工数据 / 全文数据）	170%

检索结果分析

　　检索时间 20180702。其中，相对于原始数据，深加工数据的查全率提高 157%，查准率提高 15%，相对于全文数据，深加工数据的查全率提高了 14%，查准率提高了 170%。

　　检索结果经人工筛选去噪发现，"航空"、"航天"等信息基本在深加工数据的 use 字段中，且检索噪声小，人工浏览时间少。同时，对 use 字段进行评测，采用 SQ_AB or GK_AB 与 use 字段对比，采用用途信息的关键词进行对比验证，结果发现由于深加工数据的 use 字段信息，导致深加工数据的查全率大大提高。

（六）杀菌消毒用光催化剂

1.领域概况

　　光催化剂是在光子的激发下，能够起到催化作用的化学物质的统称。光催化技术为解决日益严重的水、空气和土壤等环境污染物提供了一条新途径。

　　光催化剂在环保中的应用主要包括杀菌消毒、废水处理、空气净化、石油泄漏的清除、藻毒素的降解。❶

　　对于杀菌消毒用光催化剂，其中研究最多的是纳米 TiO_2。纳米 TiO_2 抗菌特性是基于其光催化降解有机物的性质。纳米 TiO_2 受光的照射，可以产生反应活性很高的过氧负离子、过氧化氢自由基和羟自由基，它们具有很强的氧化、分解能力，可破坏有机物中的 C—H、N—H、C—O 等键，用于杀菌、除臭、消毒等，比常用的氯气、次氯酸等具有更强的分解微生物、杀死微生物活性的效力。

---

❶ 熊勤. 纳米光催化剂在环境保护中的应用技术研究［D］. 武汉：华中师范大学，2005：3-9.

近年来，一些研究者开展了探索新型光催化剂的研究工作，并取得了一些重要进展，新型光催化剂包括钛矿型复合氧化物、钒副族（VB）复合氧化物和钨酸盐光催化剂、铋系光催化剂、杂多酸可见光催化剂、复合半导体型可见光催化剂、分子筛光催化剂、卤氧化物光催化剂等。❶

光催化在环境和能源领域中具有广阔的应用前景。光催化剂是决定光催化过程能否实际应用的关键因素之一，目前虽取得较大进展，但离实际应用还有一定差距。从目前发展看，探索和开发各种潜在的高效新型光催化材料应是今后的一个重要的研究方向。❷

因此，对杀菌消毒用光催化剂领域的相关专利进行全面系统的分析，从专利视角探索解决领域发展的问题，对促进杀菌消毒用光催化剂研究的深入开展，使光催化技术日益走向实用具有重要的现实意义。

2. 评测结果

深加工数据评测记录单 – 专利分析	
案例编号	化学 –2
评测领域	化学
领域名称	杀菌消毒用光催化剂
评测数据库	CNABS/CNTXT
检索过程	
CNABS 数据库（原始数据）	1. CNABS 7312138 CP_AB=YES 2. CNABS 176505 B01J/IC 3. CNABS 3955（（细菌 or 微生物 or 微小生物 or 杀菌 or 灭菌 or 消毒）and（（光 2w 催化）or（光 2w 触媒）or（光 3w 降解）or 光敏剂））/clms 4. CNABS 2849（（细菌 or 微生物 or 微小生物 or 杀菌 or 灭菌 or 消毒）and（（光 2w 催化）or（光 2w 触媒）or（光 3w 降解）or 光敏剂））/sq_ab 5. CNABS 2508（（细菌 or 微生物 or 微小生物 or 杀菌 or 灭菌 or 消毒）and（（光 2w 催化）or（光 2w 触媒）or（光 3w 降解）or 光敏剂））/gk_ab 6. CNABS 6682 3 or 4 or 5 7. CNABS 501 6 and 2 and 1

❶ 王晓燕，冀志江，王静，等. 光催化剂新技术及研究进展［J］. 材料导报，2008，22（10）：40-42.

❷ 王晓燕，冀志江，王静，等. 光催化剂新技术及研究进展［J］. 材料导报，2008，22（10）：43.

续表

检索过程	
CNABS 数据库（深加工数据）	1. CNABS 7312138 CP_AB=YES 2. CNABS 176505 B01J/IC 3. CNABS 3159（（细菌 or 微生物 or 微小生物 or 杀菌 or 灭菌 or 消毒）and（（光 2w 催化）or（光 2w 触媒）or（光 3w 降解）or 光敏剂））/cp_ab 4. CNABS 698 2 and 3
CNTXT 数据库（全文数据）	1. CNTXT 36636（细菌 or 微生物 or 微小生物 or 杀菌 or 灭菌 or 消毒）and（（光 2w 催化）or（光 2w 触媒）or（光 3w 降解）or 光敏剂） 2. CNTXT 199967 B01J/IC 3. CNTXT 4732 1 and 2 4. FN 转 CNABS 库

检索结果

	检索结果	属于	不属于	合并后总结果
原始数据	501	456	45	771
深加工数据	698	664	34	771
全文库	2415	671	1744	771

评测结果

查全率	查全率（原始数据）	59.14%
	查全率（深加工数据）	86.12%
	查全率（全文数据）	87.03%
	改善率（深加工数据 / 原始数据）	46%
	改善率（深加工数据 / 全文数据）	−1%
查准率	查准率（原始数据）	91.02%
	查准率（深加工数据）	95.13%
	查准率（全文数据）	27.78%
	改善率（深加工数据 / 原始数据）	5%
	改善率（深加工数据 / 全文数据）	242%

检索结果分析

检索时间 20180731。其中，相对于原始数据，深加工数据的查全率提高 46%，查准率提高 5%，相对于全文数据，深加工数据的查全率仅降低 1%，而查准率提高了 2.42 倍。

检索结果经人工筛选去噪发现，"杀菌"和"消毒"的信息基本在深加工数据的 effect 字段中，且检索噪声小，人工浏览时间少。同时，对 effect/use 字段进行评测，采用 SQ_AB or GK_AB 与 effect/use 字段对比，采用效果 / 用途信息的关键词进行对比验证，结果发现由于深加工数据的 effect/use 字段信息，导致深加工数据的查全率大大提高。

（七）防治中暑的药物或者保健药

1. 领域概况

中暑，是指体温由于失控或调节障碍，被动地升高到 42℃以上，超过了体温调定点水平的一种病理性体温升高过程，是热应激症候群的总称或俗称。中暑对机体有广泛的损伤作用，可累及很多器官系统，导致功能和形态学上的改变，如得不到及时妥善的救治，会导致死亡。

机体受到热应激后可以产生热应激反应（HSR），合成热应激蛋白（HSPs）。热应激蛋白可对细胞产生"分子伴侣"的作用。HSP70 是热应激蛋白家族中含量最丰富的一种，它赋予细胞或生物体从各种应激状态中恢复的能力，是对环境和代谢应激综合反应的代表。在高温或强辐射热等特殊气象条件下，HSP70 基因被激活，大量合成 HSP70，使 HSP70 的表达水平升高。如果机体内热应激蛋白水平在应激状态下不能迅速显著升高，就会发生中暑。❶

治疗中暑的药物包括化学药物，具体可分为降温药物、阻断炎症反应的药物、抗感染药物、阿片受体拮抗剂、HSP70 诱导剂、抗氧化药物、抗热损伤药物、纠正凝血与抗凝血平衡紊乱的药物；而中药中也有醒脑静注射液、痰热清注射液、热毒平注射液、青蒿琥酯、新穿心莲内酯、复方麝香注射液等组方。❷

随着温室效应加剧，高温天气在我国部分省市频繁发生，导致中暑人群增多，死亡率高达 10% ～ 50%。同时，中暑也是部队尤其是南方部队夏季训练中的常见病、多发病。

因此在专利层面对防治中暑的药物或者保健药进行综合分析研究，对减少中暑的危害程度、维护部队人员健康、减少非战斗减员具有重要意义。

2. 评测结果

深加工数据评测记录单 – 专利分析	
案例编号	医药 –1
评测领域	医药
领域名称	防治中暑的药物或者保健药
评测数据库	CNABS/CNTXT

---

❶ 陈旭，周欣. 中暑防治研究进展［J］. 中国药业，2011，20（16）：91.
❷ 李雪静，宋洪涛. 热射病防治药物的研究进展［J］. 中国临床药理学杂志，2012，28（9）：707–709.

检索过程	
CNABS 数据库 （原始数据）	1. CNABS 539221 /IC A61K 2. CNABS 430（中暑 or 暑病 or 日射病 or 伤暑 or 暑温 or 暑症 or 热射病 or 伏暑 or 暑邪 or 暍）/sq_ab 3. CNABS 683（中暑 or 暑病 or 日射病 or 伤暑 or 暑温 or 暑症 or 热射病 or 伏暑 or 暑邪 or 暍）/gk_ab 4. CNABS 197（解暑 or 防暑 or 祛暑）/sq_ti 5. CNABS 461（解暑 or 防暑 or 祛暑）/gk_ti 6. CNABS 446 1 and（5 or 4 or 3 or 2） 7. CNABS 7287599 cp_ab=yes 8. CNABS 228 6 and 7 9. CNABS 1124 /CLMS（中暑 or 暑病 or 日射病 or 伤暑 or 暑温 or 暑症 or 热射病 or 伏暑 or 暑邪 or 暍 or 解暑 or 防暑 or 祛暑） 10. CNABS 182 1 and 7 and 9 11. CNABS 273 10 or 8
CNABS 数据库 （深加工数据）	1. CNABS 539221 /IC A61K 2. CNABS 556（中暑 or 暑病 or 日射病 or 伤暑 or 暑温 or 暑症 or 热射病 or 伏暑 or 暑邪 or 暍）/cp_ab 3. CNABS 238（解暑 or 防暑 or 祛暑）/cp_ti 4. CNABS 311 1 and（2 or 3）
CNTXT 数据库 （全文数据）	1. CNTXT 15309 中暑 or 暑病 or 日射病 or 伤暑 or 暑温 or 暑症 or 热射病 or 伏暑 or 暑邪 or 暍 2. CNTXT 656145 /IC A61K 3. CNTXT 7838 1 and 2 4. CNTXT 894（解暑 or 防暑 or 祛暑）/clms 5. CNTXT 8642 3 or 4 6. FN 转 CNABS 库

检索结果				
	检索结果	属于	不属于	合并后总结果
原始数据	273	240	33	338
深加工数据	311	304	7	338
全文库	3127	309	29	338

评测结果		
查全率	查全率（原始数据）	71.01%
	查全率（深加工数据）	89.94%

续表

	评测结果	
	查全率（全文数据）	91.42%
查全率	改善率（深加工数据／原始数据）	27%
	改善率（深加工数据／全文数据）	−2%
	查准率（原始数据）	87.91%
	查准率（深加工数据）	97.75%
查准率	查准率（全文数据）	9.88%
	改善率（深加工数据／原始数据）	11%
	改善率（深加工数据／全文数据）	889%
	检索结果分析	

　　检索时间 20180710。其中，相对于原始数据，深加工数据的查全率提高 27%，查准率提高 11%，相对于全文数据，深加工数据的查全率仅降低 2%，而查准率提高了 8.89 倍。

　　检索结果经人工筛选去噪发现，使用用途信息检索时，深加工摘要数据可检索到 341 篇文献，漏检率仅为 3.55%，而原始摘要的漏检率为 29.59%，深加工数据的摘要类目包括了用途类目、有益效果类目、活性类目、技术方案类目等多个子类目，相对来说对于药物的信息包括的较为全面，而原始摘要因为个人的不规范描述，可能遗漏有用信息，导致漏检率的增大。

（八）治疗脚气的天然药物

1. 领域概况

　　足癣俗称脚气，属于一种真菌感染，是皮肤癣菌病中发病率最高的一种，是最常见的皮肤病之一。彻底治愈较为困难，病程长，也常常在整个家庭成员中相互传染。虽然足癣看起来属于小病的范畴，但如果不及时治疗，真菌还能够传染到患者的其他部位，而导致手癣、股癣、甲癣等其他皮肤顽疾出现。还有近半数的患者，可能会并发细菌感染，导致淋巴管炎、丹毒等疾病，甚至能够引起败血症的发生，进而威胁患者的生命。❶

　　引起脚气的致病菌多系毛癣菌属与表皮癣菌种，主要菌种有红色毛癣菌、石膏样毛癣菌、絮状表皮癣菌、玫瑰色毛癣菌，其临床分水疱型、糜烂型、角化型等类型。中医将脚气称为"湿脚气"、"臭田螺"，主要由风、湿、热外邪侵袭，郁于腠理，淫于皮肤而致，治则为清热燥湿、杀虫止痒。我国医学也将脚

---

❶　鲍卫东，鲍沈平，徐天兴. 探析安全有效的脚气治疗方法［J］. 首都食品与医药，2016，23（20）：49.

气分为湿热型和血燥型，前者常用二妙丸加减，以清热燥湿，主要有黄柏、苍术、白鲜皮、薏苡仁、蒲公英、苦参等药；后者常用当归饮子加减，以清热燥湿调气血，主要有当归、生地、鸡血藤、白蒺藜、白芍等药。

中医现有治疗脚气的药物有多种，主要包括单味药治疗脚气、复方中药治疗脚气；某些具有清热燥湿、杀虫止痒功效的中药，如苦参、百部、花椒等，直接外用，具有较好的治疗效果。而治疗脚气的中药复方、民间验方、中医理疗方法更是层出不穷。❶

因此，对治疗脚气的天然药物进行专利分析，从专利配方来系统性探讨脚气的治疗方法，对于防止脚气的传染，提高群众生活质量具有重要的意义。

2. 评测结果

深加工数据评测记录单－专利分析	
案例编号	医药 −2
评测领域	医药
领域名称	治疗脚气的天然药物
评测数据库	CNABS/CNTXT
检索过程	
CNABS 数据库 （原始数据）	1. CNABS 7310872 cp_ab=yes 2. CNABS 287642 /ic（A61K33 or A61K35 or A61K36） 3. CNABS 1655（足癣 or 脚气 or 脚湿气 or 烂脚丫 or 脚癣）/sq_ab 4. CNABS 2720（足癣 or 脚气 or 脚湿气 or 烂脚丫 or 脚癣）/gk_ab 5. CNABS 1193 1 and 2 and（3 or 4） 6. CNABS 2279 /clms（足癣 or 脚气 or 脚湿气 or 烂脚丫 or 脚癣） 7. CNABS 848 1 and 2 and 6 8. CNABS 1269 5 or 7
CNABS 数据库 （深加工数据）	1. CNABS 7310872 cp_ab=yes 2. CNABS 287642 /ic（A61K33 or A61K35 or A61K36） 3. CNABS 2760（足癣 or 脚气 or 脚湿气 or 烂脚丫 or 脚癣）/cp_ab 4. CNABS 1488 2 and 3
CNTXT 数据库 （全文数据）	1. CNTXT 335310 /ic（A61K33 or A61K35 or A61K36） 2. CNTXT 40733（足癣 or 脚气 or 脚湿气 or 烂脚丫 or 脚癣） 3. CNTXT 26685 1 and 2 4. FN 转 CNABS 库

---

❶ 邹莉，那婧婧，卢芳国. 足癣治疗的现况与思考［J］. 中国民康医学（上半月），2015，（17）：68−70.

续表

检索结果				
	检索结果	属于	不属于	合并后总结果
原始数据	1269	1214	55	1537
深加工数据	1488	1461	27	1537
全文库	22731	1508	29	1537

评测结果		
查全率	查全率（原始数据）	78.99%
	查全率（深加工数据）	95.06%
	查全率（全文数据）	98.11%
	改善率（深加工数据 / 原始数据）	20%
	改善率（深加工数据 / 全文数据）	−3%
查准率	查准率（原始数据）	95.67%
	查准率（深加工数据）	98.19%
	查准率（全文数据）	6.63%
	改善率（深加工数据 / 原始数据）	3%
	改善率（深加工数据 / 全文数据）	1380%

检索结果分析

检索时间 20180730。其中，相对于原始数据，深加工数据的查全率提高 20%，查准率提高 3%，相对于全文数据，深加工数据的查全率仅降低 3%，而查准率提高了 13.8 倍。

检索结果经人工筛选去噪发现，使用用途信息检索时，深加工摘要数据可检索到 1464 篇文献，漏检率仅为 4.75%，而原始摘要的漏检率为 24.79%，深加工数据的摘要类目包括了用途类目、有益效果类目、活性类目、技术方案类目等多个子类目，相对来说对于药物的信息包括的较为全面，而原始摘要因人而异，体现的信息或少或杂，并不利于检索。

第六节　小结

提高专利文献的分析性是中国专利深加工数据价值的一个重要体现。深加工数据由于其结构化标引以及拥有 23 个丰富的检索分析字段，在专利分析检索的检索入口和分析角度方面更加丰富精准。

　　本章通过专利分析检索对深加工数据进行分析性评测，结果显示，与原始数据相比，利用深加工数据通过相同检索式进行检索，查全率提高了71%，查准率提高了15%；与全文数据相比，利用深加工数据通过相同检索式进行检索，查全率与全文数据的查全率基本相同（查全率提高1%），而查准率提高了2.7倍（查准率提高271%）。

　　综上所述，由于深加工数据增加了要解决的技术问题和有益效果信息、用途信息等内容，使得专利分析检索的查全率和查准率大大提高，同时在专利分析结果浏览方面也节省了浏览时间。

中国专利深加工数据的检索应用案例

选择合适的检索数据库及检索策略是专利信息检索的基础。中国专利深加工数据在深加工类目设置、检索字段设置、检索方式方面具有其独特的特点。本章以具体的检索应用案例为例，详细介绍深加工数据的检索使用方式，以期数据使用人员能够更好地使用深加工数据，从而提高深加工数据的检索效率。

第一节 机械领域深加工数据的检索应用案例

一、案例基本信息及特点

原始名称：菲涅尔式聚光反射器及菲涅尔式太阳能热水系统

申请人：上海晶电新能源有限公司

申请号：CN201110452000

申请日：2011.12.29

原始IPC：G02B5/08、G02B7/182、F24J2/10、F24J2/38

独立权利要求：

权利要求1：一种菲涅尔式聚光反射器，其特征在于，包括菲涅尔式反射镜装置，所述菲涅尔式反射镜装置包括一系列不连续的具有不同倾角的条形反射镜，所述条形反射镜并排排列形成锯齿状且共焦点。

权利要求6：一种菲涅尔式太阳能热水系统，其特征在于，包括根据权利要求 1 至 5 中任一项所述的菲涅尔式聚光反射器。

案情简介：

目前的太阳能热水器能量利用率低、温度低且无追日功能，而菲涅尔太阳能热水系统由一系列共焦点但面型参数不同的不连续槽式抛物面组成，各不连续槽式抛物面由离散的条形平面镜拟合而成，且具有一维追日功能，因此提高了能量利用效率。其中菲涅尔式反射镜的设计是整个菲涅尔式太阳能热水系统的关键。本案提供了一种菲涅尔式聚光反射器及菲涅尔式太阳能热水系统，该菲涅尔式聚光反射器制造成本低，使大面积的光斑反射到小面积的吸热板上，提高了聚光比，减少了吸热板面积，提高了吸热效率；该菲涅尔式太阳能热水系统有追日功能，一天之内使反射镜上的光最大效率地照射到吸热板上，提高了能量利用效率。

二、检索要素表达

通过阅读申请文件，理解发明内容，得到该案的技术领域为太阳能利用领域，太阳能利用一般包括太阳能集热装置领域和太阳能光伏模块领域，该案采用的菲涅尔聚光反射器在太阳能集热领域和光伏领域可以通用，因此可同时选用两个领域的 IPC 分类号：太阳能集热领域：F24J2（太阳能集热）和太阳能光伏领域：H02S（2014.01 版）/H02N6（2014 年改版前）。

通过进一步分析权利要求和说明书，结合技术领域、技术问题、技术手段、技术效果等方面，确定本案的基本检索要素包括：菲涅尔反射器和跟踪旋转装置，其中"菲涅尔反射器"可以分解为：反射＋菲涅尔，对于菲涅尔反射镜的光学结构特征，即多个条形反射器件，也可以用"多＋条形"来表示；对于跟踪旋转装置，可以扩展为：跟踪、追日、角度调整、旋转等。

在确定了基本检索要素之后，可以采用关键词、分类号等形式来联合表达上述检索要素，在对关键词进行扩展后，本案的检索要素表如表 7-1 所示。

表 7-1 菲涅尔式聚光反射器及菲涅尔式太阳能热水系统检索要素表

检索主题	菲涅尔式聚光反射器及菲涅尔式太阳能热水系统			
检索要素	要素 1		要素 2	要素 3
关键词	菲涅尔反射器		跟踪旋转装置	太阳
	条形、条状、条型、多、菲涅尔、菲涅耳	反射	跟踪、追日、角度、调整、调节、改变、旋转、转动	
分类号	F24J2、H02S、H02N6			

三、在 S 系统中检索

对上述检索要素表中的各检索要素进行组合表达后构造检索式，分别在 S 系统的 CPRSABS 数据库中和 CNABS 数据库中进行检索。

1. 在 CPRSABS 数据库中检索

在 CPRSABS 数据库中，通过构建检索式进行检索，命中两篇影响本发明新颖性、创造性的对比文献 CN200710047309，检索过程如下：

```
1.CPRSABS 379（（（（（条形 or 条状 or 条型）s 多）or 菲涅尔 or 菲涅耳）and 反射）and 太阳）/ab
2.CPRSABS 1572691（跟踪 or 追日 or（角度 and（调整 or 调节 or 改变））or 旋转 or 转动）/ab
3.CPRSABS 70606（f24j2 or h02s or h02n6）/ic
4.CPRSABS 118 1 and 2 and 3
5.CPRSABS 27 4 and pd<20120613
2. 在 CNABS 数据库中检索
```

2. 在 CNABS 数据库中检索

接下来采用相同的检索方式在 CNABS 数据库中利用深加工数据进行检索，检索过程如下：

```
1.CNABS 302（（（（（条形 or 条状 or 条型）s 多）or 菲涅尔 or 菲涅耳）and 反射）and 太阳）/cp_ab
2.CNABS 673018（跟踪 or 追日 or（角度 and（调整 or 调节 or 改变））or 旋转 or 转动）/cp_ab
3.CNABS 78288（f24j2 or h02s or h02n6）/ic
4.CNABS 83 1 and 2 and 3
5.CNABS 46 4 and pd<20120613
```

在 CNABS 数据库中采用 CP_AB 字段，共检索到 46 篇文献，命中两篇影响本发明新颖性、创造性的 XY 类对比文献 CN200710047309、CN200720010458，相对于 CPRSABS 数据库检索结果，多了一篇对比文献 CN200720010458。

在 CPRSABS 数据库的原始摘要中，体现的技术手段不完整，仅体现了"多个条形平面反射镜"的相关信息，而未涉及本发明说明书内容中的"反射镜角度调整"，从而导致漏检。而在 CNABS 数据库的深加工数据中的摘要字段中，除体现了原有摘要和独立权利要求中的"多个条形平面反射镜"的技术信息外，还从从属权利要求或发明内容中补充了比较重要的"反射镜角度调整"的相关信息，保证了技术手段的完整性，从而在检索时能够检索到 XY 类对比文献 CN200720010458。

四、结论

深加工摘要在标引时，通常会根据案件实际上解决的技术问题或有益效果出发，找到对应的发明信息，也就是和现有技术的区别技术特征，并在技术方案中全面地加以体现，这在机械领域尤为明显，因此利用深加工数据在机械领域进行检索，可以精准和快速地找到目标对比文献，提高检索效率。

第二节　电学领域深加工数据的检索应用案例

一、案例基本信息及特点

原始名称：半导体发光元件及其制造方法

申请人：三菱电机株式会社

申请号：CN200910002799

申请日：2009.1.22

原始 IPC：H01L33/00

权利要求：

权利要求 1：一种半导体发光元件，其特征在于，具备：半导体层；形成于所述半导体层上、且形成有开口部的绝缘膜；形成于所述绝缘膜上的多层密合层；以及以在所述开口部与所述半导体层接触，还与所述多层密合层接触的方式形成的 Pd 电极，其中，所述多层密合层具有 Au 层作为最上层，在所述 Au 层与所述 Pd 电极的界面上形成有所述 Au 层的 Au 和所述 Pd 电极的 Pd 的合金。

案情简介：

本案为一种半导体发光元件及其制造方法。针对现有的半导体发光元件存在的使 Pd 电极和绝缘膜密合的力依然较弱，导致 Pd 电极部分剥落的问题。提供一种半导体发光元件及其制造方法，该半导体发光元件能够更牢固地密合 Pd 电极和绝缘膜，从而防止电极剥落，并且提高作为低电阻欧姆电极的特性，从而实现激光装置的高功率化和低工作电流化。通过阅读权利要求书，可知本发明有 2 个独立权利要求和 7 个从属权利要求。

二、检索要素表达

首先阅读申请文件、充分理解发明内容，然后根据半导体发光元件的结构确定检索分类号为 H01L33/00、H01L33/44；接下来进一步分析权利要求和说明书，确定检索要素，确定基本检索要素时需要考虑技术领域、技术问题、技术手段、技术效果等方面，本发明的基本检索要素包括技术领域发光元件、技术手段电极，以及技术效果密合。

在确定了基本检索要素之后，结合检索案件所属的技术领域的特点，以关键词、分类号等形式，来表达这些基本检索要素，同时丰富和扩展关键词，构建半导体发光元件检索要素表，具体见表 7-2。最后用不同表达形式构建检索式在 S 系统中进行检索，从而得到全面的检索结果。

表 7-2　半导体发光元件检索要素表

检索主题	半导体发光元件		
检索要素	要素 1	要素 2	要素 3
关键词	发光元件 + 二极管 + 发光器件	电极 + 铂	密合 + 接合
分类号	H01L33/00，H01L33/44		

三、在 S 系统中检索

1. 在 CPRSABS 数据库中检索

构造完检索要素表后，就开始在 S 系统中进行检索。首先在 CPRSABS 数据库中，通过构建检索式进行检索，未检索到影响本发明新颖性和创造性的文件。检索过程如下：

```
1.CPRSABS 135610（发光元件 or 二极管 or 发光器件）/AB
2.CPRSABS 93126（密合 or 接合）/AB
3.CPRSABS 275825（电极 or 铂）/AB
4.CPRSABS 1369768 PD<20090122 or PROD<20090122
5.CPRSABS 69 1 and 2 and 3 and 4
```

2. 在 CNABS 数据库中检索

接下来利用相同的检索方式在 CNABS 数据库中利用深加工数据进行检索，

检索过程如下：

```
1.CNABS 102464（发光元件 or 二极管 or 发光器件）/TECH
2.CNABS 69017（密合 or 接合）/TECH
3.CNABS 187851（电极 or 铂）/TECH
4.CNABS 3407795 PD<20090122
5.CNABS 96 1 and 2 and 3 and 4
```

在 CNABS 数据库中采用深加工数据的技术方案 TECH 字段，共检索到 96 篇文献，命中一篇影响本发明新颖性、创造性的 X 类对比文献 CN200410005806。

在对该对比文件进行数据深加工时，深加工后的技术方案需要大量参考专利说明书中有价值的技术内容，而不是仅仅参考权利要求书进行标引，在该对比文件的核心方案中对技术主题"氮化物半导体元件"进行了下位技术概念的描述"如半导体激光二极管或发光二极管"，因此在使用 TECH 字段进行检索时，可以通过"二极管"检索到该对比文件。而在 CPRSABS 中使用摘要字段 AB 进行检索时，由于原始摘要中没有体现"二极管"这一技术概念，因此无法检索到该对比文件，导致漏检。

四、结论

深加工摘要中的技术方案字段在标引时重点体现了专利文献的技术主题信息及核心的技术改进信息等，使得信息内容全面，不会遗漏重要的技术信息。电学领域专利申请由于领域的特殊性，经常出现原始摘要中的技术主题概念比较上位，而在说明书中对上位的技术主题进行下位技术概念描述的情况，因此在进行电学领域专利申请的检索时，选择深加工数据进行检索，可以检索到更加准确、全面的技术信息，从而在兼顾查准率的同时，查找到合适的对比文献。

第三节　化学领域深加工数据的检索应用案例

一、案例基本信息及特点

原始名称：一种羧酸类接枝共聚物混凝土保坍剂

申请人：江苏省建筑科学研究院有限公司、江苏苏博特新材料股份有限公

司、南京道鹭建设材料厂

申请号：CN200510037869

申请日：2005.2.28

原始 IPC：C08F290/00、C04B24/24

权利要求：

权利要求 1. 一种羧酸类接枝共聚物混凝土保坍剂，其特征在于它由下列步骤制备而成，1）由通式（7-1）所述的单烷基聚醚、双羟基聚醚或单烷基聚醚和双羟基聚醚的混合物与二元不饱和羧酸或酸酐在酸催化剂条件下发生接枝反应生成带 C＝C 的大单体 a；

$$R_1 \!\!-\!\! (O\!\!-\!\!CHR_2\!\!-\!\!CH_2)_n OH \qquad\qquad （7\text{-}1）$$

通式（7-1）中所述的侧链聚醚大分子为重均相对分子量 200 到 2000 的氧化烯聚合物，R_1 和 R_2 为 H 或甲基，适合的氧化烯选自环氧乙烷、环氧丙烷及其混合物，它是均聚物、无规共聚物或嵌段共聚物；n 为氧化烯基的平均加成摩尔数，为 3～50；当 R_1 为 H 时，则为聚乙二醇或聚丙二醇或聚乙二醇和丙二醇共聚物，在接枝共聚物中充当交联作用；2）将 70%～97% 的步骤 1）制备的大单体 a 与 3%～30% 的单体 b、0～8% 的单体 c、0～30% 的单体 d、0～30% 的单体 e 混合共聚而成，上述含量百分比均为质量分数，组分 a、b、c、d、e 质量分数之和为 100%，其中单体 b 选自丙烯酸、甲基丙烯酸和这些不饱和酸的碱金属盐、碱土金属盐、铵盐和有机胺盐，这些单体单独使用或由两种或两种以上成份的混合物形式使用，单体 c、d 分别用通式（7-2）、（7-3）表示，单体 e 为苯乙烯磺酸钠盐；

$$\begin{array}{c} R_5 \\ | \\ CH_2 \!=\! C\!-\!COOR_4 \end{array} \qquad\qquad （7\text{-}2）$$

式中，R_4 为 C1～4 烷基、CH_2CH_2OH 或 $CH_2CHOHCH_3$，R_5 是氢原子或甲基；

$$\begin{array}{c} R_6 \\ | \\ CH_2 \!=\! C \\ | \\ C\!=\!O \\ | \\ NR_7R_8 \end{array} \qquad\qquad （7\text{-}3）$$

式中，R$_6$ 为氢原子或甲基，R$_7$ 和 R$_8$ 为氢原子或甲基、乙基、CH$_2$SO$_3$H 或 CH$_2$CH$_2$SO$_3$H。

案情简介：

本案为一种羧酸类接枝共聚物混凝土保坍剂，属于建筑材料中混凝土外加剂技术领域，由下列步骤制备而成：1）由通式（7-1）所述的单烷基聚醚或双羟基聚醚以及单烷基聚醚和双羟基聚醚的混合物与二元不饱和羧酸或酸酐在酸催化剂条件下发生接枝反应生成带 C═C 的大单体 a；2）将步骤 1）制备的接枝大单体混合物 a 与单体 b 分别按 70% ～ 97% 和 3% ～ 30% 的质量分数混合共聚而成。本发明可以明显改善传统萘系减水剂的坍落度损失，同时提高其分散性能，且不延长混凝土的凝结时间，对中、低坍落度混凝土或大流动度混凝土都具有良好的保塑效果；对其他高效减水剂的适应性好，无论是与传统的萘系减水剂和三聚氰胺系减水剂或是对新型的聚羧酸系减水剂复配使用都具有良好的坍落度保持能力；生产过程不产生三废。通过阅读权利要求书，可知本发明有 1 个独立权利要求和 5 个从属权利要求。

二、检索要素表达

首先阅读申请文件、充分理解发明内容，然后根据共聚物的结构初步确定检索分类号为 C08F290/00、C08F290/02、C08F290/06，根据本发明的技术领域确定检索分类号为 C04B24/24、C04B24/26，接下来进一步分析权利要求和说明书，确定检索要素，确定基本检索要素时需要考虑技术领域、技术问题、技术手段、技术效果等方面，本发明的检索要素基本包括技术手段聚二醇、二元羧酸，以及技术领域混凝土。

在确定了基本检索要素之后，结合检索案件所属的技术领域的特点，以关键词、分类号等形式，来表达这些基本检索要素，同时丰富和扩展关键词，构建混凝土保坍剂检索要素表，见表 7-3。最后用不同表达形式构建检索式在 S 系统中进行检索，从而得到全面的检索结果。

表 7-3　混凝土保坍剂检索要素表

检索主题	羧酸类接枝共聚物混凝土保坍剂		
检索要素	要素 1	要素 2	要素 3
关键词	聚二醇＋聚醚二醇＋聚醚多元醇＋聚乙二醇＋聚丙二醇＋聚二元醇	多元羧酸＋二元酸＋二元羧酸＋不饱和羧酸＋马来酸	水泥＋混凝土

分类号	C08F290/00、C08F290/02、C08F290/06、C04B24/24、C04B24/26

三、在 S 系统中检索

1. 在 CPRSABS 数据库中检索

构造完检索要素表后，就开始在 S 系统中进行检索。首先在 CPRSABS 数据库中，通过构建检索式进行检索，未检索到影响本发明新颖性和创造性的文件。检索过程如下：

```
1.CPRSABS 229（（聚二醇 or 聚醚二醇 or 聚醚多元醇 or 聚乙二醇 or 聚丙二醇 or 聚二元醇）
and（多元羧酸 or 二元羧酸 or 马来酸 or 酸酐 or 不饱和羧酸）and（水泥 or 混凝土））
2.CPRSABS 1688182 pd<20050228 or prod<20050228
3.CPRSABS 3 1 and 2
```

2. 在 CNABS 数据库中检索

接下来利用相同的检索方式在 CNABS 数据库中利用深加工数据进行检索，检索过程如下：

```
1.CNABS 255（（聚二醇 or 聚醚二醇 or 聚醚多元醇 or 聚乙二醇 or 聚丙二醇 or 聚二元醇）
and（多元羧酸 or 二元羧酸 or 马来酸 or 酸酐 or 不饱和羧酸）and（水泥 or 混凝土））/cp_ab
2.CNABS 1688626 pd<20050228
3.CNABS 5 1 and 2
```

在 CNABS 数据库中采用 CP_AB 字段，共检索到 5 篇文献，命中影响一篇影响本发明新颖性、创造性的 X 类对比文献 CN01821345。

在 CPRSABS 数据库的原始数据（包括原始摘要和权利要求）中，体现的技术手段不完整，仅体现了"聚亚烷基亚胺型不饱和单体"的相关信息，而未涉及本发明说明书内容中的"聚二醇型不饱和单体"，从而采用构建的检索式检索不到相关对比文献，导致漏检。而在 CNABS 数据库的深加工数据中，由于深加工摘要，尤其是深加工后的技术方案需要标引要解决的技术问题所对应的核心技术方案，在深加工过程中需要大量参考专利说明书中有价值的技术手段，而不是仅仅参考权利要求书进行标引，因此在本案中的深加工摘要部分同时标引了"聚亚烷基亚胺型不饱和单体"和"聚二醇型不饱和单体"这两种单体，保证了技术手段的完整性，从而在检索时能够检索到 X 类对比文献 CN01821345。

四、结论

深加工摘要在标引时重点体现了专利文献所属的技术领域信息、核心的技术改进信息、特定用途信息等，使得信息内容全面，不会遗漏重要的技术信息。化学领域专利申请由于领域的特殊性，存在技术改进信息多而杂、化合物表现形式多样等特点，在进行化学领域专利申请的检索时，选择深加工数据进行检索，可以完整地检索核心技术方案等信息，同时可采用原始数据作补充检索，相信一定能够在兼顾查准率的同时，全面查找到合适的对比文献。

第四节　医药领域深加工数据的检索应用案例

一、案例基本信息及特点

原始名称：一种氯霉素软胶囊及其制备方法

申请人：陈益智

申请号：CN200610143448

申请日：2006.10.25

原始 IPC：A61K9/48、A61K31/165、A61P31/04

权利要求：

权利要求 1. 一种氯霉素软胶囊，其特征在于：其中包括：A、含量为 50 ～ 500mg 的氯霉素；B、含量为 25 ～ 1000mg 的基质；C、含量为 5 ～ 50mg 稳定剂；所述基质为聚乙二醇 400 或聚乙二醇 600 或 1，2 – 丙二醇；稳定剂为甘油。

案情简介：

本发明公开了一种氯霉素软胶囊及其制备方法，其中包括：含量为 50 ～ 500mg 的氯霉素；含量为 25 ～ 1000mg 的基质；含量为 5 ～ 50mg 稳定剂。所述基质为聚乙二醇 400 或聚乙二醇 600 或 1，2 – 丙二醇；稳定剂为甘油。该含有氯霉素的软胶囊可以增强氯霉素的有益效果，且具有口感好、起效快、生物利用度高等优点。其制备方法简单，可设计各种形状、颜色、大小，有利于消费者辨别；分剂量准确、密封性好、稳定性高、携带和存储方便。

二、检索要素表达

首先详细阅读申请文件，本申请涉及一种氯霉素软胶囊，根据本领域技术人员判断，氯霉素属于已知现有的活性化合物，所以本申请属于现有药物的新剂型的改进，分类号只涉及 A61K（医用、牙科用或梳妆用配制品），具体来说软胶囊属于药物剂型，分类号为 A61K9/48；治疗活性成分为氯霉素，分类号为 A61K31/165；胶囊剂还包括辅料，其中基质为聚乙二醇 400、聚乙二醇 600（A61K47/10）或 1.2 - 丙二醇（A61K47/10）；稳定剂为甘油（A61K47/10）；从而用药物剂型、活性成分、辅料构成一个完整的技术方案，三者之间为"and"的关系。

对所涉及的检索要素进行扩展，构建检索要素表如表 7-4 所示。

表 7-4　氯霉素软胶囊检索要素表

检索主题	氯霉素软胶囊		
检索要素	要素 1	要素 2	要素 3
关键词	胶囊剂 软胶囊	氯霉素 or 绿霉素 or 氯胺苯醇 or 左霉素	（聚乙二醇 or 丙二醇） and（甘油 or 丙三醇）
分类号	A61K9/48、A61K31/165、A61K47/10		

三、在 S 系统中检索

1. 在 CPRSABS 数据库中检索

首先在 CPRSABS 数据库中，通过构建检索式进行检索，未检索到影响本发明新颖性和创造性的文件。检索过程如下：

```
1.CPRSABS 953 氯霉素 or 绿霉素 or 氯胺苯醇 or 左霉素
2.CPRSABS 9954（聚乙二醇 or 丙二醇）and（甘油 or 丙三醇）
3.CPRSABS 4826 软胶囊
4.CPRSABS 2 1 and 2 and 3
```

2. 在 CNABS 数据库中检索

接下来利用相同的检索方式在 CNABS 数据库中利用深加工数据进行检索，检索过程如下：

```
1.CNABS 2300 氯霉素 or 绿霉素 or 氯胺苯醇 or 左霉素
2.CNABS 44414（聚乙二醇 or 丙二醇）and（甘油 or 丙三醇）
3.CNABS 4275 软胶囊 /TECH
5.CNABS 3 1 and 2 and 3
```

在 CNABS 数据库中采用 TECH 字段，来缩小范围和减少噪声，共检索到 3 篇文献，命中影响一篇影响本发明新颖性、创造性的对比文献 CN200410010643。

在 CNABS 数据库中检索到，而 CPRSABS 数据库未检索到的对比文件 CN200410010643，其涉及"一种治疗细菌性阴道炎的药物及制备方法，以氯霉素、聚乙二醇、甘油为原料"，与本申请 CN200610143448 相比活性成分氯霉素，辅料聚乙二醇、甘油都一样，区别只是在于治疗细菌性阴道炎的药物是否为软胶囊；而从 CN200410010643 的技术领域"本发明涉及一种治疗阴道炎的外用药物。具体地说是治疗阴道炎外用软胶囊，以及制备该药物的方法"和制备方法"用溶胶罐熬胶，用压丸机压丸，每粒装 0.5g"可以看出本案的剂型也是一种软胶囊，故对比文件 CN200410010643 可以破坏申请文件 CN200410010643 的新颖性。之所以在 CPRSABS 数据库未检索到，是因为原案原始摘要、技术方案、原始关键词中都没有明确标引"软胶囊"这个关键词，所以检索不到，而 CNABS 数据库中整合了 CPDIABS 数据（数据深加工数据），加工员在人工标引案件时，在技术方案中直接使用了"治疗细菌性阴道炎的外用软胶囊"的技术主题，故通过"软胶囊 /TECH"字段可以直接检索到。

四、结论

在医药等领域，原始的专利文献可能在摘要中只涉及到比较上位的技术概念，这样在检索中如果使用比较上位的关键词，噪声会比较大，而使用下位技术概念容易导致漏检，而深加工数据会将说明书内容中涉及的下位概念补充描述入技术方案中，这样提高了数据的规范性和可检索性，不容易发生漏检。

第五节　小结

本章选择机械领域、电学领域、化学领域、医药领域这四个领域的检索应用案例，通过检索要素表达、在 S 系统的 CNABS 数据库中检索方面，详细介绍了深加工数据的检索使用方式，同时与原始数据在 CPRSABS 数据库中的检索结果进行对比分析，具体阐述了深加工数据的检索应用优势，总结如下：

（1）深加工摘要在标引时，通常会根据案件实际上解决的技术问题或有益效果出发，找到对应的发明信息，因此在机械领域使用深加工数据进行检索，可以精准和快速地找到目标对比文献，提高检索效率。

（2）电学领域专利申请经常出现原始摘要中的技术主题概念比较上位，而在说明书中对上位的技术主题进行下位技术概念描述的情况，而深加工数据会在深加工摘要中对下位技术概念进行进一步描述，因此在电学领域使用深加工数据进行检索，可以检索到更加准确、全面的技术信息，从而在兼顾查准率的同时，查找到合适的对比文献。

（3）深加工摘要标引的内容全面而准确，化学领域专利申请存在技术改进信息多而杂、化合物表现形式多样等特点，在化学领域使用深加工数据进行检索，可以完整地检索核心技术方案等信息，同时可采用原始数据作补充检索，检索效果更好。

（4）医药领域同样存在原始摘要只涉及比较上位的技术概念的问题，而深加工数据提高了数据的规范性和可检索性，不容易发生漏检。

中国专利深加工数据的分析性应用案例

中国专利深加工数据除了具有提高检索数据查全率、查准率的优势以外，在专利分析中，还可使用机构代码、发明人和审查员引文等特色标引字段在数据查漏补缺、重要专利查找及追踪等方面发挥重要作用。本章以风力发电机降噪技术为例，借助 S 系统的 CNABS 数据库、专利信息分析系统、专利信息智能检索与服务系统，以专利分析的流程为主线，通过数据采集、数据处理和专利分析过程，介绍深加工数据在专利分析中的应用及发挥的作用，以形成该领域的可利用信息，并有助于从操作层面帮助专利分析人员理解和掌握专利分析工具的使用。

第一节　深加工数据的采集

一、数据采集准备阶段

专利分析中，在进行数据采集前，要对所研究领域的技术有深入的了解，因此，首先必须开展技术和行业调研，以形成行业专利技术分解。

行业专利技术分解是结合专利分析的特点对所分析的技术领域进一步细化和分类。行业专利技术分解是围绕研究的技术主题进行的，既要方便研究分析人员进行专利数据检索，还要得到行业从业人员的认可。

制定专利技术分解表的原则可以概况为"尊重行业习惯，方便专利文献检索，专利文献量适中"。为了制定符合研究需要的技术分解表，主要需要做以下工作：①收集非专利文献资料，了解行业背景、行业发展状况和技术发展现状，收集的非专利文献主要包括：行业的宏观报告、行业期刊发表的相关文章、相关的硕博论文、相关的最新国家和行业技术标准。②咨询课题相关领域的专家。③初步检索专利文献，对需研究领域的专利文献量作初步的评估。

（一）风力发电机降噪技术研究背景

我国风力发电资源储量丰富，幅员辽阔，海岸线长，对发展风力发电有着得天独厚的条件。根据 2011 年 10 月 19 日发布的《中国风电发展路线 2050》（2014 版），我国 2020—2030 年年均新增装机将达 20GW，2030—2050 年年均新增装机将达 30GW。

风力发电系统中的两个主要部件是风力机和发电机，风力机向着变桨距调节技术发展，发电机向着变速恒频发电技术创新，这是风力发电技术发展的趋势，也是当今风力发电的核心技术。

虽然风力发电号称是清洁能源，能起到很好的环保作用，但是随着越来越多大型风电场的建立，一些由风力发电机引发的环保问题也凸显出来。这些问题主要体现在两个方面：噪声问题和对当地生态环境的影响。

近几年，风力发电机国产化程度的不断扩大，而我国制造业与欧美发达国家还有一定的差距，因此，国产化风力发电机的振动噪声问题愈来愈严重。而振动和噪声会使风力发电机在运行过程中产生过度的疲劳损害，直接影响到其使用寿命，这直接威胁到风力发电机的正常国产产业化，因此，风力发电机的减振降噪控制是非常重要和必要的。目前，低噪声已经称为风力机不可或缺的关键技术指标之一。

要解决风力发电减振降噪问题，还得从风力发电机的具体外部构造和内部结构来分析。

1. 风力发电机外部结构

风力发电机在外部结构上分为垂直轴风力发电机和水平轴风力发电机，这两种构造在噪声方面有着很大的差别：水平轴风轮的尖速比一般在 5 ～ 7 之间，在这样的高速下叶片切割气流将产生很大的气动噪声；垂直轴风轮的尖速比则要比水平轴的小得多，一般在 1.5 ～ 2 之间，这样的低转速基本上不产生气动噪声，完全达到了静音的效果。无噪声带来的好处是显而易见的，以前因为噪声问题不能应用风力发电机的场合（如城市公共设施、民宅等），现在可以应用垂直轴风力发电机，比水平轴有更广阔的应用领域。

低速比带来的好处不仅仅是环保上面的优势，对于风机的整体性能也是非常有利的。从空气动力学上分析，物体速度越快，外形对流场的影响越大，当风力发电机在户外运行时，叶片上不可避免地受到污染，这种污染实际上是改变了叶片的外形，对于水平轴风轮来讲，即使这种外形变化很微小，也很大地降低了风轮的风轮利用率，而垂直轴风轮因为转速低，所以对外形的改变没那么敏感，这种叶片的污染基本上对风轮的气动性能没有影响。

2. 风力发电机内部构造

机舱包容着风力发电机的关键设备，包括齿轮箱、发电机，机舱左端是风力发电机转子，即转子叶片及轴。

转子叶片的作用是捉获风，并将风力传送到转子轴心，每个转子叶片的测量长度大约为 20 米，而且外形像飞机的机翼。

转子轴心附着在风力发电机的低速轴上，低速轴将转子轴心与齿轮箱连接在一起，在 600kw 风力发电机上，转子转速相当慢，大约为 19 ～ 30 转每分钟，轴中有用于液压系统的导管，来激发空气动力闸的运行。

齿轮箱左边是低速轴，可以将高速轴的转速提高至低速轴的 50 倍。高速轴以 1500 转 / 分钟运转，并驱动发电机。

发电机通常采用感应电机或异步发电机，最大电力输出通常为 500 ～ 1500 千瓦。

偏航装置借助电动机转动机舱，以使转子正对着风。偏航装置由电子控制器操作，电子控制器可以通过风向标来感觉风向。通常，在风改变其方向时，风力发电机一次只会偏转几度。

3. 噪声源分析

风力发电机组工作过程中在风机运动部件的激励下，叶片及机组部件产生了较大的噪声，其噪声源主要有机械噪声及结构噪声、空气动力噪声、通风设备噪声。

（1）机械噪声及结构噪声。

机械噪声和结构噪声是风力发电机组的主要噪声源，而且对人的烦扰度最大。这部分噪声是能控制的，其主要途径是避免或减少撞击力、周期力和摩擦力，如提高加工工艺和安装精度，使齿轮和轴承保持良好的润滑条件等。为减小机械部件的振动，可在接近力源的地方切断振动传递的途径，如以弹性连接代替刚性连接；或采取高阻尼材料吸收机械部件的振动能，以降低振动噪声。主要包括：①齿轮噪声。啮合的齿轮对或齿轮组，由于互撞和摩擦激起齿轮体的振动，而通过固体结构辐射齿轮噪声。②轴承噪声。由轴承内相对运动元件之间的摩擦和振动及转动部件的不平衡或相对运动元件之间的撞击引起振动辐射产生噪声。③周期作用力激发的噪声。由转动轴等旋转机械部件产生周期作用力激发的噪声。④电机噪声。不平衡的电磁力使电机产生电磁振动，并通过固体结构辐射电磁噪声。

（2）空气动力噪声。

空气动力噪声由叶片与空气之间相互作用产生，它的大小与风速有关，随风速增大而增强。根据产生原因的不同，大致可分为低频噪声、来流湍流干扰的噪声、叶片噪声，其中以叶片噪声为主，叶片自噪声主要包括尾缘噪声、叶尖噪声、分离噪声、层流边界噪声、钝尾缘噪声小孔和缝隙等部位产生的噪声。❶ 处理空气动力噪声的困难在于其声源处在传播媒质中，因而不容易分离出声源区。

（3）通风设备噪声。

散热器、通风机等辅助设备产生的噪声。

4. 噪声控制

噪声控制可以从噪声源、噪声传播途径和噪声接受者三方面入手。噪声控制技术主要以噪声的声学控制方法为主，具体的技术途径一般包括隔声处理、吸声处理、振动隔离、阻尼减振等。

（二）确定技术分解表

从行业技术调查结果可知，对风力发电机的降噪技术进行技术分解时可以从两个大方向来进行，即噪声源角度和噪声控制途径角度。由于噪声源与风力发动机的机械结构密切相关，所形成的技术分支的边界容易划分，且技术界定较清晰，因此本研究主要以噪声源为技术分解表的分解主线。

按照"尊重行业习惯，方便专利文献检索，专利文献量适中"的原则完成技术分解表后，还需要对技术分解表中的各技术分支进行定义，用描述性的语言来

---

❶ 许影博，江旻. 风力机气动噪声研究现状与发展趋势［J］. 应用数学和力学，2013，34（10）：14-21.

定义各技术分支的范围，如表 8-1 所示。本研究依据噪声源的种类将风力发电机降噪技术主要分作三个二级分支：机械噪声及结构噪声、空气动力噪声、通风设备噪声，考虑到还可能有其他因素引起风力发电机的噪声，所以还增加了"其他噪声"作为二级分支。同时，对机械噪声及结构噪声还进行了三级细分，分为齿轮噪声、轴承噪声、周期作用力激发的噪声以及电机噪声这四个三级分支。

表 8-1　风力发电机降噪技术的专利技术分解表

一级分类	二级分类	三级分类	技术定义
风力发电机降噪技术	机械噪声及结构噪声	齿轮噪声	齿轮噪声是指啮合的齿轮对或齿轮组，由于互撞和摩擦激起齿轮体的振动，而通过固体结构辐射齿轮噪声
		轴承噪声	轴承噪声是由轴承内相对运动元件之间的摩擦和振动及转动部件的不平衡或相对运动元件之间的撞击引起振动辐射产生噪声
		周期作用力激发的噪声	周期作用力激发的噪声是由转动轴等旋转机械部件产生周期作用力激发的噪声
		电机噪声	不平衡的电磁力使电机产生电磁振动，并通过固体结构辐射电磁噪声
	空气动力噪声	空气动力噪声	空气动力噪声是由叶片与空气之间作用产生，它的大小与风速有关，随风速增大而增强
	通风设备噪声	通风设备噪声	通风设备噪声是指散热器、通风机等辅助设备产生的噪声
	其他噪声	其他噪声	除机械、空气动力及通风设备引起的噪声之外的其他噪声

二、数据采集阶段

数据采集阶段的主要工作包括选择数据库、确定检索策略和检索要素、检索和去噪、数据采集及数据结果评估。

（一）数据来源与数据范围

本章应用案例以 CNABS 数据库中的深加工数据为主要检索范畴，以专利文献的权利要求数据作为补充，最终获得检索数据集。

本节所采用的专利样本均为自有记载开始至检索截止日终止的所有中国专

利。如无特殊说明，本节的数据统计截止时间为 2018 年 7 月 2 日。

（二）数据检索

1. 检索策略的确定

专利分析检索的要求之一是获得与技术主题相关的总体文献。检索策略的确定是检索阶段的重要环节，应当充分研究行业背景和技术领域，并结合检索资源的特点制定。

常用的检索策略包括分总式检索和总分式检索两种策略。分总式检索策略适用于各技术分支之间的相似度不高的情形，即，各技术分支的检索结果之间的交集较小。总分式检索策略采用一种自上而下的方式，其适用于技术领域和分类领域等涵盖范围好且较为准确的情形。对于风力发电机的降噪技术，由于其检索的技术范畴落脚在"风力发电机"领域，且主要的技术分支均具有共同的技术效果"降噪"，针对这种情况，可以采用总分式检索策略。

确定检索策略之后，根据不同领域的不同特点确定检索要素。通常而言，检索要素以分类号、关键词为主，见表 8-2。利用风力发电机相应的关键词（风力发电、风力发动等）及风力发电机对应的分类号（F03D，H02K），与降噪技术相应的关键词（降噪、隔音、消音等）交叉结合来构建检索式，能够得到风力发电机总的检索范围。对于具体的技术分支，则采用在总的检索结果中进行细分检索，从而确定与各技术分支相关的专利文献，获得初步的专利分析样本。

表 8-2　风力发电机降噪技术的检索要素表

基本检索要素	总检索范围		分支检索范围				
	风力发电机	降噪技术	齿轮	轴承	电机	转动轴 / 旋转部件	空气动力 / 叶片
分类号	F03D，H02K		F03D15	F03D80	H02K	F03D1、F03D3、F03D5	F03D1、F03D3、F03D5
关键词	风力发电、风力发动、风电发电、风力出电、风能供电……	降噪、减噪、消音、除噪、隔音……	齿轮、齿型轮、齿牙轮……	轴承、轴支承……	电机、电动机、电力马达……	转动轴、旋转轴、转轴、旋转部件、旋转机构、枢转机构……	叶片、叶扇、风叶、摆叶、叶轮片、气动力、气压动力、气体动力……

2. 数据检索

数据检索在 S 系统的 CNABS 数据库中进行，在"界面检索"模块中通过输入"..fi CNABS"进入 CNABS 检索数据库，可以采用 CP_TI（深加工名称）、CP_AB（深加工摘要）、KWCN（包含深加工关键词）、CP_PA（申请人）、CP_PO（机构代码）等索引字段，并结合索引 IC（IPC 分类号）、CLMS（权利要求）来获得最终检索数据集。

总检索数据集的检索过程如下：

1   CNABS32430   /ic or f03d,H02K

2   CNABS13416   /cp_ti or 风能发动,风力驱动,风能动力,风力发动,风力发电,风电发电,风力出电,风能供电,风发电,风电

3   CNABS23199   /cp_ab or 风能发动,风力驱动,风能动力,风力发动,风力发电,风力出电,风能供电,风发电,风电

4   CNABS26467   /kwcn or 风能发动,风力驱动,风能动力,风力发动,风力发电,风力出电,风能供电,风发电,风电

5   CNABS34430   /clms or 风能发动,风力驱动,风能动力,风力发动,风力发电,风力出电,风能供电,风发电,风电

6   CNABS24639   /cp_ti or 噪音,噪声,降噪,消噪,消音,除噪,吸声,声噪,避噪,隔音,隔声,隔噪,声音隔离,减噪

7   CNABS177831 /cp_ab or 噪音,噪声,降噪,消噪,消音,除噪,吸声,声噪,避噪,隔音,隔声,隔噪,声音隔离,减噪

8   CNABS106527 /kwcn or 噪音,噪声,降噪,消噪,消音,除噪,吸声,声噪,避噪,隔音,隔声,隔噪,声音隔离,减噪

9   CNABS172727 /clms or 噪音,噪声,降噪,消噪,消音,除噪,吸声,声噪,避噪,隔音,隔声,隔噪,声音隔离,减噪

10 CNABS47749   2 or 3 or 4 or 5

11 CNABS401581 6 or 7 or 8 or 9

12 CNABS1645   1 and 11

13 CNABS2034   10 and 11

14 CNABS1792   12 or 13

由此获得了风力发电机降噪技术的中国专利数据集，但其中不可避免地存在检索噪声，还需要采用多种方法进行数据去噪。

尽管深加工标引的关键词依据"中国专利文献词表"进行了技术概念的规范化处理，但是考虑到复合词的存在，为避免漏检，检索词除了包括技术概念对应的叙词以外，还可以参考"中国专利文献词表"中收集的叙词的同、近义词，进行检索词扩展。正因为"中国专利文献词表"针对相同技术概念收集整合了大量的同、近义词，并且定时更新，所以利用"中国专利文献词表"来查询及扩展检索词，可以大大提高检索的查全和查准率，提高检索效率。

3. 数据去噪

任何一个检索式都不可避免地会带来噪声，专利文献的检索过程主要是利用分类号和关键词，因此检索结果中噪声也主要形成于以下两个方面：

（1）分类号带来的噪声，主要包括：分类不准导致的噪声；所采用分类号的类名所涵盖的技术范围较广，如 H02K（电机），并不仅限于该技术分支所限定的技术范畴，需要与关键词联合检索来获取相关专利文献，从而形成噪声文献；在分类号版本变动时，未根据分类号对已有文献进行动态的修订和再分类；

（2）关键词带来的噪声，主要包括：①关键词本身使用范围很广带来的噪声，如降噪技术应用范围很广，尽管已经结合"风力发电"等关键词或风力发电的相关分类号进行了限制，但也依然会带来大量噪声；②尽管专利文献中提及了检索的关键词，但实际内容与技术主题本身却无关，如专利文献"一种智能隧道施工安全监控系统"中尽管提及"风力发电机；去除噪声"等，但实际情况是，风力发电机为该监控系统提供电力，而"去除噪声"是对监控系统的图像数据进行噪声去除，与风力发电机无关，因此，该文献与检索的技术主题关系不大，形成另一类型的噪声。

基于对检索噪声类型的分析，可以采用以下去噪措施：①利用分类号批量去噪，对检索结果的分类号进行统计分析，将不相关的分类号筛选出来；②利用关键词批量去噪，例如在风力发电机领域，将"数据、数值"等词汇与"噪声"联合检索，将可能造成检索噪声的文献筛选出来；③在后续的标引过程中还会发现噪声文献，可以通过标引过程逐篇去噪；④人工逐篇浏览去噪。

4. 数据查全率、查准率验证

检索时，需要对获得的检索数据进行查全率、查准率验证，以判断是否可以终止检索过程，其主要目的是保证数据查全率和查准率，使检索过程可靠、检索结果可信。依据所获得的查全率、查准率数据，在确认满足检索要求时终止检索，并获得原始专利数据。

（1）查全率评估。

查全率的评估方法是：①选择一名重要申请人，一般为该技术领域申请量排名前十的申请人或者行业内普遍认可的重要申请人，以该申请人为入口检索其全部申请，通过人工确认其在本技术领域的申请文献量形成母样本。对于选择的该申请人，需要注意：该申请人是否有多个名称，该申请人是否兼并收购或者被兼并收购，该申请人是否有子公司或者分公司；②在检索结果数据库中以申请人为入口检索其申请文献量形成样本；③以子样本数量 / 母样本数量 ×100%= 查全率。

在进行查全率评估时，以申请人为检索入口检索其全部申请时，对于同一申请人的不同名称，深加工数据采用机构代码进行了统一，可在查全率评估中发挥其独特的作用。

以重要申请人"维斯塔斯风力系统集团公司"为例，在 S 系统检索时，输入：

CNABS？维斯塔斯风力系统集团公司 /pa

检索结果：336 件

再显示检索结果中的机构代码，即显示字段"CP_PO"的内容，如下：

CNABS？ ..li CP_PO

获得结果：CP_PO – DK00199583

由此可获得'维斯塔斯风力系统集团公司'的深加工机构代码"DK00199583"。此时直接采用该机构代码在 CNABS 数据库的机构代码索引"CP_PO"中检索，即可获得"维斯塔斯风力系统集团公司"所有以不同申请人名称申请的专利，如下：

CNABS？ DK00199583/CP_PO

检索结果：516 件

此时，利用" ..mems /cp_pa"命令将检索结果中的所有申请人名称存入存储器，并自动进行降序排序，然后再利用语句"CNABS？ ..li m2"显示排序结果，则会获得检索结果中的所有申请人名称及其相应的专利申请数量（FRQ），如表 8-3 所示：

表 8-3　机构代码 DK00199583 对应的专利申请人名称及其申请量检索示例

序号	FRQ	TREM
1	270	维斯塔斯风力系统有限公司
2	224	维斯塔斯风力系统集团公司

续表

序号	FRQ	TREM
3	8	维斯塔斯风力系统公司
4	7	菱重维斯塔斯海上风力有限公司
5	6	威斯塔斯风力系统公开有限公司
6	1	维斯塔斯风力技术集团

由此可见，"维斯塔斯风力系统集团公司"曾利用"维斯塔斯风力系统有限公司"等多个不同申请人名称申请过专利。如果仅采用"维斯塔斯风力系统集团公司"从申请人入口检索，只能得到336篇专利文献，而采用该公司的机构代码DK00199583进行检索，则可以直接将该申请人申请的所有专利文献一并检索出来，达到516篇。

因此，采用深加工机构代码可以非常方便地将同一申请人的所有专利同时检索出来，以防造成漏检，对于数据查全率的检验是非常有帮助的。

另外，必要时，作为补充检索要素，可以利用研究领域重要申请人的深加工机构代码字段进行检索，完整检索同一申请人的所有专利文献，进而借助关键词、分类号及人工浏览等方式，将属于本研究领域的数据补充入总检索数据集中，提高检索数据的查全率。

（2）查准率评估。

查准率的评估方法是：①在检索结果数据集中随机选取一定数量的专利文献作为母样本；对母样本中的每篇专利文献进行阅读，确定其与技术主题的相关性，与技术主题高度相关的专利文献形成子样本；②以子样本数量/母样本数量 ×100%= 查准率。

在进行查准率评估时，由于需要对随机选取的一定数量的专利文献进行逐篇阅读，确定其与技术主题的相关性，因此，在未对专利文献信息进行深度加工的情况下，可能需要通篇阅读专利文献。

例如，对于"风力发电机降噪技术"这一技术主题，在阅读时至少需要获取三方面的信息："降噪"这一效果信息，针对"降噪"进行的技术改进信息还有应用的领域信息"风力发电机"。

对于未深加工过的专利文献，要获取上述信息，至少需要阅读原始摘要、权利要求、背景技术、发明内容等等，甚至由于有些用途信息可能体现在实施例中，还需要阅读具体实施方式部分，即需要完整阅读整个专利文献。

而深加工数据由于对专利文献要解决的技术问题或效果信息、技术改进信息、用途信息进行了人工提取，因此，通过直接阅读改写后的摘要数据即可直接判断出该专利文献与所研究技术主题的相关性，大大节省了浏览时间，提高了查准率评估的效率。

深加工摘要类目中包含有"要解决的技术问题和有益效果"、"技术方案"、"用途"类目。在本研究中，"降噪"即为风力发电机技术改进所对应的要解决的技术问题或技术效果，因此，通过浏览深加工数据中的"要解决的技术问题和有益效果"类目即判断出专利文献是否解决了降噪的问题。

"技术方案"类目包含"发明点""核心方案"和"其他技术方案中的发明信息"三个部分。发明点部分涵盖了专利文献相对于现有技术的技术改进，从发明点类目能够快速判断专利文献的技术改进是否与"降噪"技术直接相关。

用途是发明或实用新型公开的技术方案在不同领域的实际应用。如果专利文献的"技术方案"类目中未提及"风力发电机"，则还可通过阅读用途类目来直接判断该技术是否适用于风力发电机领域。

因此，通过直接阅读对专利文献改写后的深加工数据能够以非常小的阅读量来获取专利文献的技术效果、技术改进及用途信息等，通过直接阅读改写后的摘要数据即可判断出该专利文献是否与专利分析研究的技术主题高度相关，节省了大量的浏览时间，从而体现出深加工数据具有"省时性"的优点。

并且，深加工摘要数据在人工浏览去噪方面也具有浏览量小、省时的优势，为数据采集节省了大量时间。

5. 数据采集

数据采集是根据后续专利分析的需要，将检索获得的原始专利数据以字段的形式采集，然后将采集的数据转化成统一的、可操作的、便于分析的数据格式。

由于风力发电机降噪技术的研究采用总分式检索策略，所以，在总的检索数据集去噪及查全查准评估后，为了后续专利分析中技术领域分析的需求，还要从总的数据集中分离出三级技术分支数据集。

对于三级技术分支的数据采集可以采用两种方式：

（1）在 S 系统的 CNABS 数据库的"界面检索"模块，在检索得到的总体文献量范围内，针对每个三级技术分支分别采用相应分类号和 / 或关键词进行检索，所获得的检索数据作为独立专题导入专利信息分析系统，并在该专题的自定义字段标引上该专题的标识。当所有技术分支均导入专利信息分析系统且单独进行专题标识标引后，再进行多个技术分支专题的合并，从而形成总体文献数据；

（2）将总的检索数据作为一个专题先导入专利信息分析系统，在专利信息分析系统中采用每个三级分支对应的关键词和 / 或分类号进行二次检索，对获得的检索结果再进行三级技术分支的批量标引。

由于在专利信息分析系统中也能方便地进行数据检索，因此，本研究采用在专利信息分析系统中进行三级技术分支的二次检索及技术分支的同步自定义标引。

数据采集的过程主要分为三个步骤：确定需要采集的字段、列出检索结果中相关的字段、将检索结果导出并保存为需要的文件格式。

（1）确定需要采集的字段。

所需采集的字段与专利分析的目的息息相关，选取时通常从以下几个方面考虑：①与专利文献日期相关；②与专利文献技术内容相关；③与专利文献号码相关；④与专利文献的区域相关；⑤与专利文献申请人、发明人相关。风力发电机降噪技术的研究需要从 CNABS 数据库中采集的字段如表 8-4 所示：

表 8-4　风力发电机降噪技术采集字段

字段分类	字段全称	字段名称（CNABS）
与日期相关的	申请日	APD
	公开日	GK_PD，SQ_PD
与技术内容相关的	发明名称	CP_TI（深加工名称）
	摘要	CP_AB（深加工摘要）
	权利要求	GK_CLMS，SQ_CLMS
	技术方案	TECH（深加工技术方案）
	用途	USE（深加工用途）
	技术效果	EFFECT（要解决的技术问题和有益效果）
	关键词	KWCN（包含深加工关键词）
与专利文献号码相关的	申请号	AP
	公开号	GK_PN
	授权公告号	SQ_PN
	国际分类号	CP_IC（深加工 IPC 再分类），GK_IC，SQ_IC
	实用分类号	UTLC

续表

字段分类	字段全称	字段名称（CNABS）
与专利文献地域相关的	国别	CNAME
	省别	CNAME
与专利文献人相关的	申请人	CP_PA
	发明人	GK_IN，SQ_IN
	机构代码	CP_PO
专利文献类型	专利类型	从申请号中提取

（2）显示检索结果中相关字段内容。

在 CNABS 数据库中，检索结束后，利用 "..li" 命令将所需采集的字段在屏幕上逐条显示出来，如 "CNABS？ ..li AP APD CP_TI CP_AB GK_PN SQ_PN······UTLC CP_PA CP_PO"。

（3）导出检索结果。

将屏幕显示结果全部复制粘贴至记事本中并形成 TXT 文件，如图 8-1 所示。

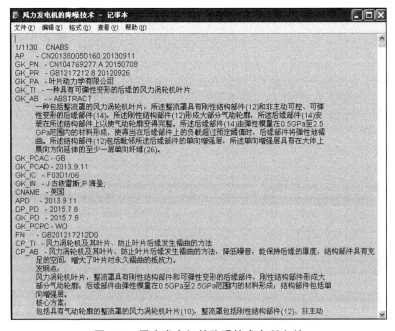

图8-1　风力发电机的降噪技术专利文献

第二节 深加工数据的处理

一、数据清理阶段

数据清理是对采集到的数据进行数据项内容的统一、修正和规范，便于后续标引和分析，数据清理过程可在专利信息分析系统❶中进行，图 8-2 为专利信息分析系统的界面。

图 8-2 专利信息分析系统界面

（一）数据导入

在进行数据清理之前，应先将 TXT 文件上的数据导入专利信息分析系统。此时注意从专利信息分析系统中选取适合所导入数据格式的模板，以免数据导入错误。

根据数据存储格式不同，专利信息分析系统提供不同的数据导入模板。如果没有合适的模板，还可在专利信息分析系统中手动制作适合所导入数据字段

---

❶ 专利信息分析系统，中国专利技术开发公司开发，V 6.02.00 版。

的模板，使数据的导入更顺畅。选择"数据导入"菜单下的"编辑模板"子菜单，即进入如图 8-3 所示的模板编辑界面。

图 8-3　模板编辑示例

　　编辑模板时，首先任意打开一个专利信息分析系统原有模板，如"S 系统CNABS 数据模板"，并在"模板新名称"栏中输入新建立的模板名称"CNABS数据 – 风电降噪"。在模板右侧显示有需要编辑的对应两列，左列是专利信息分析系统专题中的数据列名称，右列则是对应该数据列而导入数据的字段名称。例如，在专利信息分析系统建立的每个专题中，数据列名称"申请号"一般会对应专利文献的申请号数据。因此，编辑模板时，通常在申请号列对应的右侧列中输入字段"AP"在 CNABS 数据库中的显示格式"AP –"。

　　在"TXT 数据导入"界面，选取合适的导入模板，就可完成专利文献批量数据的导入。

（二）数据清理

数据清理主要包括数据除噪、数据项规范化、数据合并去重。

1. 数据除噪

数据去噪是依据专利技术分解表所划定的技术边界，通过计算机检索和 /或人工阅读等手段，去除检索到的数据集中属于所限定的技术边界以外的噪声文献，该步骤可在检索过程中完成，也可在后期标引数据时进一步对数据进行去噪。

2. 数据项规范化

数据项规范化是对原始数据源的部分或全部数据项的格式和 / 或内容进行规范化加工处理，通过修正错误和统一格式等，使采集的专利数据符合后续的统计分析需求。

数据规范化主要是对分类号格式、日期格式、公开号／申请号格式、申请人名称的统一等的处理。

数据格式的规范化可在专利信息分析系统的数据清理子菜单中进行，选择"数据导入"菜单中的"数据清理"子菜单，如图 8-4 所示，勾选"公用处理选项"中的一项或几项，如"整理分类号与主分类号格式"等，即可按照需求进行自动数据格式处理。

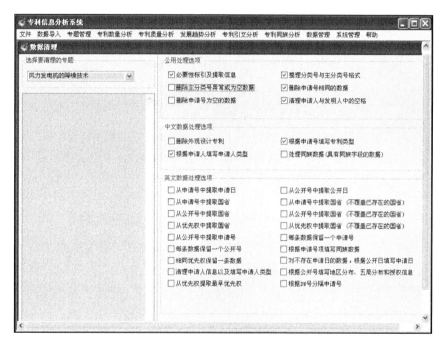

图 8-4　数据清理页面

对于申请人名称的统一，在专利信息分析系统中提供了依据深加工机构代码进行非个人申请人统一转换的功能，也提供了依据用户自定义机构代码进行申请人转换的功能。

在专利信息分析系统中，选择"数据导入"菜单下的"转换申请人名称"子菜单，如图 8-5 所示。在弹出的界面选择需转换的专题名称"风力发电机的降噪技术"，并点选"根据开发公司机构代码转换"，即可依据系统内嵌的机构代码与申请人名称的对应关系，对相同申请人的不同名称进行统一转换。

图 8-5　根据机构代码转换申请人名称

3.数据合并去重

对于同一数据库中检索得到的数据需要合并去重的原因在于，我国发明专利和实用新型专利的审查授权流程不一样，在 S 系统的 CNABS 数据库中，将处于不同审查流程阶段的数据放在不同字段中，如公开阶段的公开日期放在"GK_PD"字段，授权阶段的公开日期放在"SQ_PD"字段中。实用新型专利由于仅经过形式审查即授权，因此其仅具有授权阶段的公开日期，而未获得授权的发明专利仅具有公开阶段的公开日期。在进行专利分析时，为了数据统计方便，需要将这两个公开日期的数据进行合并去重处理。

经过深加工后的专利数据，无论是发明还是实用新型，发明名称、摘要、申请人等经人工处理过的字段数据均已在同一数据列补充完整。所以，基于专利分析的需要，在风力发电机降噪技术提取的专利文献数据中需要合并去重的字段包括：分类号合并去重、公开号合并去重、公开日期合并去重、发明人合并去重见表 8-5。

表 8-5　发明专利和实用新型专利更新字段列表

序号	被更新的字段名称	更新源字段名称
1	公开号	公开号（授权）

续表

序号	被更新的字段名称	更新源字段名称
2	公开日	公开日期（授权）
3	分类号	IPC 分类（授权）
4	发明人	发明人（授权）

数据合并去重可在专利信息分析系统中选择"专题管理"菜单下的子菜单"专题数据更新"来完成，如图 8-6 所示。在"被更新的专题"框中选择需要被更新的专题名称和字段名称，在"更新源专题"框中选择数据来源，即，被更新的数据来源于哪个专题及字段。一般在"选项"框中会默认选择"字段数据复制（不覆盖被更新专题已存在的数据）"。

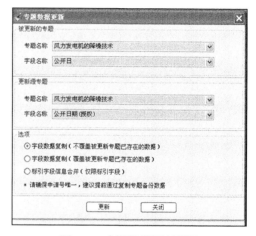

图 8-6 专题数据更新界面

二、数据标引阶段

数据标引是指根据不同的分析目的，对原始数据中的记录加入相应的标示项，通过标示项的增加可以增加额外的数据项来进行较为深入的分析。通常数据标引是数据处理的最后一步，根据不同的分析目的与分析项目，确定用于图表制作与统计分析的规范的数据。

按标引字段的不同通常可以分为以下两类：常规字段的标引与自定义字段的标引。

常规字段的标引是在专利信息分析系统中对检索结果进行自动信息提取，本研究中包括根据申请号填写专利类型、根据申请人填写申请人类型、依据国省信息填写申请人国别及省份等。

自定义字段的标引：主要涉及技术内容标引（如多级技术分支）和技术功效标引等。

（一）常规字段的标引

在专利信息分析系统中，对于常规分析字段均通过不同途径、不同子菜单实现了自动批量标引。

1. 专利类型、申请人类型

选择"数据导入"菜单下的"数据清理"子菜单，获得图 8-4 所示的处理界面，通过勾选"根据申请号填写专利类型""根据申请人填写申请人类型"选项，点击"开始清理"即可实现信息提取。

2. 申请人国别及省份

从 S 系统 CNABS 数据库的国省字段中获得的申请人省市信息通常是城市名称，并未有相应的省级名称，这需要通过城市与国省的对应转换关系统一处理获得。

在专利信息分析系统中，选择"数据导入"菜单下的"转换国家区域省市关系"子菜单，在弹出的界面中选择需转换的专题名称"风力发电机的降噪技术"并点击"显示申请人国省信息"，即可显示各申请人的原始国省信息，如图 8-7 所示。点击"将国内省市转换为所属省"以及"根据国省区分中国和外国"，即可得到"转换后的国省"及"转换后的国家"信息。

图 8-7 申请人国省及国别信息提取界面

（二）自定义字段的标引

对于"风力发电机的降噪技术"领域来说，前文中已确定采用总分式的检索策略，因此，可以采用在检索到的总体文献量范围内采用关键词和／或分类号进行三级技术分支的二次检索，并对检索到的数据进行批量标引。

1. 三级技术分支的二次检索

在专利信息分析系统中选取"数据标引"菜单，并显示专题"风力发电机的降噪技术"下的所有文献，这些专利文献数据是在 S 系统的 CNABS 数据库中通过"风力发电、降噪"等关键词与分类号联合检索获得的总检索数据。

由于深加工数据是人工提取的包括技术效果、技术改进以及用途等多方面技术信息的文摘，其较为全面且准确地体现出专利文献的技术改进特征。因此，进行技术分支二次检索时，采用深加工摘要数据就可以非常有针对性地将技术分支中的关键结构部件，如"轴承""转动轴""齿轮"等准确检索出来，而且造成的检索噪声还较小。

例如，二次检索时，在"风力发电机的降噪技术"专题中，采用"轴承、轴支承"等相关关键词在"摘要"列进行二次检索，或者采用分类号"F03D80/70（风力发动机的轴承或润滑装置）"在"分类号"列进行二次检索，并经人工浏览后可获得三级技术分支"轴承噪声"的数据集，如图 8–8。

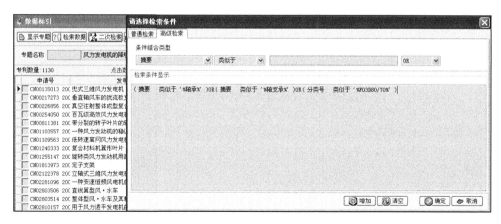

图 8–8　专题二次检索界面示例

2. 三级技术分支的批量标引

全部选定检索获得的三级技术分支"轴承噪声"的数据，选择"批量标引"按钮。在弹出的"批量标引数据"界面，点击"栏目名称"中的"自定义项1"，再点击按钮"新增"；在弹出的系统提示框"请输入自定义项1的内容"后面标引上"轴承噪声"，然后点击"OK"，并"保存自定义项"即可，批量标引界面如图8-9所示，批量标引完成后的专题界面如图8-10所示，在自定义项1中标引有"轴承噪声"的数据即为三级技术分支"轴承噪声"的专题数据。

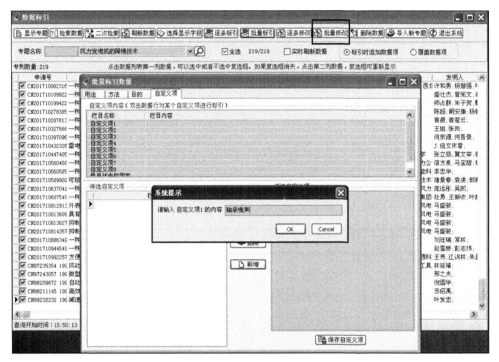

图8-9　三级技术分支批量标引界面

通过检索及批量标引的方式，可对"齿轮噪声""电机噪声"等所有三级技术分支进行批量标引。在后期专利统计分析时，采用"自定义项1"的数据可以进行涉及技术领域方面内容的细致分析。

3. 技术功效的标引

技术功效的标引是进行专利信息深层次分析的必要基础和必经阶段。技术功效的标引有以下三种方法：人工标引、关键词标引、分类号标引。这三种方法通常结合使用，在实际操作中以人工标引为主，辅以关键词和分类号来提高标引的精度和效率。

图 8-10　三级技术分支批量标引数据示例

　　在专利信息分析系统中可以通过在摘要中进行关键词检索，或者在分类号中进行某分类号检索进行功效的批量标引，但主要还是采用人工逐篇浏览标引，具体标引方法跟批量标引的步骤相同。

　　深加工数据的摘要类目细分有"发明点"和"要解决的技术问题和有益效果"，无论是批量标引还是人工逐篇浏览标引，这两部分的设置均能提供简洁的改进技术特征和相应的技术效果特征，能够方便、快速且准确地进行检索及浏览，有利于技术功效矩阵的完成。

第三节　深加工数据在统计分析中的应用

一、数据专利分析阶段

　　在专利信息分析系统导入数据并清理、标引后，即可利用专题中的各种专利信息进行数据统计,生成统计图表,进而结合多种统计分析方法进行图表解析,以反映出图表中各要素所蕴含的信息。

本节以申请情况、授权情况、申请人、国省、技术分支等数据为基础,结合法律状态、专利引文等扩展数据,对风力发电机的降噪技术进行技术发展趋势、申请人分布、区域分布、重要专利、技术发展脉络的分析,充分展示深加工数据在专利分析中的应用优势。

(一)技术发展趋势分析

1.技术发展趋势分析

分析某行业的技术发展趋势可以了解该行业的技术发展态势和发展动向。技术发展趋势与申请年份和每年的申请量息息相关。技术发展趋势的统计数据可直接从专利信息分析系统中"专利数量分析"菜单下的"专利申请量统计"子菜单中直接获取,如图 8-11 所示。通过点击"导出数据",将申请量与申请年份的关系以矩阵形式呈现,方便在 Excel 中画图。

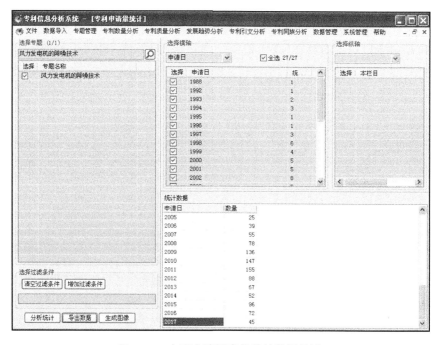

图 8-11 专利申请量变化趋势数据统计

如图 8-12,是按照申请日提取的申请年份所对应的申请量变化情况,

图 8-13 是历年风电产业年度新增风电装机容量变化，从图中可以看出，风电产业的发展历经缓慢发展期，快速成长期，高速发展期，稳定调整期和稳步增长期。

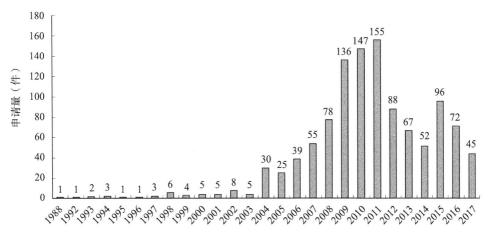

图 8-12　1988—2017 年申请量变化趋势

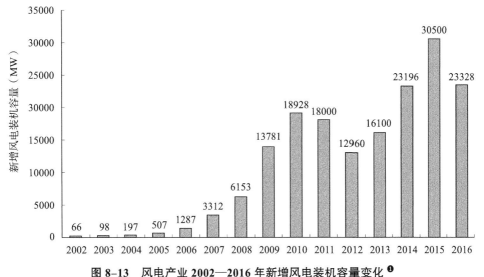

图 8-13　风电产业 2002—2016 年新增风电装机容量变化 ❶

（1）缓慢发展期（2003 年以前）。

这一时期，是中国风电行业的产业化探索阶段，通过引入、消化、吸收国

---

❶　中国产业信息网. 2017 年中国风力发电行业现状及未来发展趋势分析［R/OL］.（2017-08-08）. http://www. chyxx. com/industry/201708/548371. html.

外技术进行风电装备产业化研究。此间，在中国申请的专利每年只有几件。从总量来看，国内申请人和国外申请人的申请总量基本持平，国外申请主要集中在德国和日本。这个时期主要涉及叶片形状或叶片安装位置的改进，以降低噪声，如 1994 年荷兰斯道克产品工程公司申请的 CN1110368A（风力涡轮），中国船舶工业总公司第七研究院第七〇一研究所申请的 CN2216156Y（旋流进风消声器）。

（2）快速成长期（2004—2008 年）。

风电产业在我国的发展初期受政策因素影响较大。2003 年，国家发改委首期实施风电特许权招标项目，项目规模至少 10 万 kW（100MW），要求使用的机组部件本地化率不低于 50%，通过上网电价的招标竞争选择开发商。目的是要建立一定规模的风电市场，培养本国风电设备的制造能力，降低占风电项目投资 70% 的风电机组价格，最终达到降低上网电价目的，以利于更大规模的发展。

另外，这一时期国家不断出台一系列的鼓励风电开发的政策和法律法规，如 2005 年的《可再生能源法》和 2007 年实施的《电网企业全额收购可再生能源电量监管办法》，以解决风电产业发展中存在的障碍，迅速提升风电的开发规模和本土设备制造能力。

在这一系列的利好政策推动下，风电机组供不应求，销售利润较高，吸引大量机电制造企业进入风电领域。中国风电每年新增和累计装机容量的增长速度均超过 100%。其中，新增装机容量从 2004 年的 197MW，到 2008 年的 6153MW，年均增长率达 136.4%。尤其 2007 年新增装机容量达 3312MW，同比增长了 157.1%，内资企业产品市场占有率达 55.9%，新增市场份额首次超过外资企业。

这一时期的专利申请量相比发展初期有了大幅增长，在 2004 年申请量直接上升至 30 件，2008 年达到 78 件，年均增长率为 26.98%。

（3）高速发展期（2009—2011 年）。

我国风电相关的政策和法律法规进一步完善，风电整机制造能力大幅提升。该期间，我国提出建设 8 个千万千瓦级风电基地，启动建设海上风电示范项目，是前所未有的高速发展期。2010 年，我国风电新增装机容量超过 18.9GW，以占全球新增装机 48% 的态势领跑全球风电市场，累计装机容量超过美国，跃居世界第一。2011 年风电新增装机容量虽稍有下滑，但趋势并不明显。

这一时期风电行业快速发展也刺激了风电领域的技术创新，风力发电机降噪技术的专利申请量在 2009 年达到 136 件，相比 2008 年将近翻了一番，且在 2010 年、2011 年持续增长。

（4）稳定调整期（2012—2014 年）。

2010 年以后，由于电网建设滞后、国产电机组质量难以保障、风电设备产能过剩等原因，再加上开发商不能及时获得电价补贴和弃风限电等，造成对风电场投资的减少，导致出现恶性低价竞争现象，2011 年机组投标平均价只有 3600 元 /kW，利润微薄甚至亏损，经营困难。因此，风电机组新增吊装容量在 2012 年出现大幅下降，同比降幅达到 28%。

直到 2013 年初，财政部预先垫付可再生能源补贴，缩短了开发商获得补贴款的时间，也缓解了开发商拖欠制造商货款的状况，加上弃风率的减少，开发商增加对风电项目投资，市场开始复苏。2014 年发布的《中国风电发展路线图 2050》（2014 版），提出风电已经开始并将继续成为实现低碳能源战略的主力能源技术之一。设定的中国风电发展远期目标是 2020—2030 年年均新增装机将达 20GW，2030–2050 年年均新增装机将达 30GW。

风电行业的市场发展趋势直接影响到风力发电企业在风电技术领域的研发投入，在 2011 年申请量达到顶峰之后，2012 年开始大幅下降，而在 2013 年国家政策的扶持下，风电行业的申请量又有所回升。

相信随着风电技术进步和开发规模的扩大以及煤电成本增加，未来风电的竞争力将进一步加强。

（5）稳步增长期（2015—2016 年）。

经过前期的洗牌，风电产业过热的现象得到一定的遏制，发展规模从重规模、重速度到重效率、重质量。"十三五"期间，我国风电产业逐步实行配额制与绿色证书政策，并发布了国家五年风电发展的方向和基本目标，明确风电发展规模将进入持续稳定的发展模式。

从 2013 年年中开始，我国风电行业摆脱下滑趋势，在行业环境得到有效净化的形式下，开始了新一轮有质量的增长，并在 2015 年创新高，随后受前期抢装透支需求的影响，2016 年又有所下滑。但总的来说，从发电效率看，风电技术水平在持续进步。2016 年我国新增装机的风电机组平均功率 1955kW，与 2015 年的 1837kW 相比，增长 6.4%。我国新增风电机组中，2MW 风电机组占全国新增装机容量的 60.9%。

从申请量变化趋势图中可以看出，2015 年风力发电机降噪领域的专利申请量相比 2014 年又有大幅提升。2017 年专利申请量下降明显的原因有可能是由于在检索时间截止前有部分专利还未公开，造成数据缺失。

2. 深加工数据检索准确性分析

众所周知，风电产业的规模是通过年度新增风电装机容量的大小以及累计装机容量来体现的。年度新增风电装机容量的变化直接影响着开发商对风电场的投资，进而影响着风电机组制造商和上下游零部件供应商的技术研发热情。所以风电产业年度新增风电装机容量的变化情况能在一定程度上来佐证风电领域相关技术的创新投入的变化，而这一变化可通过专利申请量这一指标反映出来。

通过比较图 8-12、图 8-13，再加上前述的分阶段技术发展趋势分析，可以看出，风力发电机降噪领域的专利申请量的变化趋势与风电产业年度新增风电装机容量的变化趋势完全一致。由此说明，通过深加工数据检索获得的风力发电机降噪领域的数据集是全面且准确的，采用该数据进行后续的专利分析能够反映出风力发电机降噪技术的客观专利状况。

（二）申请人分布分析

1. 申请人类型分析

在专利信息分析系统中统计申请人类型数据时，只需在"专利申请量统计"子菜单中，选择横轴数据项为"申请人类型"即可得到该数据。

如图 8-14 和表 8-6 所示，在风力发电机降噪领域，技术创新的主力是企业和个人。个人申请量占比很高，超过 40%，且 90% 以上均为国内个人申请，同时申请人数量很多，技术分布比较分散；而企业作为技术市场化、产业化的主体，申请量未占到风力发电机降噪领域总申请量的一

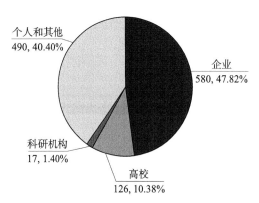

个人和其他
490，40.40%

企业
580，47.82%

科研机构
17，1.40%

高校
126，10.38%

图 8-14　申请人类型数据统计（单位：人次）

半，并且在占企业申请量 78.0% 的发明专利申请中，国外企业和国内企业的申

请量基本持平。

表 8-6 国内外企业及个人申请类型对比

申请量	企业（件）		个人（件）	
	发明	实用新型	发明	实用新型
国内	219	121	275	139
国外	210	0	37	0

2. 申请人排名分析

（1）机构代码在申请人排名分析中的应用。

在进行申请人排名分析时，由于同一申请人在同一数据库中的名称不统一，如果采用未经规范的申请人数据直接进行排名，则出现表 8-7 的排名结果。

表 8-7 申请量排名前十的申请人统计（未规范申请人名称）

申请人	申请量（件）
通用电气公司	58
西门子公司	31
吴小杰	18
陈国宝	13
北京金风科创风电设备有限公司	11
维斯塔斯风力系统有限公司	10
三菱重工业株式会社	10
内蒙古工业大学	9
国电联合动力技术有限公司	9
国家电网公司	9

申请人名称规范的通常做法是人工手动找出相同申请人的不同名称及其所对应的数量，并将数量进行合并；然后再依据合并后的结果进行排序分析。

深加工数据采用机构代码来标识名称不同但实质相同的专利申请人，如果采用机构代码对所有非个人申请人名称进行规范后再进行排名分析，就可直接得出准确的申请人排名数据见表 8-8。

表 8-8　申请量排名前十的申请人统计（规范处理后的申请人名称）

申请人	专利申请量（件）
通用电气公司	58
西门子公司	31
维斯塔斯风力系统公开有限公司	19
吴小杰	18
陈国宝	13
北京金风科创风电设备有限公司	11
三菱重工业株式会社	10
内蒙古工业大学	9
国家电网公司	9
国电联合动力技术有限公司	9

通过分析发现，表 8-8 中，威斯塔斯风力系统公开有限公司所对应的申请量是由威斯塔斯风力系统公开有限公司、维斯塔斯风力系统有限公司和维斯塔斯风力系统集团公司这三个不同申请人名称所对应的专利申请量的合集。

可见，采用机构代码对申请人名称进行规范，极大地提高了申请人数据统计的准确性和便利性。并且，专利信息分析系统具有采用机构代码对申请人名称进行统一转换的功能（图 8-5），更有利于对申请人数据进行后续的深入统计分析。

（2）申请人排名分析。

在专利信息分析系统中可以直接获得规范名称后的申请人排名分析数据。选择"专利质量分析"主菜单下的"申请人排名分析"子菜单。在"申请人排名分析"界面，选择需分析的专题名称，并选择横轴为"申请人"后，再设置"选择分析条件"为"转换后的申请人"❶字段，就可获得该专题所有申请人按照申请数量进行的排名，如图 8-15 所示。

风力发电机降噪领域申请量排在前十位的申请人如图 8-16 所示。其中，四位是国外企业，三位是国内企业，两位是个人申请人和一所大学，且排在前三的企业均为国外企业。

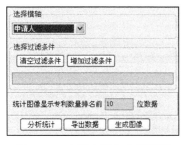

图 8-15　申请人排名分析界面

---

❶ "转换后的申请人"字段就是依据开发公司机构代码对同一申请人的名称进行规范化后的结果。

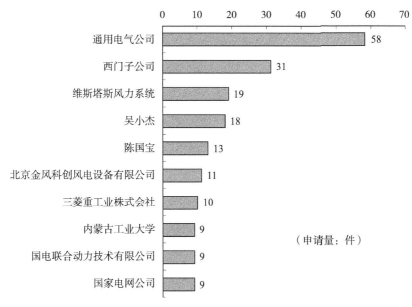

图 8-16　申请量排名前十申请人申请件数统计

　　表 8-9 列出作为市场主体的企业申请人的申请量排名❶，同时针对各申请人发明专利授权情况以及截止目前的有效发明专利和实用新型专利拥有量进行了统计。

表 8-9　企业申请人前十排名表

申请人（企业）	专利申请量	专利申请延续时间	发明（件）	实用新型（件）	发明专利授权量（件）	有效专利拥有量（件）
通用电气公司（美国）	58	2004—2015	58	0	40	38
西门子公司（德国）	31	2010—2017	30	1	5	6
维斯塔斯风力系统有限公司（丹麦）	19	2005—2015	18	1	14	13
北京金风科创风电设备有限公司	11	2013—2017	11	0	11	11
三菱重工业株式会社（日本）	10	2007—2011	10	0	5	4
国电联合动力技术有限公司	9	2012—2017	9	0	2	2

❶　科研机构由于申请数量很少，在此不做分析。

续表

申请人（企业）	专利申请量	专利申请延续时间	发明（件）	实用新型（件）	发明专利授权量（件）	有效专利拥有量（件）
国家电网公司	9	2013—2017	9	0	2	0
江苏澳盛风能设备科技有限公司	8	2011	4	4	0	0
乌本产权有限公司（德国）	7	2013—2016	7	0	0	0
株洲时代新材料科技股份有限公司	7	2008—2012	4	3	2	3
青岛敏深风电科技有限公司	7	2009—2010	3	4	0	0

国外企业申请人中，通用电气公司、维斯塔斯风力系统有限公司涉足风力发电机降噪领域较早，且在该领域专利布局时间均超过 10 年。

通用电气公司在风力发电机降噪领域申请的 58 件发明专利中有 40 件获得授权，1 件未决，且迄今为止仅有 2 件发明专利终止专利权，专利维持期限最长的将近 9 年。通用电气公司的技术研发重点主要集中在气动噪声领域。

维斯塔斯风力系统有限公司是丹麦风电巨头，从 1987 年开始专门集中力量于风能的利用研究。维斯塔斯风力系统有限公司是世界风力发电工业中技术发展的领导者，在 2013 年之前一直是全球最大的风电系统供应商，但这一殊荣在 2013 年之后被通用电气公司取代。

维斯塔斯风力系统有限公司申请的 17 件发明专利主要以 PCT 的形式进入中国，其中，2 件未决，13 件获得发明专利授权，仅 1 件授权发明专利在 2017 年终止专利权。可见，通用电气公司、维斯塔斯风力系统有限公司在风力发电机降噪领域均具有很强的技术创新实力，且专利申请的含金量较高，专利维持期限较长。

西门子公司虽进入该领域时间较晚，但后劲十足，厚积薄发。西门子公司从 2010 年开始在中国布局，截止 2017 年中旬，共申请发明专利 30 件和实用新型专利 1 件；其中，23 件发明专利未决，5 件发明专利获得授权，而 1 件实用新型专利的维持期限达到 7 年多。

和国外企业相比，国内企业在风力发电机降噪领域的专利布局通常起步较晚，申请数量较少，且布局持续性较差，技术含金量较低，发明专利获得授权的数量少。

国内企业中值得关注的是新疆金风科创风电设备有限公司，其成立于 1998 年，专业致力于风力发电机组的研究开发与生产制造，是目前国内最大的风力发电机组整机制造商。新疆金风科创风电设备有限公司从 2013 年开始在风力发电机降噪领域专利布局，"改为"国内企业中值得关注的是新疆金风科技股份有限公司，其成立于 1998 年，专业致力于风力发电机组的研究开发与生产制造，是目前国内最大的风力发电机组整机制造商。北京金风科创风电设备有限公司为新疆金风科技股份有限公司的全资子公司，北京金风科创风电设备有限公司从 2013 年开始在风力发电机降噪领域专利布局，短短几年间已获得该领域发明专利授权 11 件。

国内企业无论是较早进入的株洲时代新材料科技股份有限公司，还是后来逐步参与的北京金风科创风电设备有限公司，在该领域布局的时间都有限，最长的仅 6 年，在风力发电机降噪领域的技术创新积累还远远不够。

也就是说，尽管国内外企业申请总量基本相当，但国外企业的技术创新能力明显更强一些，国内企业在风力发电机降噪领域的技术研发实力较弱，与国外企业相比还有一定差距。

（3）申请人技术领域分析。

在研究申请人专利布局时，可以通过研究各技术分支的专利申请量的多少来探究所分析领域的技术研发方向和热点，从而为该领域研发人员给以技术创新方向性指引和参考。

在专利信息分析系统中，通过"专利申请量统计"子菜单，并结合前述对技术分支标引的数据，可获得四种类型申请人的技术领域分布信息，如图 8-17[1] 所示。当然，还可统计风力发电机降噪领域的总体技术分布，如图 8-18[2] 所示。

从总体情况来看，研发热点主要集中在气动噪声和电机噪声两个方向，排在第三位的是轴承噪声。而从不同类型申请人的技术领域分布信息中看出，排在前三位的仍是气动噪声、电机噪声和轴承噪声。但在轴承噪声、转轴噪声和散热噪声这三个技术分支中，个人申请量比重较大，超过企业申请人的申请量。

在企业申请人中，排在前列的技术研发重点主要集中在气动噪声领域，如，通用电气公司将近四分之三的申请量均涉及如何降低气动噪声技术，西门子公

---

[1]　由于每件专利的技术方案可能涉及不止一个技术分支，因此，各技术分支之间的相同专利文献未去重。

[2]　由于每件专利的技术方案可能涉及不止一个技术分支，因此，各技术分支之间的相同专利文献未去重。

司超过四分之三的专利申请均侧重气动噪声技术领域。

大学申请人中，内蒙古工业大学主要研究方向是气动噪声，东南大学则偏向电机噪声的消除，哈尔滨工业大学在电机和气动噪声方面均有所涉猎。

而在个人申请中，尽管在气动噪声方面的申请总领较多，但由于个人申请人很多，所以排在前列的申请人的技术研发热点却较分散，如吴小杰侧重于轴承噪声、齿轮噪声的消除方面，陈国宝则主要专注于降低电机噪声技术的研究。

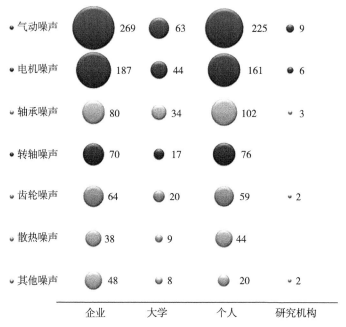

图8-17 四种类型申请人的技术研发侧重分析（申请量：件）

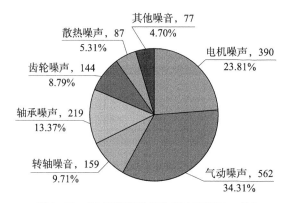

图8-18 技术研发热点分析（申请量：件）

（三）区域分析

区域分析可以反映一个国家或地区的技术研发实力、技术发展趋势、重点发展技术领域等，也可以反映国际上对该区域的关注程度等。

1. 省市排名及技术领域分析

在风力发电机降噪领域，国内申请人的申请量占到总申请量的 77.52%，申请人来自于全国各个省市，通过分析重要省市的申请量及其技术领域分布，能够看出各省市的专利产出能力强弱。

在专利信息分析系统中，仍然通过"专利申请量统计"界面（图 8-11），选择横轴为"转换后的国省"，选择纵轴为"自定义项 1"，可以同时统计出各省市申请总量和各省市的技术领域分布情况，如图 8-19 和图 8-20 所示。

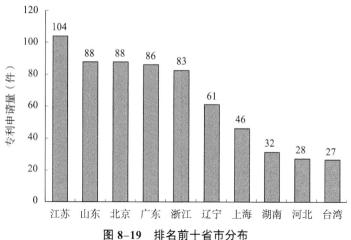

图 8-19　排名前十省市分布

排位前十的国内省市申请量之和占到国内申请人申请总量的 73.40%，其中，前五位国内省市的专利申请量之和占比超过 50%，且主要分布在沿海及华中等经济较发达的地区。

江苏的专利产出主要集中在气动噪声和电机噪声领域，且江苏的大学类型申请人的产出比例较高，占到 24.04%，个人申请人的申请量占比相对较低，只有 26.92%。

山东同样主要关注气动噪声和电机噪声领域的技术创新，但山东的申请以个人申请为主，占到山东总申请量的 56.82%；企业申请量不高，仅占到山东总申请量的 33.0%。

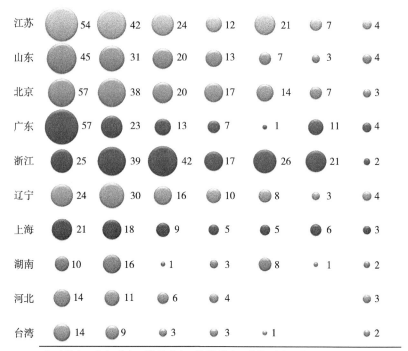

图 8-20 各省市技术研发侧重分析（申请量：件）

北京主要关注气动噪声和电机噪声领域的技术创新，企业申请人的申请量占比较大，超过北京申请总量的 50%，个人申请量占比达到北京申请总量的 30.68%。

广东更偏向在气动噪声领域的技术创新，且主要以个人和企业申请为主，个人的申请量占到广东申请总量的 65.12%，其次是企业申请人，申请量占到广东申请总量的 33.72%。

浙江的技术热点主要关注于电机噪声和轴承噪声，且个人申请量在排位前五的省市中占比最高，达到广东申请总量的 71.08%，有代表性的个人是吴小杰、陈国宝。

2. 国外在华布局分析

在风力发电机降噪领域，国外申请人在中国申请的专利占到总申请量的 22.48%。在专利信息分析系统中，同样的，通过"专利申请量统计"界面（图 8-11），选择横轴为"转换后的国家"，选择纵轴为"自定义项 1"，可以同时统计出各国申请总量和各国的技术领域分布情况，如图 8-21 和图 8-22 所示。

美国、德国、日本、丹麦和英国分别位列国外在中国申请的专利数量的前五位，他们的申请量的总和占到国外在华申请量的 81.89%，且主要集中在美国和德国，这两个国家的申请量之和占到国外在华申请量的 56.30%。

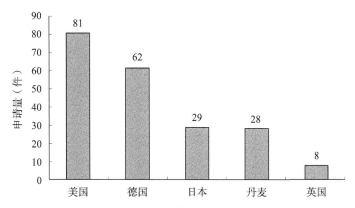

图 8-21　在华申请量排名前五的国别分析

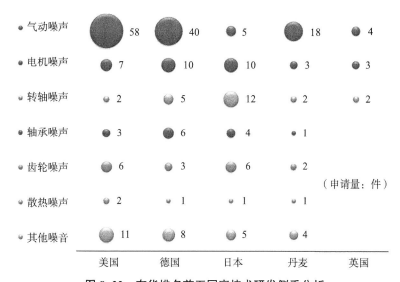

图 8-22　在华排名前五国家技术研发侧重分析

美国的技术创新主要集中在气动噪声领域，重要申请人是通用电气公司；德国也是重点关注气动噪声的消除方面，重要申请人是西门子公司；日本的关注重心在电机噪声和转轴噪声领域；维斯塔斯风力系统有限公司为丹麦在气动噪声领域的在华专利布局做出重大贡献。

3. 国内外研发热点对比分析

为了更好地探究国内申请人和国外申请人在华申请的技术关注热点的异同，

对国内和国外在华申请的技术领域分布情况进行对比分析，如图 8-23 所示，同时，还分别研究国内申请的各技术领域相对于国内申请总量的占比，与国外在华申请的各技术领域相对于国外在华申请总量的占比的比较，如图 8-24 所示 ❶，以期能更深入地挖掘国外在华申请的研发热点。

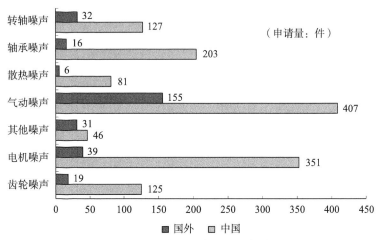

图 8-23　国内外技术领域分布对比

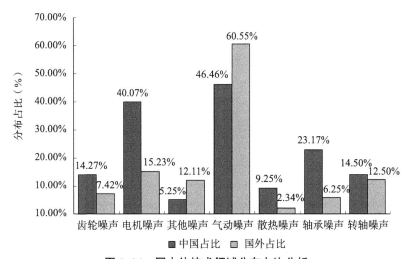

图 8-24　国内外技术领域分布占比分析

　　国外在华申请的技术领域分布主要集中在降低气动噪声方面，其次是电机噪声和转轴噪声的消除，而国内申请的技术领域主要集中在气动噪声、电机

❶　由于每件专利的技术方案可能涉及不止一个技术分支，因此，各技术分支之间的相同专利文献未去重，但国外在华申请总量、国内申请总量均采用去重后的数值，因此所显示的百分比之和会超过100%。

噪声和轴承噪声。国外在华申请中，与降低气动噪声技术相关的专利占比超过60%；而国内申请中气动噪声领域的申请占比不到50%，降低电机噪声的技术也是国内申请人研究的重点。

（四）专利引文数据在重要专利查找分析中的应用

一般而言，重要专利可以从技术价值、经济价值以及受重视程度等三个层面来确定。而技术价值层面则可以考虑被引频次、引用科技文献数量、技术发展路线关键节点、技术标准化指数、主要申请人、主要发明人等多个方面来考虑。本节将从专利的被引频次出发，找出被引频次高的专利文献，从而进一步追踪挖掘出重要专利和相应的技术发展路线。

1. 专利信息智能检索与服务系统引文信息检索简介

专利信息智能检索与服务系统是由中国专利技术开发的可对深加工数据进行智能检索的系统，其中包含有战略性新兴产业数据库、国民经济行业数据库等多个数据库数据。

在专利信息智能检索与服务系统❶中可以直接检索中国专利文献的引文信息，包括发明人引文、审查员引文以及被发明人引用和被审查员引用的专利文献和非专利文献等。引文检索界面如图8-25所示。

图8-25　专利信息智能检索与服务系统专利文献引文检索界面

---

❶ 中国专利技术开发公司开发。

在引文检索界面的“申请号”框中输入欲查询的专利文献申请号，点击“检索”按钮即可获得如图 8–26 所示的专利文献引文信息概况界面。在该界面显示有申请号、发明名称、申请人、申请日、引文数量、被引数量及关联图的操作列。在引文信息概况界面可以针对专利文献的申请号、申请日、申请人、引文数量、被引数量等进行升序或降序排列，图中示例是通用电气公司专利文献按照被引数量排序得出的结果，可以直接获得该公司在风力发电机降噪领域的高被引专利。

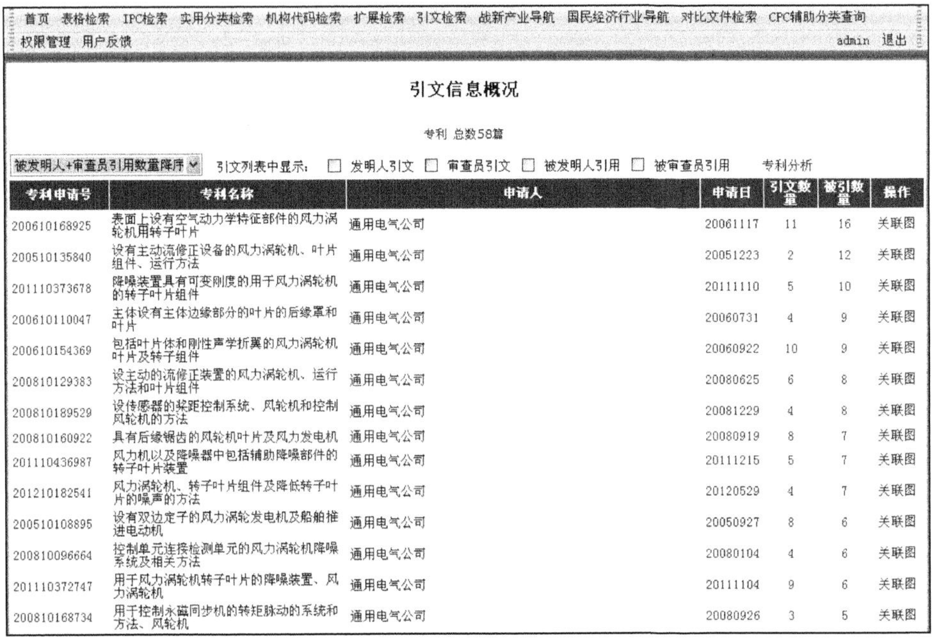

专利申请号	专利名称	申请人	申请日	引文数量	被引数量	操作
200610168925	表面上设有空气动力学特征部件的风力涡轮机用转子叶片	通用电气公司	20061117	11	16	关联图
200510135840	设有主动流修正设备的风力涡轮机、叶片组件、运行方法	通用电气公司	20051223	2	12	关联图
201110373678	降噪装置具有可变刚度的用于风力涡轮机的转子叶片组件	通用电气公司	20111110	5	10	关联图
200610110047	主体设有主体边缘部分的叶片的后缘罩和叶片	通用电气公司	20060731	4	9	关联图
200610154369	包括叶片体和刚性声学折翼的风力涡轮机叶片及转子组件	通用电气公司	20060922	10	9	关联图
200810129383	设主动的流修正装置的风力涡轮机、运行方法和叶片组件	通用电气公司	20080625	6	8	关联图
200810189529	设传感器的桨距控制系统、风轮机和控制风轮机的方法	通用电气公司	20081229	4	8	关联图
200810160922	具有后缘锯齿的风轮机叶片及风力发电机	通用电气公司	20080919	8	7	关联图
201110436987	风力机以及降噪器中包括辅助降噪部件的转子叶片装置	通用电气公司	20111215	5	7	关联图
201210182541	风力涡轮机、转子叶片组件及降低转子叶片的噪声的方法	通用电气公司	20120529	4	7	关联图
200510108895	设有双边定子的风力涡轮发电机及船舶推进电动机	通用电气公司	20050927	8	6	关联图
200810096664	控制单元连接检测单元的风力涡轮机降噪系统及相关方法	通用电气公司	20080104	4	6	关联图
201110372747	用于风力涡轮机转子叶片的降噪装置、风力涡轮机	通用电气公司	20111104	9	6	关联图
200810168734	用于控制永磁同步机的转矩脉动的系统和方法、风轮机	通用电气公司	20080926	3	5	关联图

图 8–26 专利文献引文信息概况界面

在引文信息概况界面点击每篇专利的“申请号”，则链接至该专利的著录项及深加工名称、摘要等数据的显示界面，如图 8–27 所示；在引文信息概况界面点击每篇专利的“引文数量”或“被引数量”，则链接至该专利的引文列表，如图 8–28；在引文信息概况界面点击每篇专利的“关联图”，则链接至引文的关联图和关联树界面，如图 8–29 所示，在该界面能较为方便且直观地获得专利文献申请号之间的引用和被引关系、专利文献与其引文所对应的申请人之间的关联关系。

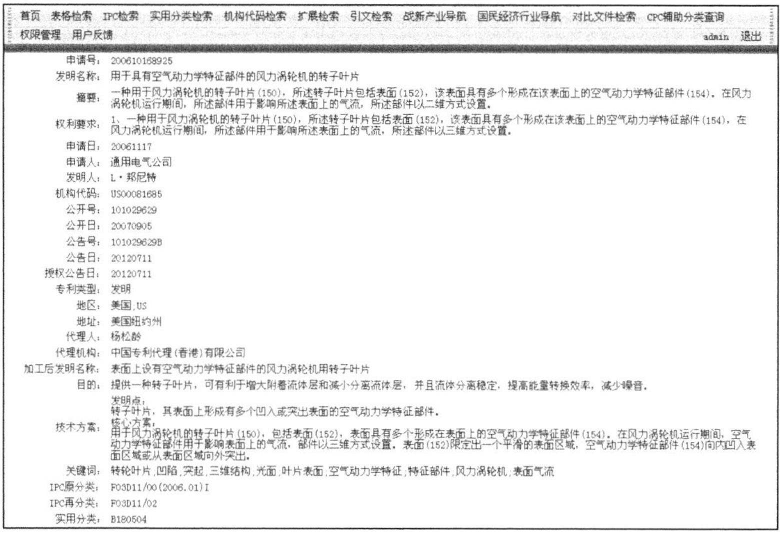

首页 表格检索 IPC检索 实用分类检索 机构代码检索 扩展检索 引文检索 战新产业导航 国民经济行业导航 对比文件检索 CPC辅助分类查询
权限管理 用户反馈 admin 退出

申请号：	200610168925
发明名称：	用于具有空气动力学特征部件的风力涡轮机的转子叶片
摘要：	一种用于风力涡轮机的转子叶片(150)，所述转子叶片包括表面(152)，该表面具有多个形成在该表面上的空气动力学特征部件(154)。在风力涡轮机运行期间，所述部件用于影响所述表面上的气流，所述部件以二维方式设置。
权利要求：	1、一种用于风力涡轮机的转子叶片(150)，所述转子叶片包括表面(152)，该表面具有多个形成在该表面上的空气动力学特征部件(154)，在风力涡轮机运行期间，所述部件用于影响所述表面上的气流，所述部件以三维方式设置。
申请日：	20061117
申请人：	通用电气公司
发明人：	L·邦尼特
机构代码：	US00081685
公开号：	101029629
公开日：	20070905
公告号：	101029629B
公告日：	20120711
授权公告日：	20120711
专利类型：	发明
地区：	美国;US
地址：	美国纽约州
代理人：	杨松龄
代理机构：	中国专利代理(香港)有限公司
加工后发明名称：	表面上设有空气动力学特征部件的风力涡轮机用转子叶片
目的：	提供一种转子叶片，可有利于增大附着流体层和减小分离流体层，并且流体分离稳定，提高能量转换效率，减少噪音。
技术方案：	发明点： 转子叶片，其表面上形成有多个凹入或突出表面的空气动力学特征部件。 核心方案： 用于风力涡轮机的转子叶片(150)，包括表面(152)，表面具有多个形成在表面上的空气动力学特征部件(154)。在风力涡轮机运行期间，空气动力学特征部件用于影响表面上的气流，部件以三维方式设置。表面(152)限定出一个平滑的表面区域，空气动力学特征部件(154)向内凹入表面区域或从表面区域向外突出。
关键词：	转轮叶片;凹陷;突起;三维结构;光面;叶片表面;空气动力学特征;特征部件;风力涡轮机;表面气流
IPC原分类：	F03D11/00(2006.01)I
IPC再分类：	F03D11/02
实用分类：	B180504

图 8–27　专利文献著录项信息显示界面

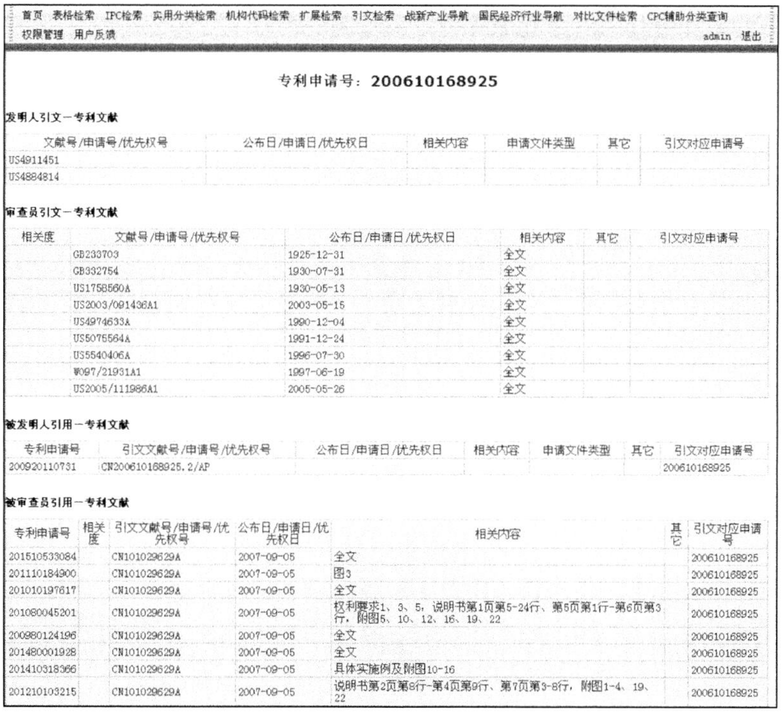

首页 表格检索 IPC检索 实用分类检索 机构代码检索 扩展检索 引文检索 战新产业导航 国民经济行业导航 对比文件检索 CPC辅助分类查询
权限管理 用户反馈 admin 退出

专利申请号：200610168925

发明人引文一专利文献

文献号/申请号/优先权号	公布日/申请日/优先权日	相关内容	申请文件类型	其它	引文对应申请号
US4911451					
US4884814					

审查员引文一专利文献

相关度	文献号/申请号/优先权号	公布日/申请日/优先权日	相关内容	其它	引文对应申请号
	GB233703	1925-12-31	全文		
	GB332754	1930-07-31	全文		
	US1758560A	1930-05-13	全文		
	US2003/091436A1	2003-05-15	全文		
	US4974633A	1990-12-04	全文		
	US5075564A	1991-12-24	全文		
	US5540406A	1996-07-30	全文		
	W097/21931A1	1997-06-19	全文		
	US2005/111986A1	2005-05-26	全文		

被发明人引用一专利文献

专利申请号	引文文献号/申请号/优先权号	公布日/申请日/优先权日	相关内容	申请文件类型	其它	引文对应申请号
200920110731	CN200610168925.2/AP					200610168925

被审查员引用一专利文献

专利申请号	相关度	引文文献号/申请号/优先权号	公布日/申请日/优先权日	相关内容	其它	引文对应申请号
201510533084		CN101029629A	2007-09-05	全文		200610168925
201110184900		CN101029629A	2007-09-05	图3		200610168925
201010197617		CN101029629A	2007-09-05	全文		200610168925
201080045201		CN101029629A	2007-09-05	权利要求1、3、5，说明书第1页第5-24行、第5页第1行-第6页第3行，附图5、10、12、16、19、22		200610168925
200980124196		CN101029629A	2007-09-05	全文		200610168925
201480001928		CN101029629A	2007-09-05	全文		200610168925
201410318366		CN101029629A	2007-09-05	具体实施例及附图10-16		200610168925
201210103215		CN101029629A	2007-09-05	说明书第2页第8行-第4页第9行、第7页第3-8行，附图1-4、19、22		200610168925

图 8–28　专利文献引文列表界面

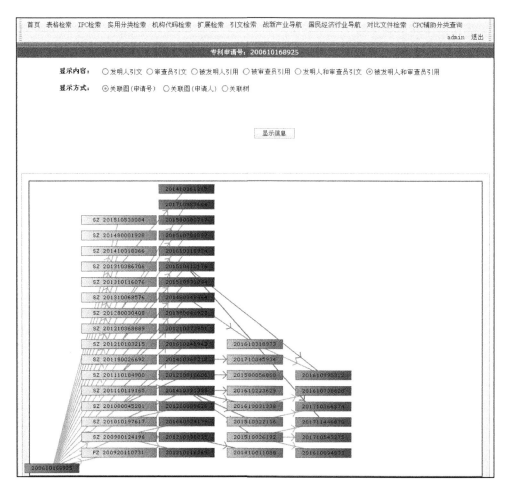

图 8-29　专利文献引文关联图界面

2. 引文数据采集

在专利信息智能检索与服务系统的引文检索界面，输入在 S 系统 CNABS 数据库中检索获得的风力发电机降噪技术领域的所有中国专利申请号，经检索得到该领域所有专利在中国的引文信息。在"引文信息概况界面"按照"被引数量"排序，则得到如图 8-30 所示的高被引专利列表。此时，可通过点击"被引数量"和"关联图"查找每个专利的引用和被引情况，同时结合通过点击"专利申请号"查看的专利著录项及摘要信息，能够查找出重点专利，并分析出专利文献之间的技术发展脉络。

首页 表格检索 IPC检索 实用分类检索 机构代码检索 扩展检索 引文检索 战新产业导航 国民经济行业导航 对比文件检索 CPC辅助分类查询
权限管理 用户反馈 admin 退出

引文信息概况

被发明人+审查员引用数量降序 引文列表中显示： 明人引文 审查引文 被发明人用 被审查员引用 专利分析

专利申请号	专利名称	申请人	申请日	引文数量	被引数量	操作
200480011523	叶片和风轮机及控制风轮机的工作条件的方法	里索国家实验室	20040331	9	23	关联图
03110551	叶片后缘部形成有齿形部的机舱结构风车	三菱重工业株式会社	20030221	12	20	关联图
94118644	叶片后缘为不规则形状的风力涡轮	斯道克产品工程公司	19941007	0	18	关联图
94204422	具有风力发电机、充电控制器、蓄电池的风能电动车	万立辉	19940223	0	17	关联图
200380108141	转子叶片及其末端、风力发电设备	艾劳埃斯·乌本	20031219	12	17	关联图
98111548	设有销齿轮增速机构和超越离合器的摆翼式立轴风力机	郑衍杲	19981029	7	16	关联图
200410023530	风叶长度方向平行于转轴轴线的风力发电系统风叶装置	泉州凯丽化工有限公司	20040115	9	15	关联图
200480023038	风力发电装置的偏摆驱动方法和偏摆驱动装置及其减速器	纳博特斯克株式会社	20040811	6	14	关联图
200480030223	底座腿的中心轴线与塔相交的海上风力发电设备(WPP)的底座	爱罗丁工程有限公司	20041007	4	13	关联图
96194908	利用多方向流体能量的装置及相关推进海船的装置和方法	东北大学	19960329	3	13	关联图
200420102089	设有磁悬浮轴承的磁悬浮立轴直驱式变速恒频风力发电机	曾智勇，谢丹平	20041207	0	12	关联图
200580010262	具有受风板和施力装置的垂直轴风车和风车用叶片	株式会社IPB	20050330	14	12	关联图
200380103329	旋翼角度固定升力型水平轴风力发电装置和方法及风车	轻风株式会社	20031113	11	11	关联图
200410082773	风力与太阳能结合的大功率储能发电机组	陈忠生	20041109	7	10	关联图
02122378	发电机或风叶转轴上有兜式风叶的立轴式三维风力发电机	张松山	20020617	9	10	关联图
200480021351	拱弧线沿着恒定曲率的线定位的垂直轴式风力涡轮机	无噪音旋转有限公司	20040726	8	10	关联图

图 8-30 风力发电机降噪领域的高被引专利列表

3. 风力发电机叶片表面降噪技术领域重要专利

以高被引专利“CN94118644”为例，其案情见表 8-10。本案的技术改进在于风力涡轮的叶片后缘为不规则形状，不规则形状可以是锯齿形状也可以是波形，以降低转子叶片产生的噪声。

表 8-10 发明专利 CN94118644 的案情信息

申请号：	94118644
申请日：	19941007
申请人：	斯道克产品工程公司
发明人：	奥多尼斯·G·M·达森；弗兰克林·翰格
机构代码：	NL01105176
公开号：	1110368
公开日：	19951018
专利类型：	发明

续表

地区：	荷兰；NL
地址：	荷兰阿姆斯特丹
原始发明名称	风力涡轮
原始摘要	为减小风力涡轮转子的转子叶片转动时所产生的噪声，将每一叶片后缘做成不规则形状。特别是做成锯齿形状，其顶角小于150°，最好为10°，这样能大幅度减小噪声
权利要求：	一种风力涡轮，具有一转子，该转子带有一组叶片，每一叶片有一前缘和一后缘，其特征是后缘为不规则形状
加工后发明名称：	叶片后缘为不规则形状的风力涡轮
目的：	解决风力涡轮运转过程中转子特别是转子叶片产生噪声的问题
用途：	用于发电用风力涡轮车
技术方案：	发明点： 风力涡轮的叶片后缘为不规则形状。 核心方案： 风力涡轮具有转子（2），转子带有一组叶片（3，4，5），叶片具有前缘和后缘（6），后缘为不规则形状，可以是锯齿形状也可以是波形
关键词：	不规则形状；风动涡轮；转子；锯齿形；波浪形；风力发电；叶片后缘
摘要附图1：	

同时，在 S 系统的 CNABS 数据库中检索高被引专利 "CN94118644"，发现其具有同族 EP94202892A、US19940319107A、FI944650A、NO943757A、NL9301910A，且同族在中国、美国、欧洲、日本及其他国家共被引 117 次。图 8-31 是截止 2015 年 CN94118644 及其同族在全球的历年被引频次，可以看到该申请几乎年年都被引用，说明该专利在业内一直得到持续关注。

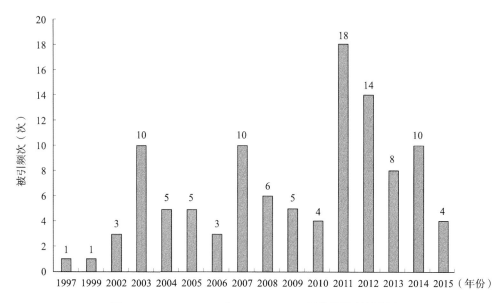

图 8-31　1997—2015 年 CN94118644 及其同族被引频次

通过追踪查询 CN94118644 在中国的被引信息，找出引用该专利的中国专利文献见表 8-11。从表中可以看出 CN94118644 在国内也持续得到关注，同时通用电气公司引用该专利次数最多。

通过追踪查询通用电气公司在风力发电机降噪领域的专利文献及其被引关系，发现该公司 2006—2012 年在国内申请的发明专利在风力发电机叶片表面降噪技术方面作出了大量专利布局，相关的专利文献如图 8-32 所示。

通用电气公司在中国申请最多的是检测及控制系统方面的专利，其次是叶片和风力机（组）方面的专利。2003 年以前，通用电气公司在风力发电系统的各个技术领域均有专利申请，涉及风力发电机整机及其零部件。而从 2004 年开始，通用电气公司逐渐将重点放在检测及控制系统、叶片和风力机（组）这三大风力发电的关键技术板块。

从表 8-12 可以看出，通用电气公司在国内申请的有关风力发电机叶片表面降噪技术方面的专利均有被国内发明人或审查员引用，平均被引次数为 5.41 次，并且，引用这些专利的专利文献的申请年度范围较广，说明其技术影响持久，影响力较大。由此可见美国通用引领着风力机叶片降噪技术的发展，其公开的专利文献成为了业界众多改良技术衍生的原材料。同时，从专利同族申请号可以看出，通

表 8-11 发明专利 CN94118644 的被引专利文献

专利申请号	专利名称	申请人	申请日	引文数量	被引数量
CN03110551	叶片后缘部成有齿形的机舱结构风车	三菱重工业株式会社	20030221	12	20
CN200610154369	包括叶片体和刚性声学折翼的风力涡轮机叶片及转子组件	通用电气公司	20060922	10	9
CN99814143	风力发电装置及其涂敷不粘液体涂层和／或表面的转子叶片	阿洛伊斯·沃本	19991209	11	8
CN200410102088	减少燃气涡阀发动机噪声的零件和飞机发动机	联合工艺公司	20041222	5	7
CN201110372747	用于风力涡轮机转子叶片的降噪装置、风力涡轮机	通用电气公司	20111104	9	6
CN201110184926	紧固装置包括扣扣和冷槽组件的转子叶片组件	通用电气公司	20110623	20	5
CN201610063152	桨叶设有散阵列膜片结构的低噪声无人旋翼／螺旋桨	中国科学院合肥物质科学研究院	20160130	7	5
CN02137529	旋转叶片边缘有锯齿形随边形形的叶轮装置	中国船舶工业第七〇八研究所	20021018	4	4
CN201110377885	锯齿中心线均限定了定制角度的风力涡轮机转子叶片组件	通用电气公司	20111114	6	4
CN200610142835	由壳体之一限定外形后缘的厚度的风力涡轮机厂的转子叶片	诺德克斯能源有限公司	20061027	13	3
CN201110257447	叶片延伸部包括切去安装部的转子叶片组件及风力涡轮	通用电气公司	20110823	5	3
CN200910179284	限定后缘间隙的叶片区域设成与后缘至少部分对准的叶片	通用电气公司	20090925	6	2
CN200880128611	后缘粘接锯齿板的风车翼和使用该风车翼的风力发电装置	三菱重工业株式会社	20080806	5	1
CN201210493461	设有波纹噪凸起的水平轴降噪风力涡轮风力风叶	苏州源源机械设备有限公司	20121128	10	0
CN201310194925	后缘部有延性材料的风力涡轮转子叶片及装配方法	远景能源（江苏）有限公司	20130523	7	0
CN201380064103	将后棱边嵌齿安装到转子叶片上的方法及相关方法、设备	乌本产权有限公司	20131113	11	0
CN201480001928	可减小叶片承受的流体阻力的用于风力或水力机械的转子	泰拉尔株式会社	20140528	11	0
CN201580023406	降噪装置的空气动力学装置应于后缘段的风力机的转子叶片	西门子公司	20150304	9	0

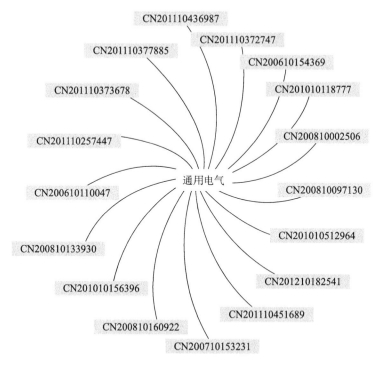

图 8-32 通用电气公司在风力发电机叶片表面降噪技术领域专利申请

用电气公司在风力发电机叶片表面降噪技术领域的专利布局除中国外，主要分布在美国、德国、丹麦等国家，说明通用电气公司在该领域的技术输出主要在这几个国家及地区。

以高被引专利" CN94118644"为基础专利，持续追踪引用该专利的发明人引文及审查员引文，然后再继续追踪引用这些引文的后续专利文献，从而可以找到风力发电机叶片表面降噪技术的发展脉络，如图 8-33 和表 8-13 所示。后续申请" CN03110551"的申请人是日本三菱重工业株式会社，授权日为 2007年 11 月 7 日，三菱重工维持该专利近 10 年，直至 2016 年 4 月该专利权才终止。但三菱重工并未继续巩固该领域的成果，被后来者通用电气公司赶超。通用电气公司 2006—2012 年期间在风力发电机叶片表面降噪技术领域不断进行专利布局，在此期间，该领域在国内的技术创新几乎被通用电气公司所垄断，如后续重要专利" CN200610154369"、" CN210010373678"均出自通用电气公司，且通用电气公司针对该技术进行了全面的专利保护，为其公司在华产品及业务的开展保驾护航。

表 8-12 通用电气公司风力发电机叶片表面降噪技术专利文献列表

专利申请号	专利名称	授权日	中国法律状态	中国被引数量	引用文献申请年度范围	同族专利申请号
CN200610110047	主体设有主体边缘部分的叶片的后缘罩和叶片	20120815	有效	10	2008—2015	US20050193696A、DE102006034831A、DK200601015A
CN200610154369	包括叶片体和刚性声学折翼的风力涡轮机叶片及转子组件	20110525	有效	9	2007—2014	US20050232626A、US20050232626A、BR200600000004201、MXPA06010807A、EP06254831A、IN2006DEL00200
CN200710153231	具有声学多孔表面层和隔音层的用于风轮机的转子叶片	20130327	有效	3	2012—2015	DE102007046253A、US20060536963A、DK200701384A
CN200810002506	刚毛布置在叶片外表面上的用于风能系统中的转子叶片	—	视撤	3	2012—2016	—
CN200810097130	至少一部分由多孔材料形成的风轮叶片	20120627	有效	4	2011—2015	DE102008002849A、US20070798377A、DK200800612A
CN200810133930	带有多个副翼的叶片和风力涡轮机	20130918	有效	3	2011—2014	DK200800915A、US20070827532A、DE102008002930A
CN200810160922	具有后缘锯齿的风轮机叶片及风力发电机	—	视撤	7	2011—2013	DE102008037368A、DK200801159A、US20070857844A
CN201010118777	包括从叶片后缘延伸的可透过的副翼的风力涡轮机叶片	—	视撤	1	2012	EP101152055A、US20090366828A
CN201010156396	套筒及其制造方法、包含该套筒的风力涡轮机叶片	20140514	有效	4	2012—2016	EP10156402A、US20090415105A

专利号	名称	日期	状态	数量	年份	相关专利
CN201010512964	用在风力涡轮机中的叶片延伸部组件及风力涡轮机	20140507	有效	4	2011—2016	US20090569251A, EP10178732
CN201110257447	叶片延伸部包括切去安装部的转子叶片组件及风力涡轮	20150722	有效	3	2013—2017	DK201170445A, DE102011052930A, US20100861145A
CN201110372747	用于风力涡轮机转子叶片的降噪装置、风力涡轮机	—	驳回	7	2013—2017	DK201170601A, DE102011055012A, US20100939531A
CN201110373678	降噪装置具有可变刚度的用于风力涡轮机的转子叶片组件	20151125	有效	10	2013—2017	DK201170603A, US20100943135A, DE102011055023A
CN201110377885	锯齿中心线均限定了定制角度的风力涡轮机转子叶片组件	20160224	有效	5	2014—2017	DK201170620A, US20100946259A, DE102011055327A
CN201110436987	风力机以及降噪器中包括辅助降噪部件的转子叶片装置	20151209	有效	7	2012—2016	US20100970119A, DK201170711A, DE102011056491A
CN201110451689	转子叶片上设有粘合层的风力涡轮机转子叶片组件	20161123	有效	4	2014—2016	DK201170722A, DE102011056701A, US20100972806A
CN201210182541	风力涡轮机、转子叶片组件及降低转子叶片的噪声的方法	20150729	有效	8	2014—2016	DK201270274A, US20111314951 3A, DE102012104604A

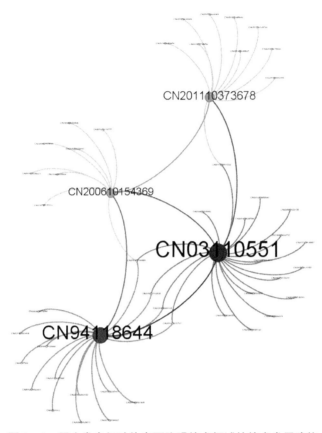

图 8-33　风力发电机叶片表面降噪技术领域的技术发展脉络

表 8-13　风力发电机叶片表面降噪技术发展重点专利

申请号	CN94118644	CN03110551	CN200610154369	CN201110373678
申请日	19941007	20030221	20060922	20111110
申请人	斯道克产品工程公司	三菱重工业株式会社	通用电气公司	通用电气公司
发明名称	叶片后缘为不规则形状的风力涡轮	叶片后缘部形成有齿形部的机舱结构风车	包括叶片体和刚性声学折翼的风力涡轮机叶片及转子组件	降噪装置具有可变刚度的用于风力涡轮机的转子叶片组件

目的	解决风力涡轮运转过程中转子特别是转子叶片产生噪声的问题	提供一种机舱结构风车，具有强度高，耐久性好，风能利用率高，噪声小的优点	提供一种风力涡轮机的涡轮机叶片，折翼降低由叶片在使用中产生的噪声	解决目前用于风力涡轮机的转子叶片其锯齿不能响应于经过降噪装置的风流进行充分的折曲，降噪特性可能受到阻碍的问题
技术方案	风力涡轮具有转子（2），转子带有一组叶片（3，4，5），叶片具有前缘和后缘（6），后缘为不规则形状，可以是锯齿形状也可以是波形	机舱结构风车，在支柱的上端部水平转动地装有机舱，在机舱的前面部支撑着具有多枚叶片（1）的转子，叶片利用叶片背风向面侧和叶片腹风背面侧的气流的速度差产生的升力得到转动力；叶片由整体用一种金属材料制成的一体叶片构成，或由叶片后端侧用另外的金属材料制成的叶片构成，在叶片的后缘部（12）上沿叶片长度方向形成有齿形部（13）	风力涡轮机（100）的叶片（106），包括：叶片体（130）以及刚性声学折翼（136），叶片体（130）限定引导边缘（132）和尾部边缘（134），同时适于响应风力在叶片体上的流动而运动以产生电力；刚性声学折翼（136）从尾部边缘向外延伸，其中声学折翼的远端基本上是光滑和连续的。叶片体在引导边缘和尾部边缘之间限定一弦距离，声学折翼的远端（140）从弦距离的大约3%的尾部边缘延伸一个距离	用于风力涡轮机（10）的转子叶片组件（100），包括：转子叶片（16），转子叶片具有限定了压力侧（22）、吸力侧（24）、前缘（26）以及后缘（28）的表面，并且在尖端（32）与根部（34）之间延伸；降噪装置（110），降噪装置构造在转子叶片的表面上，降噪装置包括多个加强构件（112）和多个降噪特征（116），多个加强构件中的每一个都相对于转子叶片向外延伸，多个降噪特征中的每一个都连接至多个加强构件中的一个并且限定了宽度（122，222），多个加强构件中的每一个都使得所连接的降噪特征在其宽度（122，222）的至少一部分上具有可变刚度。多个降噪特征各自包括锯齿（120）
摘要附图				

进一步地，通过分析引用该四篇重要专利的引文信息发现，从2010年开始至今，西门子公司在风力发电机叶片表面降噪技术领域不断发力，在华进行大量专利布局，如图8-34所示。尽管西门子公司在华专利布局较晚，但其有后来居上之势，总体实力不可小觑。

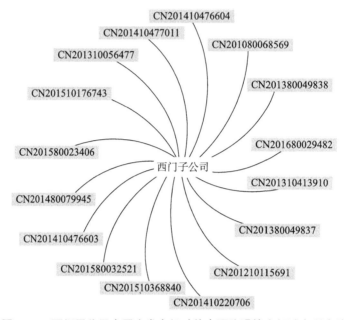

图 8-34　西门子公司在风力发电机叶片表面降噪技术领域专利申请

第四节　小结

本章以风力发电机降噪技术为例，阐述了专利分析中所涉及的数据检索、采集、处理及统计分析的全过程，其中很多环节涉及深加工数据的应用，总结如下：

（1）深加工数据采用人工提取，能够较全面且准确地体现专利文献的技术效果、技术改进以及用途等多方面技术信息；在人工改写后的名称、摘要、关键词等字段中进行检索，并结合专利分类号、权利要求等字段，能够获得全面且准确的专利文献数据集；

（2）"中国专利文献词表"针对相同技术概念收集整合了大量的同、近义词，并且定时更新，所以利用"中国专利文献词表"来查询及扩展检索词，可以大大提高检索的查全和查准率，提高检索效率。

（3）机构代码在利用申请人进行补充检索及数据分析方面具有重要意义，一是在数据检索过程中利用机构代码能将具有不同申请人名称的同一申请人的专利准确完整地获得；二是在专利信息分析系统中进行申请人分析时，可以利用机构代码规范申请人名称，方便后续的数据统计，避免遗漏；

（4）深加工数据中的"发明点"、"要解决的技术问题和有益效果"、"用途"信息在对检索数据查准率进行评估时可以得到有效运用，方便快速浏览每篇专利文献的核心技术信息，节省大量浏览时间；

（5）利用专利深加工数据的"发明点"及"要解决的技术问题和有益效果"信息，能够快速完成技术特征和技术效果的检索和阅读，方便且较为准确地获取技术功效矩阵数据；

（6）中国专利引文数据在查找重要专利及技术发展脉络中发挥了重大作用，通过查询风力发电机降噪技术领域专利文献的发明人引文及审查员引文信息，获得该领域的高被引专利，并以高被引专利为基础，追踪分析引用高被引专利的相关专利文献，能够迅速分析得到某一技术分支的重要专利、重要申请人及技术发展脉络，找到技术之间的关联性。

结　语

　　本章对照第一章绪论中提出的中国专利深加工数据的评测及应用意义，梳理总结了深加工数据在检索性评测、分析性评测、浏览省时性评测方面及应用方面基本研究结论。接着提出对深加工数据的后续研究工作重点的设想。

　　本书通过调研国内外常用的专利文献摘要／全文数据库以及其他专题专利数据库，对各专利数据库的数据特点及应用进行总结归纳，同时对国内外数据评测方法及指标进行综合分析研究。以此为基础，从专利检索和专利分析用户的角度出发，对深加工数据进行详细评测，评测的整体结论如下：

　　深加工数据拥有丰富的检索和浏览字段，其中名称检索字段、摘要检索字段、关键词检索字段、IPC 再分类号检索字段、实用分类号检索字段、参考引文检索字段、机构代码检索字段都各具其特色，采用深加工名称、深加工摘要、深加工关键词进行检索，可以有效缩小检索范围，提高查全率和查准率，采用 IPC 再分类和实用分类进行检索，可作为 IPC 分类体系的有效补充，采用机构代码和引文进行检索，丰富了检索手段。同时，深加工摘要附图的二次加工，完美地解决了原始摘要附图的缺陷，深加工摘要中附图标记的标注，大大节省了浏览时间。

　　对深加工数据进行检索性评测，结果显示，与 CPRSABS 数据库相比，利用 CNABS 数据库的深加工数据通过相同检索式进行检索，XY 查全率提高了41.38%，XY 查准率提高了 13.21%。与 CNTXT 数据库相比，利用 CNABS 数据库的深加工数据进行检索，在两个数据库检索结果的文献量相近的情况下，

XY 查全率提高了 14.95%，XY 查准率提高了 108.91%。

对深加工数据进行分析性评测，结果显示，与原始数据相比，利用深加工数据通过相同检索式进行检索，查全率提高了 71%，查准率提高了 15%。与全文数据相比，利用深加工数据通过相同检索式进行检索，查全率与全文数据的查全率基本相同，而查准率提高了 2.7 倍。

对深加工数据进行浏览省时性评测，结果显示，通过字数统计与阅读时间的换算，与阅读原始专利文献得到目标信息的时间相比，阅读深加工数据得到目标信息的时间，平均每篇节省将近 4 分钟；同时深加工摘要结合摘要附图进行阅读的可读性很高。

在深加工数据的应用方面，本书以具体应用案例的形式，详细介绍了深加工数据的检索使用方式及分析使用方式。在专利检索应用方面，选择了机械领域、电学领域、化学领域、医药领域这四个领域的检索应用案例，通过检索要素表达、在 S 系统的 CNABS 数据库中检索方面，详细介绍了深加工数据的检索使用方式，同时与原始数据在 CPRSABS 数据库中的检索结果进行对比分析，具体阐述了深加工数据的检索应用优势，以期数据使用人员能够更好地使用深加工数据进行检索，从而提高深加工数据的检索效率。

在专利分析应用方面，以风力发电机降噪技术为例，阐述了专利分析中所涉及的数据检索、采集、处理及统计分析的全过程，其中很多环节涉及深加工数据在专利分析中的应用。一是利用深加工数据进行数据检索，并参考"中国专利文献词表"进行技术概念词汇查询及扩展，可以提高检索数据的查全查准率；二是机构代码在利用申请人进行补充检索及数据分析方面具有重要意义；再者，深加工数据中的"发明点"、"要解决的技术问题和有益效果"、"用途"信息在检索数据查准率评估可以得到有效运用，方便快速浏览每篇专利文献的核心技术信息，节省大量浏览时间；另外，利用专利深加工数据的"发明点"及"要解决的技术问题和有益效果"信息，能够快速完成技术特征和技术效果的检索和阅读，方便且较为准确地获取技术功效矩阵数据；最后，中国专利文献引文数据在查找重要专利、重要申请人及技术发展脉络中发挥了重大作用。

本书通过对深加工数据的评测结果及应用案例的展示，将深加工数据全面地呈现在读者面前，使专利从业工作者和科技工作者，尤其是经常从事专利检索及分析的人员，获悉更多的专利数据资源信息以及应用方式，以提升专利检索、专利分析效率及质量，将专利工作的专业性、准确性做的更好。

目前已经取得的研究进展和成果表明，本书及其所进行的深加工数据的评测及应用研究，还有很多需要完善和细化的方面。未来应当引入更多的力量继续进行这方面的深入研究，研究工作重点亟待在如下三方面展开：

（1）根据研究成果对深加工数据的加工规则进行适应性修改

通过深加工数据的评测及应用发现，深加工数据在加工一致性、专利检索及专利分析时的数据有效性等方面都存在很大的提升空间。下一步会对深加工数据的评测结果进行详细分析，找出最有利于专利检索、专利分析及浏览的加工方式，从而对深加工数据的加工规则进行适应性修改，为提升深加工数据的应用效果以及加工质量奠定基础。

（2）研究特定专利深加工数据库的构建及应用

通过对特定产业专利数据、特定行业专利数据、高价值专利数据等进行深入研究，探讨这些特定数据集合的数据深加工方式，进一步提高深加工数据的附加值和数据特色，并以此为基础，构建特定专利深加工数据库，以满足特定领域检索人员的检索需求。

（3）研究深加工数据的全球化推广及应用

科睿唯安的德温特世界专利索引、美国《化学文摘》等是报道专利信息的二次文献，在专利信息检索及分析方面，更重要的是发挥着帮助专利文献用户克服语言障碍、用一种语言检索各国专利信息的作用，可使用户在进行专利信息检索时达到事半功倍的效果。下一步会对深加工数据如何精确翻译为英文模块化摘要展开研究，探索最有利于英文精确翻译的深加工文字表述方式，以改进深加工摘要撰写时的行文方式，以期为深加工数据的全球化推广及应用提供研究基础。

参考文献

［1］ 李建蓉. 专利信息与利用（第 2 版）［M］. 北京：知识产权出版社，2011：1.

［2］ 李建蓉. 专利信息与利用（第 2 版）［M］. 北京：知识产权出版社，2011：4.

［3］ 宋立峰. 专利文献信息的利用探讨［J］. 情报检索，2009，（12）：36-38.

［4］ 李建蓉. 专利信息与利用（第 2 版）［M］. 北京：知识产权出版社，2011：8-11.

［5］ 李保集，郭小秦. 我国专利文献信息利用的现状与问题及对策［J］. 科技情报开发与经济，2009，19（6）：138-139.

［6］ 宋立峰. 专利文献信息的利用探讨［J］. 情报检索，2009，（12）：37.

［7］ 王万宗，岳剑波，等. 信息管理概论［M］. 北京：书目文献出版社，1996：108.

［8］ 李建蓉. 专利信息与利用（第 2 版）［M］. 北京：知识产权出版社，2011：23-25.

［9］ 刘湘生，汪东波. 文献标引工作［M］. 北京：北京图书馆出版社，2001：1.

［10］刘湘生，汪东波. 文献标引工作［M］. 北京：北京图书馆出版社，2001：46-50.

［11］陆萍. 专利数据库 USPTO、esp@cenet、DII 的比较分析［J］. 情报科学，2006，24（9）：1348-1351.

［12］张华山等. ALLOYS 数据库中检索策略的研究——合金组分及其含量检索［J］. 长春工业大学学报（自然科学版），2012，33（6）：660-666.

［13］丁楠，黎娇，等. 基于引用的科学数据评价研究［J］. 图书与情报，2014，（5）：95-99.

［14］陈丁儒. 如何做好机检数据库的文献标引工作［C］. 农业文献数据库机前处理问题研讨会，1989：41-48.

［15］钱红缨，等. 数据加工规则的例证研究及专利加工数据的使用效果评测［R/OL］. 国家知识产权局 2009 年度一般课题研究报告. 2009：6-7.

［16］汪徽志，等. 国内外网络数据库测评——网络数据库评价指标体系应［J］. 情报科学. 2008，（6）：849-854.

［17］郁笑春，胡芒谷，等. 论全文型文献数据库的评价标准及应用［J］. 现代情报，2007，（4）：86-88.

［18］钱红缨，等. 数据加工规则的例证研究及专利加工数据的使用效果评测［R/OL］. 国家知识产权局 2009 年度一般课题研究报告. 2009：77-78.

［19］韩改样. 我国两大期刊文献数据库比较研究［J］. 图书情报工作，1999，（6）：45-46.

［20］周小磊，等. 数目数据库与引文数据库标引质量的测评［J］. 图书馆理论与实践，2003，（1）：41-44.

［21］钱红缨，等. 数据加工规则的例证研究及专利加工数据的使用效果评测［R/OL］. 国家知识产权局 2009 年度一般课题研究报告. 2009：78.

［22］郁笑春，胡芒谷，等. 论全文型文献数据库的评价标准及应用［J］. 现代情报，2007，（4）：86-88.

［23］李宏芳，邹小筑，等. 中国专利数据库标引质量测评［J］. 现代情报，2010，30（12）：58-61.

［24］李可立. 文献数据库建设中的主题标引与质量控制［J］. 图书情报，2005，（5）：71-72.

［25］陈丁儒. 如何做好机检数据库的文献标引工作［C］. 农业文献数据库机前处理问题研讨会，1989：41-48.

［26］李宏芳，邹小筑，等. 中国专利数据库标引质量测评［J］. 现代情报，2010，30（12）：58-61.

［27］周小磊，等. 书目数据库与引文数据库标引质量的测评［J］. 图书馆理论与实践，2003，（1）：41-44.

［28］朱清清，等. 文献标引质量及应注意的几个问题［J］. 情报杂志，1999，18（1）：65-70.

［29］周小磊，等. 书目数据库与引文数据库标引质量的测评［J］. 图书馆理论与实践，2003，（1）：41-44.

［30］孙绍荣. 检索效果指标的精确意义及其相互关系［J］. 情报学刊，1988，（4）：54-57.

［31］余丹. 关于查全率和查准率的新认识［J］. 西南民族大学学报（人文社会科学版），2009（2）：283-285.

［32］高可，等. 从审查员的角度评测数据加工［J］. 审查实务，2008，14（11）：46-47.

［33］高可，等. 从审查员的角度评测数据加工［J］. 审查实务，2008，14（11）：47.

［34］高可，等. 从审查员的角度评测数据加工［J］. 审查实务，2008，14（11）：45-49.

［35］国家知识产权局规划发展司，中国专利技术开发公司. 专利文献引证统计分析报告［R/OL］. 2（2013-12）［2014-05-08］. http://www. cnipa. gov. cn/docs/20180212175554276346. pdf.

［36］国家知识产权局规划发展司，中国专利技术开发公司. 战略性新兴产业（新能源产业）专利文献引证分析报告（简版报告）［R/OL］. 13-16（2013-12）［2014-04-30］. http://

www. cnipa. gov. cn/docs/20180212175900559621. pdf.

［37］国家知识产权局规划发展司，中国专利技术开发公司. 全国各省市专利文献引证统计分析报告［R/OL］.（2013-12）［2014-05-08］. http://www. cnipa. gov. cn/docs/201802121755554276346. pdf.

［38］国家知识产权局规划发展司，中国专利技术开发公司. 战略性新兴产业（新能源产业）专利文献引证分析报告（简版报告）［R/OL］.（2013-12）［2014-04-30］. http://www. cnipa. gov. cn/docs/20180212175900559621. pdf.

［39］国家知识产权局规划发展司，中国专利技术开发公司. 专利文献引证统计分析报告［R/OL］.（2013-12）［2014-05-08］. http://www. cnipa. gov. cn/docs/20180212175554276346. pdf.

［40］国家知识产权局规划发展司，中国专利技术开发公司. 战略性新兴产业（新能源产业）专利文献引证分析报告（简版报告）［R/OL］. 1-11（2013-12）［2014-04-30］. http://www. cnipa. gov. cn/docs/20180212175900559621. pdf.

［41］彭爱东. 专利引文分析在企业竞争情报中的应用.［J］. 情报理论与实践，2004. 27.（3）：22.

［42］杨铁军. 专利分析实务手册［M］. 北京：知识产权出版社，2012：3.

［43］司海青，王同光，吴晓军. 参数对风力机气动噪声的影响研究［J］. 空气动力学报，2014，32（1）：131-135.

［44］汪泉，陈进，程江涛，等. 低噪声风力机翼型设计方法及实验分析. 北京航空航天大学学报，2015，41（1）：23-28.

［45］司海青，王同光，吴晓军. 参数对风力机气动噪声的影响研究［J］. 空气动力学报，2014，32（1）：131-135.

［46］王洪玲. 小型风力发电系统噪声的有源控制［D］. 山东：山东建筑大学，2012：3.

［47］扈静. 基于舒适性指数的汽车离合器操纵舒适性研究［D］. 合肥：合肥工业大学，2014：17-19.

［48］王敏龙. 基于典型道路的汽车离合器关键零部件可靠性研究［D］. 上海：上海工程技术大学，2016：2-3.

［49］陆仲君. 质子交换膜燃料电池性能的试验研究［D］. 上海：同济大学，2008：1.

［50］甄子健. 日本燃料电池车辆及加氢基础设施产业化最新进展及其技术、产品、标准、政策研究：第十八届中国电动车辆学术年会论文集［C］. 武汉：中国电工技术学会电动车辆专业委员会，2015：1-13.

［51］陆仲君. 质子交换膜燃料电池性能的试验研究［D］. 上海：同济大学，2008：3-4.

［52］陆仲君. 质子交换膜燃料电池性能的试验研究［D］. 上海：同济大学，2008：2.

［53］朱红，骆明川，蔡业政，等. 核壳结构催化剂应用于质子交换膜燃料电池氧还原的研究

进展［J］. 物理化学学报，2016，32（10）：2462-2474.

［54］沈俊，周兵，邱子朝，等. 质子交换膜燃料电池强化传质［J］. 化工学报，2014，65（S1）：421-425.

［55］贾红梅. 手机无线充电系统的研究［D］. 合肥：安徽工业大学，2017：7.

［56］孟庆奎. 手机无线充电技术的研究［D］. 北京：北京邮电大学，2012：9-10.

［57］袁浩博. 浅析手机无线充电技术［J］. 数字通信世界，2017（9）：192.

［58］贾红梅. 手机无线充电系统的研究［D］. 合肥：安徽工业大学，2017：61-62.

［59］王黎，郭年华，阮润琦. 航空涂料概述标准［C］. 青岛：海洋化工研究院有限公司第六届学术研讨会论文集，2014：23-29.

［60］何鼐，雷骏志，华信浩. 航空涂料与涂装技术［M］. 北京：化学工业出版社，2000：134-136.

［61］熊勤. 纳米光催化剂在环境保护中的应用技术研究［D］. 武汉：华中师范大学，2005：3-9.

［62］王晓燕，冀志江，王静，等. 光催化剂新技术及研究进展［J］. 材料导报，2008，22（10）：40-42.

［63］王晓燕，冀志江，王静，等. 光催化剂新技术及研究进展［J］. 材料导报. 2008，22（10）：43.

［64］陈旭，周欣. 中暑防治研究进展［J］. 中国药业，2011，20（16）：91.

［65］李雪静，宋洪涛. 热射病防治药物的研究进展［J］. 中国临床药理学杂志，2012，28（9）：707-709.

［66］鲍卫东，鲍沈平，徐天兴. 探析安全有效的脚气治疗方法［J］. 首都食品与医药，2016，23（20）：49.

［67］邹莉，那婧婧，卢芳国. 足癣治疗的现况与思考［J］. 中国民康医学（上半月），2015，（17）：68-70.

［68］许影博，江旻. 风力机气动噪声研究现状与发展趋势［J］. 应用数学和力学，2013，34（10）：14-21.

［69］中国产业信息网. 2017年中国风力发电行业现状及未来发展趋势分析［R/OL］.（2017-08-08）. http://www. chyxx. com/industry/201708/548371. html.